Fundamente der Mathematik

Nordrhein-Westfalen

Gymnasium · Klasse 8

Herausgegeben von
Dr. Andreas Pallack

Cornelsen

Inhaltsverzeichnis

* Streifzüge und komplexe Aufgaben sind fakultative Inhalte

Liebe Schülerin, lieber Schüler,

auf dieser Seite findest du einige Hinweise zu deinem neuen Mathematikbuch. Sie helfen dir, dich im Buch zurechtzufinden.

Bauplan der Fundamente der Mathematik

Dein Fundament: Jedes Kapitel beginnt mit dieser Doppelseite. Mit den Aufgaben kannst du überprüfen, ob du das notwendige Vorwissen für das kommende Kapitel besitzt.
Die Lösungen findest du im Anhang.

Einführung: Jeder Abschnitt beginnt mit einer einführenden Aufgabe.
Beispiele: Neues wird mit vorgerechneten Beispielen erklärt. Daran anschließend findest du immer eine Aufgabe, um dein gerade erworbenes Wissen und Können sofort zu testen und auszuprobieren.
Wissenskasten: Das Wichtigste findest du zusammengefasst in Wissenskästen.

Aufgaben: In jedem Abschnitt gibt es viele Aufgaben, um das Erlernte zu üben. Drei Aufgaben sind besonders gekennzeichnet: der Durchblick, die Stolperstelle und der Ausblick.
○ **Durchblick:** Diese Aufgabe solltest du lösen können, wenn du alles verstanden hast.
● **Ausblick:** Dies ist eine Aufgabe, die echte Herausforderungen enthält. Bearbeite sie erst, wenn du die anderen Aufgaben sicher lösen konntest.

Stolperstelle: Bei jedem Thema gibt es Fehlerquellen. Bei dieser Aufgabe findest du heraus, ob du typische Fehler erkennst. Das hilft dir, diese Fehler zu vermeiden.
Die Lösungen der Stolperstelle findest du im Anhang.

In den vermischten Aufgaben findest du Blütenaufgaben. Hier kannst du selbst die Reihenfolge wählen. Finde heraus, was du bereits kannst, und löse auch kniffelige Aufgaben selbstständig. Bei offenen Aufgaben darfst du erfinderisch und kreativ sein.

Vermischte Aufgaben: Diese Aufgaben verbinden alle Abschnitte aus einem Kapitel.
Prüfe dein neues Fundament: Mit den Aufgaben auf dieser Doppelseite kannst du dich auf eine Klassenarbeit vorbereiten. Die Lösungen findest du im Anhang.
Zusammenfassung: Am Ende des Kapitels kannst du Wichtiges nachschlagen.

Streifzüge: In diesen fakultativen Abschnitten findest du nützliche Ergänzungen und spannende Themen – auch zum Selbstlernen. Sie gehen über den regulären Lernstoff hinaus.

Komplexe Aufgaben: Diese fakultativen Aufgaben vernetzen alle Kapitel miteinander.
Methodenkarten: Sie helfen dir, typische Unterrichtssituationen gut zu bewältigen. Du darfst sie kopieren, um sie länger zu verwenden und durch eigene Notizen zu ergänzen.

Viel Erfolg im neuen Schuljahr!

1. Funktionen

Wann sind wir endlich da? – Mit Funktionen lässt sich nicht nur bestimmen, wann man sein Ziel erreicht, sondern auch woher man kommt, wie steil der Weg war und vieles mehr.

Lösen von Gleichungen

1. Gib alle in Klammern stehenden Zahlen an, die Lösung der jeweiligen Gleichung sind.

a) $3x - 3 = -2$; $\left(-3; \frac{1}{3}; 3; -\frac{1}{3}\right)$
b) $0 = -2x - 4$; $(2; 0; 1; -2)$
c) $x(x-3) = 0$; $(1; -1; 0; -3; 3)$
d) $|x - 2| = 3$; $(-1; 0; 1; 2; 5)$

2. Löse die Gleichung.

a) $3x + 2 = -7$
b) $2x - 4 = -6x + 12$
c) $0{,}5x - 2 = 0$
d) $3 - x = x - 6$

3. Anja hat einen Bruder und eine Schwester. Zusammen sind sie 18 Jahre alt. Ihr Bruder Paul ist halb so alt wie Anja. Ihre Schwester Ines ist drei Jahre älter als Anja. Ermittle das Alter von Anja, Paul und Ines.

4. Gib alle Zahlen an, die die jeweilige Bedingung erfüllen.

a) Addiert man zum Dreifachen der Zahl die Zahl 6, so erhält man 15.
b) Vermindert man das Fünffache der Zahl um das Doppelte der Zahl, so erhält man das Vierfache der Zahl.
c) Die Hälfte der Zahl und ein Viertel der Zahl ergeben 9.
d) Vermindert man das Vierfache der Zahl um das Fünffache der Zahl, so erhält man die zur betreffenden Zahl entgegengesetzte Zahl.

Zuordnungen

5. Marie hat ihre Freundinnen befragt, in welchem Monat sie Geburtstag haben. Sie stellte ihre Ergebnisse wie folgt als Zuordnungen dar. Untersuche, welche der Zuordnungen eindeutig ist. Begründe deine Entscheidung.

a) Freundin → Geburtsmonat
b) Geburtsmonat → Freundin

6. Gegeben ist eine Zuordnung in Form folgender Wortvorschrift: „Jeder natürlichen Zahl x wird ihr Quadrat zugeordnet."

a) Stelle die Zuordnung für $x = 1\,(2; 3; 4; 5; 6; 7)$ in einer Tabelle dar.
b) Gib die Zuordnung mithilfe einer Gleichung der Form $y = \ldots$ an.
c) Stelle die Zuordnung für $x = 0\,(1; 2; 3; 4)$ durch Punkte in einem Koordinatensystem dar.

7. Gegeben ist eine Zuordnung in Form folgender Wertetabelle.

x	−3	−2	−1	0	1	2	3
y	3	2	1	0	1	2	3

a) Untersuche, ob eine eindeutige Zuordnung $x \to y$ vorliegt. Begründe.
b) Beschreibe die Zuordnung $x \to y$ mit Worten.
c) Gib die Zuordnung $x \to y$ durch eine Gleichung an.
d) Stelle die Zuordnung obiger Tabelle durch Punkte in einem Koordinatensystem dar.
e) Untersuche, ob die Zuordnung $y \to x$ eine eindeutige Zuordnung ist. Begründe.

8. Familie Blum will in ihrem Ferienhaus Thermofenster einbauen. Um die Fenster zu transportieren, mietet Familie Blum für einen Tag einen Kleintransporter. Der Preis beträgt (einschließlich einer Fahrstrecke von 150 km) 39 €. Jeder Zusatzkilometer kostet 23 ct. Ermittle den Mietpreis, wenn die Fahrstrecke für den Transport der Fenster 163 km beträgt.

Proportionale und antiproportionale Zuordnungen

9. Untersuche, ob die Tabelle zu einer proportionalen oder antiproportionalen Zuordnung gehört. Liegt eine proportionale oder antiproportionale Zuordnung vor, so beschreibe die jeweilige Zuordnung durch eine Gleichung.

a) proportional

x	1	2	7	9
y	0,7	1,4	4,9	6,3

y Reihe durch die x Reihe

b)

x	4,5	5	9	15
y	10	9	5	3

c)

x	10	7	5	3
y	22	15,4	11	4,4

10. Übertrage die Tabelle in dein Heft.

a) Fülle die Tabelle so aus, dass eine proportionale Zuordnung entsteht.

x	1	2	3	6	7	8
y		4		12		

b) Beschreibe die Zuordnung x → y mit einer Gleichung y = …

c) Stelle die Zuordnung in einem Koordinatensystem dar.

11. Übertrage die Tabelle in dein Heft und ergänze sie

a) zu einer proportionalen Zuordnung,

b) zu einer antiproportionalen Zuordnung.

Beschreibe die jeweilige Zuordnung durch eine Gleichung.

x	5			12
y		9	8	6

12. Paula und Anne machen gemeinsam eine Radtour. Wenn sie täglich 32 € ausgeben, reicht ihr Gespartes 14 Tage. Sie wollen aber 16 Tage unterwegs sein. Wie viel Geld dürfen sie täglich ausgeben? Begründe.

13. Die Tabelle gibt die Länge a und die Breite b von flächengleichen Rechtecken an.

Länge a	1 m	2 m	3 m		8 m		
Breite b		18 m	12 m	9 m		3,6 m	2 m

a) Übertrage die Tabelle in dein Heft und vervollständige sie.

b) Gib den Flächeninhalt A der betrachteten Rechtecke an.

c) Ermittle die Länge eines flächengleichen Rechtecks, das 15 m breit ist.

d) Gib die Seitenlänge eines flächengleichen Quadrats an.

e) Gib die Zuordnung a → b durch eine Gleichung der Form b = … an.

Vermischtes

14. Gib an, welche Zahl man – falls überhaupt möglich – für a einsetzen muss, damit die Gleichung $a \cdot x - 3 = 0$ die angegebene Lösung hat.

a) $x = 1$ b) $x = -1$ c) $x = \frac{1}{2}$ d) $x = 9$ e) $x = -3$ f) $x = 0$

15. Wasser von 20 °C wird in einem Becherglas erhitzt. Nach 3 Minuten ist die Temperatur des Wassers um 30 Grad gestiegen. Gib an, welche Temperatur das Wasser (bei gleichmäßigem Erhitzen) nach 6 Minuten und nach 9 Minuten hat.

16. Entscheide, in welchem Quadranten bzw. auf welcher Achse eines Koordinatensystems folgende Punkte liegen.

$A(3|4)$; $B(-3|2{,}5)$; $C(0|4)$; $D(\frac{1}{4}|-4)$; $E(3|0)$; $F(-3{,}2|-4{,}3)$

1.1 Funktionen

■ Die Quadrier-Maschine macht aus jeder Zahl eine Quadratzahl. Die 3 geht rein, die 9 kommt raus. Die −2 geht rein, die 4 kommt raus. Die Quadrier-Umkehrmaschine macht jedes Quadrieren wieder rückgängig. Die 16 geht rein, welche Zahl kommt heraus? ■

Die gemessene Außentemperatur hängt in der Regel von der Tageszeit ab. Morgens ist es noch frisch, mittags ist es am wärmsten und gegen Abend kühlt es wieder ab. Zu jedem Zeitpunkt gehört genau eine Temperatur. Die Zuordnung Zeit → Temperatur ist daher eindeutig. Andere Zuordnungen sind nicht eindeutig. Die Zuordnung Temperatur → Zeit ist nicht eindeutig, denn eine bestimmte Temperatur (z. B. 10 °C) kann es zu mehreren Zeitpunkten geben.

Hinweis:
Proportionale und antiproportionale Zuordnungen sind immer eindeutig und daher Funktionen.

Wissen: Funktion
Eine **Funktion** ist eine **eindeutige Zuordnung**, bei der jedem x-Wert genau ein y-Wert zugeordnet wird.
$x \rightarrow y$

Beispiel 1: Funktionen erkennen
Prüfe, ob die Zuordnung immer eine Funktion ist. Begründe deine Entscheidung.
a) Zeit → Höhe einer brennenden Kerze
b) Sprungweite → Schüler, die diese Weite gesprungen sind

Lösung:
a) Zu jedem Zeitpunkt kann die Kerze nur eine Höhe haben.
Da jedem Ausgangswert x nur genau ein y-Wert zugeordnet wird, ist diese Zuordnung eine Funktion.

x-Wert Zeit (in min)	0	5	10	15
y-Wert Höhe der Kerze (in cm)	5	4,5	4	3,5

b) Es kann passieren, dass zwei Schüler genau dieselbe Weite gesprungen sind.
Da einem Ausgangswert x auch mehrere y-Werte zugeordnet werden können, ist diese Zuordnung keine Funktion.

x-Wert Sprungweite (in cm)	185	192	203	203
y-Wert Name Schüler	Janne	Lisa	Tim	Felix

Aufgabe 1: Prüfe, ob die Zuordnung eine Funktion ist. Begründe deine Entscheidung.
a) Parkdauer → Parkgebühr
b) Körpergewicht → Anzahl der Geschwister dieser Person

Viele Funktionen können mit einem Term beschrieben werden, mit dem man für jedes x den zugeordneten y-Wert berechnen kann. An der Kasse im Supermarkt wird der Preis für Tomaten über die Funktionsgleichung $f(x) = 1{,}50 \cdot x$ berechnet, denn ein Kilogramm Tomaten kostet 1,50 €. Jedem möglichen Gewicht x wird also ein Preis $1{,}50 \cdot x$ zugeordnet.

Tomaten 0,5 kg	0,75
0,5 * 1,50 EUR/KG	
Paprika 0,35 kg	1,26
0,35 * 3,60 EUR/KG	

Wissen: Darstellung von Funktionen

Eine Funktion, bei der zu jedem x der zugeordnete Funktionswert y über einen Term berechnet werden kann, lässt sich mit einer Funktionsgleichung beschreiben.

$f(x) = 2x - 1$

x	1	2	3	4	5
y	1	3	5	7	9

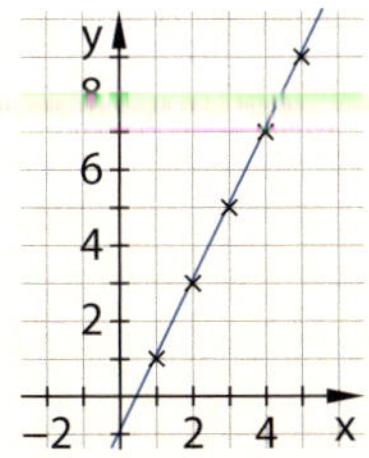

Alle Wertepaare (x|y) lassen sich mit der **Funktionsgleichung** $f(x) = 2x - 1$ berechnen.

Einzelne Wertpaare kann man übersichtlich in einer **Wertetabelle** darstellen.

Trägt man die Wertepaare in ein Koordinatensystem ein, kann man den **Funktionsgraphen** zeichnen.

Beispiel 2: Funktionen darstellen und Punktprobe

Gegeben ist die Funktion $f(x) = 0{,}5x + 3$.

a) Stelle eine Wertetabelle für $x = -2$ bis $x = 2$ in Einer-Schritten auf.

b) Zeichne den Funktionsgraphen.

c) Prüfe, ob das Wertepaar (−3 | 1) zur Funktion gehört.

Lösung:

a) Du setzt nacheinander −2; −1; 0; 1; 2 in die Funktionsgleichung ein und berechnest jeweils den y-Wert.

$f(-2) = 0{,}5 \cdot (-2) + 3 = 2$
$f(-1) = 0{,}5 \cdot (-1) + 3 = 2{,}5$
$f(0) = 0{,}5 \cdot 0 + 3 = 3$
$f(1) = 0{,}5 \cdot 1 + 3 = 3{,}5$
$f(2) = 0{,}5 \cdot 2 + 3 = 4$

Dann trägst du die x- und y-Werte in eine Wertetabelle ein.

x	−2	−1	0	1	2
y	2	2,5	3	3,5	4

b) Zeichne jedes Wertepaar (x|y) als Punkt in ein Koordinatensystem ein. Suche den x-Wert auf der x-Achse und trage den y-Wert nach oben oder unten ab. Zeichne dann den Funktionsgraphen durch diese Punkte.

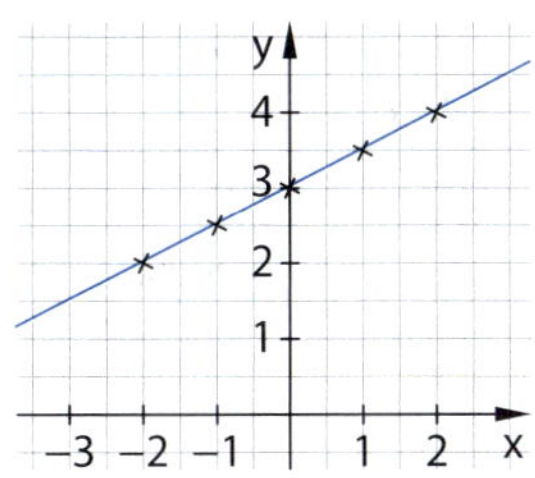

Hinweis:
Die Punkte können zu einer Linie verbunden werden, da man zwischen 2 Punkten beliebig viele weitere Punkte berechnen kann.

	A	B
1	x	f(x)=0,5*x+3
2	1,1	3,55
3	1,2	3,6
4	1,11	3,555
5	1,112	3,556
6	1,11123	3,555615
7	...	...

c) Du setzt $x = -3$ in die Funktionsgleichung ein. Dem x-Wert −3 wird der y-Wert 1,5 zugeordnet. Also gehört das Wertepaar (−3|1) nicht zur Funktion.

$f(-3) = 0{,}5 \cdot (-3) + 3 = 1{,}5$

Dies erkennst du auch am Graphen, denn der Punkt (−3|1) liegt nicht auf dem Funktionsgraphen.

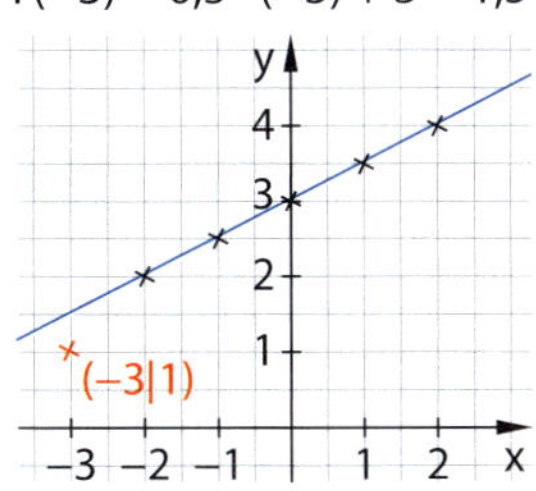

(−3|1) gehört nicht zu $f(x) = 0{,}5x + 3$.

Aufgabe 2: Stelle für die Funktion eine Wertetabelle für $x = 1$ bis $x = 5$ in Einer-Schritten auf. Zeichne den Funktionsgraphen und prüfe, ob das gegebene Wertepaar zur Funktion gehört.

a) $f(x) = 2x - 3$; (6|11)

b) $f(x) = -\frac{3}{2}x + 4$; (−4|8)

Aufgaben

3. Handelt es sich bei der Zuordnung x → y um eine Funktion? Begründe.

a) Zeit → zurückgelegte Strecke
b) Schuhgröße → Körpergröße
c) Jahreszahl → Anzahl der Regentage
d) Körpertemperatur → Uhrzeit
e) Uhrzeit → Höhe eines Ballons
f) Stadt → Namen der Einwohner

Hinweis zu 4:
Mindestens zwei Wertetabellen gehören zu Funktionen.

4. Entscheide, ob es sich um eine Funktion handeln kann.

a)

x	−2	−1	0	1	0
y	1	2	1	3	4

b)

x	−4,2	−3	2	3	4
y	2,3	3,2	2	−2,3	2

c)

x	−1	−1	0	2	3
y	3	2	3	−1	4

d)

x	−2	−1	0	1	2
y	2	2	0	0	2

Hinweis zu 5:
Schneidet eine Parallele zur y-Achse den Graphen mehr als einmal, so gehört der Graph nicht zu einer Funktion.

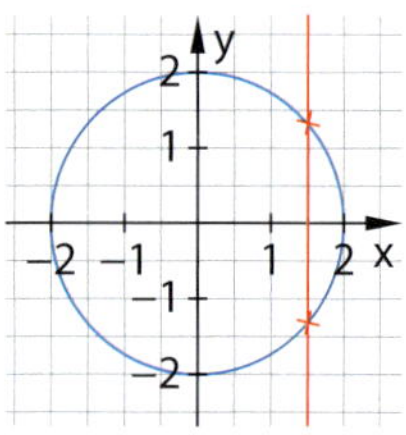

5. Welche der Zuordnungen sind Funktionen? Begründe.

a)
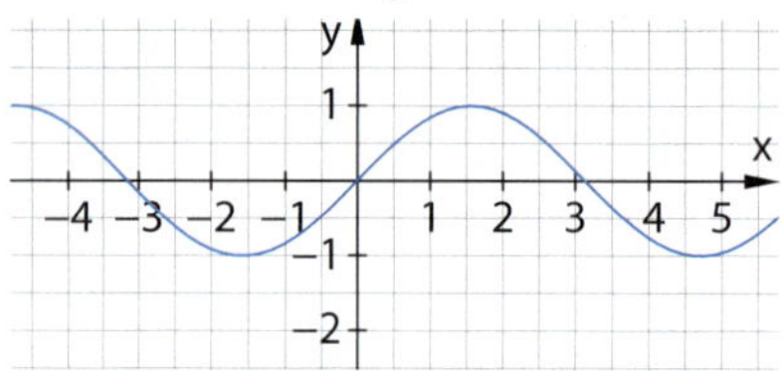

b)
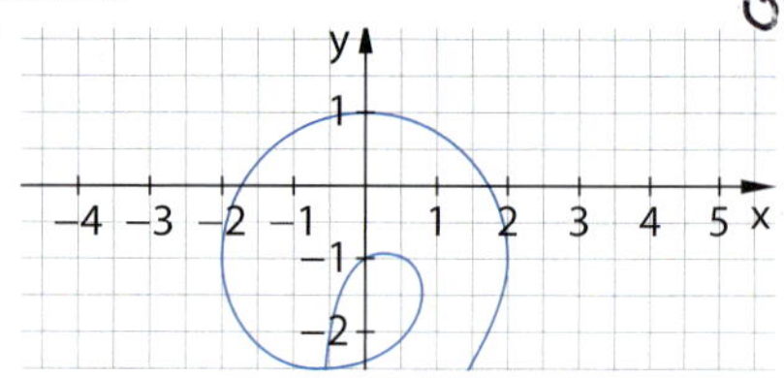

c)
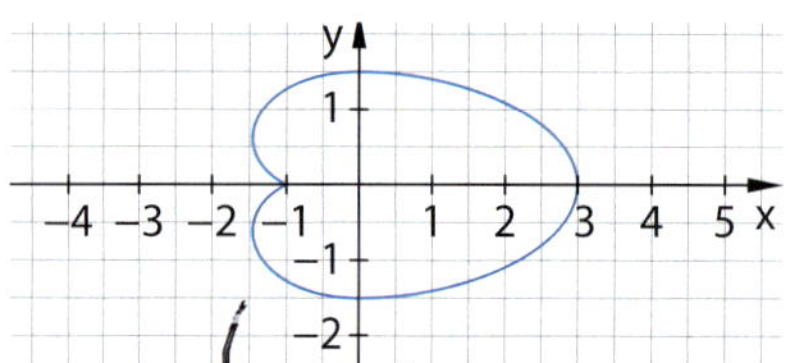

d)
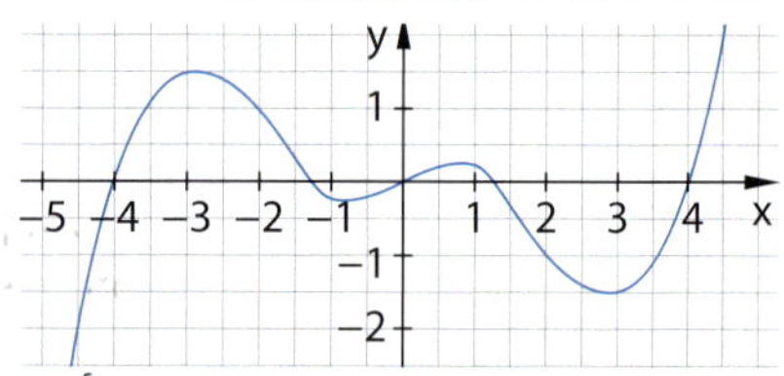

6. Berechne die Funktionswerte.

a) $f(x) = 3 + 5x$ $f(1) = ■$; $f(-3) = ■$; $f(5{,}5) = ■$; $f(0) = ■$
b) $f(x) = 0{,}33x$ $f(5) = ■$; $f(-1) = ■$; $f(-2) = ■$; $f(4) = ■$
c) $f(x) = -0{,}6x + 2$ $f(3) = ■$; $f(1) = ■$; $f(13) = ■$; $f(0{,}2) = ■$
d) $f(x) = -\frac{3}{4}x - 0{,}3$ $f(0) = ■$; $f(1) = ■$; $f\left(\frac{1}{3}\right) = ■$; $f(-3) = ■$

7. Zeichne den Graphen zur Funktionsgleichung. Erstelle hierfür zunächst eine Wertetabelle für $x = 1$ bis $x = 5$.

a) $f(x) = 0{,}5x + 2$
b) $f(x) = 3x - 2$
c) $g(x) = -0{,}75x + 3$
d) $f(x) = \frac{1}{4}x$
e) $f(x) = -\frac{2}{3}x$
f) $h(x) = 3{,}5 - \frac{3}{4}x$

8. Überprüfe, ob die Wertepaare zur Funktion f gehören oder nicht.

a) $f(x) = x + 1$ Wertepaare: $(1|2)$; $(2|2)$; $(3|4)$; $(4|5)$
b) $f(x) = 9x - 3$ Wertepaare: $(0|0)$; $(1|6)$; $(3|24)$; $(-3|24)$
c) $f(x) = \frac{5}{7}x$ Wertepaare: $(-3|0)$; $(0|1)$; $(0|0)$; $(14|10)$
d) $f(x) = -0{,}2x - 2$ Wertepaare: $(-10|0)$; $(-4|1{,}2)$; $(-2|1{,}6)$; $(0{,}1|-2)$

○ **9. Durchblick:** Gegeben ist die Funktion $f(x) = 2x + 1{,}5$.

a) Erstelle eine Wertetabelle für $x = -3$ bis $x = 3$.
b) Zeichne den Graphen von f.
c) Prüfe, ob die Punkte $A(3{,}5|8{,}5)$, $B(9|19)$ und $C(-5{,}25|10)$ auf dem Graphen von f liegen.
d) Ergänze die Koordinaten der Punkte $D(-0{,}75|■)$, $E(-10|■)$ und $F(■|2{,}5)$ so, dass die Punkte auf dem Graphen von f liegen.
Du kannst dich an Beispiel 2 orientieren.

10. Ergänze die fehlenden Werte, sodass die Punkte auf dem Graphen liegen.

a)

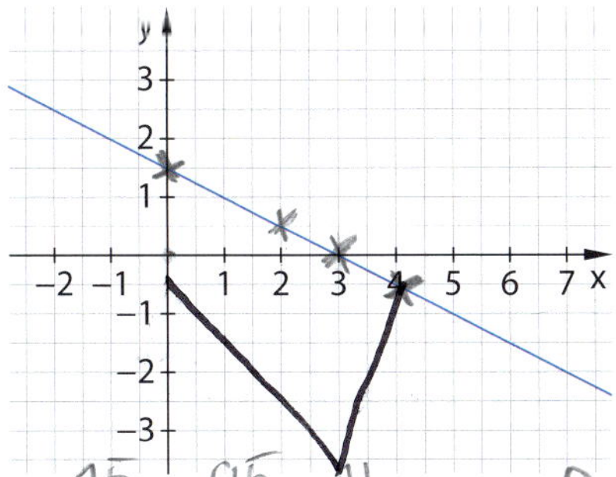

A(0|■); B(2|■); C(■|−0,5); D(3|■)

b)

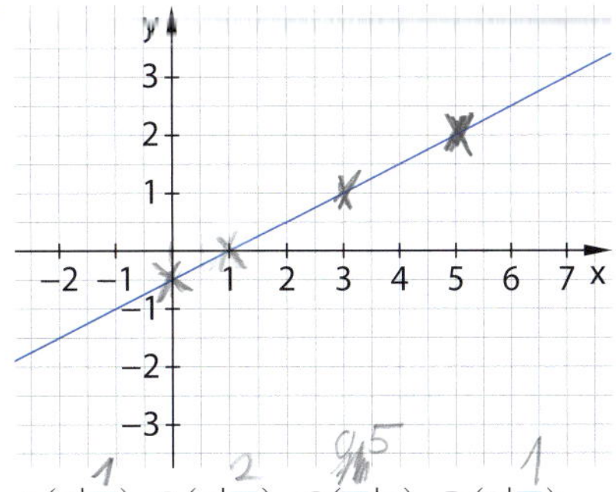

A(3|■); B(5|■); C(■|0); D(0|■)

11. Stolperstelle: Finde die Fehler und korrigiere.

a) Die Zuordnung Person → Geburtstag ist keine Funktion, da es mehrere Personen geben kann, die an einem Tag Geburtstag haben.

b) Malte und Omar berechnen Wertepaare zur Funktion $f(x) = 3 - x$.

Omar: $f(-2) = 3 - 2 = 1$, also $(-2|1)$

Malte: $f(4) = 3 - 4 = -1$, also $(-1|4)$

12. Jannis meint: „Bei Funktionen gibt es zu jedem y-Wert immer genau einen x-Wert." Nimm hierzu Stellung. Gib gegebenenfalls ein Beispiel an.

13. a) Begründe, dass die Zuordnung Uhrzeit → Farbe einer Ampel eine Funktion ist, die umgekehrte Zuordnung Farbe einer Ampel → Uhrzeit aber nicht.

b) Welche der Zuordnungen Person → Alter und Alter → Person sind Funktionen? Begründe.

c) Überlege dir weitere Beispiele.

14. Elias, Dennis und Jonathan sollen für den Unterricht eine Sprachdatei herunterladen. Elias' Downloadgeschwindigkeit wurde während des Downloads gedrosselt, Dennis hatte zweimal eine schlechte Verbindung und Jonathans Verbindung war gegen Ende am besten.

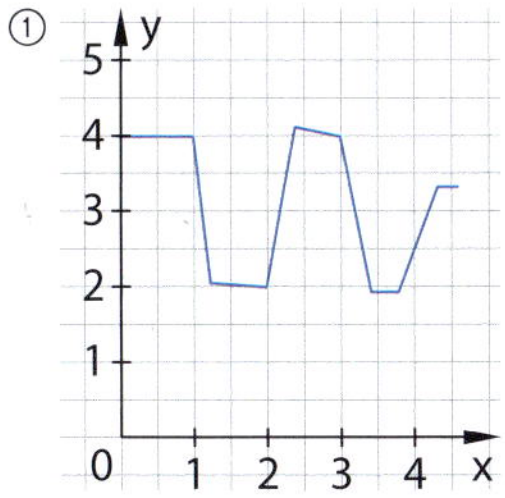

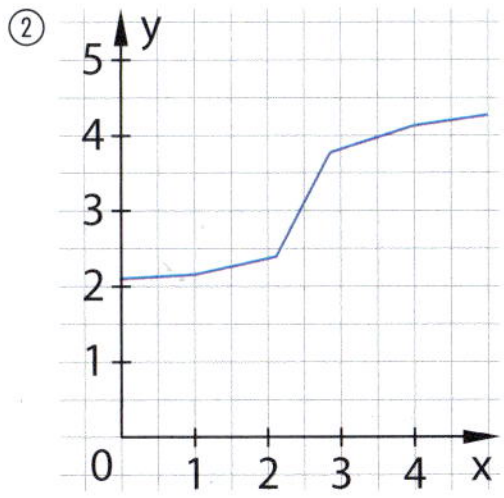

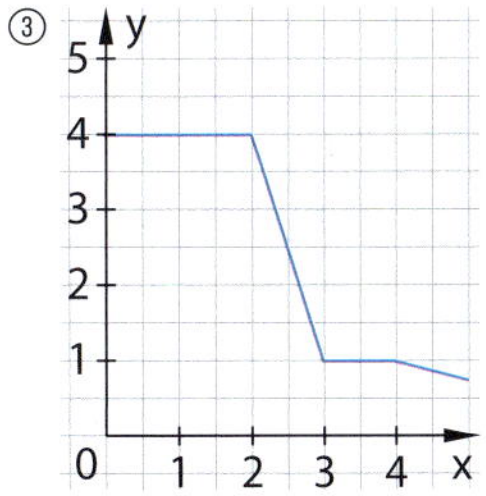

a) Ordne die dargestellten Graphen der Funktion Zeit (in min) → Downloadgeschwindigkeit (in MBit/s) treffend zu und begründe deine Wahl.

b) Erstelle jeweils eine Wertetabelle für $x = 0$ bis $x = 4$ in 0,5er-Schritten.

15. In einer Kerzenzieherei werden Kerzen hergestellt. Brennt eine Kerze gleichmäßig ab, lässt sich die Länge der Kerze durch die Funktion $f(x) = -0{,}01\,x + 15$ beschreiben. Dabei steht x für die Zeit in Minuten, f(x) gibt die verbleibende Länge der Kerze in cm an.

a) Gib an, welche Funktionswerte von f im Sachzusammenhang sinnvoll sind.

b) Berechne die verbleibende Länge der Kerze nach 60, 90 und 240 Minuten.

c) Berechne f(1500) und interpretiere das Ergebnis im Sachzusammenhang.

d) Für welche x-Werte beschreibt die Funktion f die Länge der Kerze?

16. Lies aus den Graphen Punkte ab. Finde damit die passende Funktionsgleichung.

$f_1(x) = 1{,}5\,x$

$f_2(x) = \frac{1}{3}x$

$f_3(x) = \frac{2}{3}x + \frac{5}{3}$

$f_4(x) = -0{,}5\,x + 1$

$f_5(x) = 4 - 2{,}5\,x$

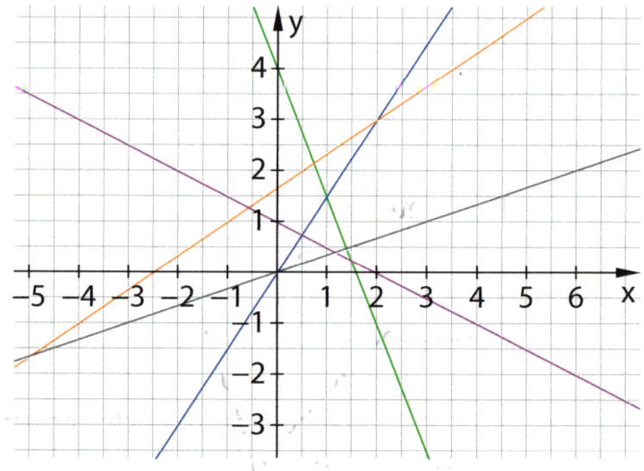

17. Die Berliner Wasserbetriebe haben auf ihrer Homepage „Spülanalysen" zur Fussball-Europameisterschaft 2012 veröffentlicht.

> Großveranstaltungen wie eine Fußball-Weltmeisterschaft, die Olympischen Spiele oder eine Bundestagswahl ziehen viele Menschen in den Bann und lassen den Wassergebrauch zu Hause in die Höhe schnellen. Wann die Wassernutzung in Berlin besonders hoch ist, zeigt unsere Spülanalyse, denn die Spannung eines TV-Ereignisses steht in direkter Wechselwirkung zur Spül-Spitze.
>
> Auf der y-Achse ist die nachgefragte Wassermenge pro Stunde aufgetragen, auf der x-Achse die Zeit. Die Spül-Spitzen sind relative Werte und gelten nur für wenige Minuten.

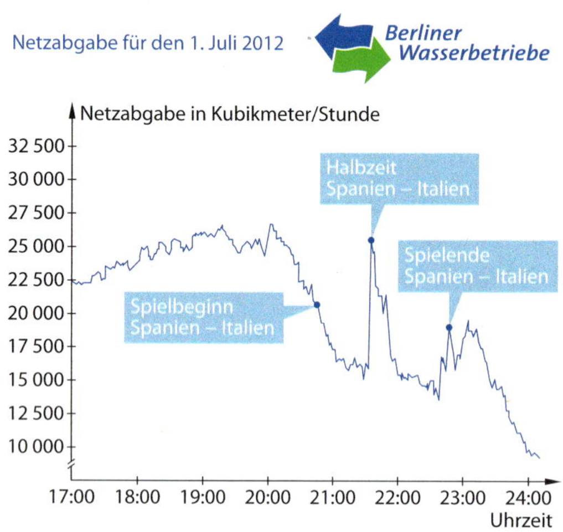

a) Erkläre, warum es sich bei der dargestellten Zuordnung um eine Funktion handelt.
b) Lies die Netzabgabe zu Beginn und gegen Ende der Messung ab und notiere die entsprechenden y-Werte.
c) Bestimme den Zeitpunkt mit dem größten und dem kleinsten Wasserverbrauch im gemessenen Zeitraum. Lies auch die Netzabgabe für diese Zeitpunkte ab und notiere die entsprechenden y-Werte.
d) Erstelle eine Wertetabelle. Trage hierzu zu jeder vollen Stunde ein Wertepaar ein.
e) Erläutere den Zusammenhang zwischen dem Verlauf der Kurve und dem Endspiel zwischen Spanien und Italien.

● **18. Ausblick:** Stelle eine Funktionsgleichung zur Wertetabelle auf.

a)

x	−2	−1	0	1	2
y	−6	−3	0	3	6

b)

x	−4	−2	0	2	4
y	−5	−1	3	7	11

c)

x	−8	−4	0	4	8
y	3,5	3,5	3,5	3,5	3,5

d)

x	−6	−3	0	3	6
y	−5	−3	−1	1	3

1.2 Proportionale Funktionen

■ In einem Rennrad-Forum wird die Panoramastraße zum Kitzbühler Horn mit einem Schwierigkeitsgrad von 4 roten Sternen bewertet. Auf den 8 Kilometern hinauf zum Alpenhaus beträgt die Steigung kontinuierlich 10 %. Was bedeutet dieser Wert? ■

Die Zuordnung Menge Tomaten (in kg) → Preis (in €) ist eine proportionale Funktion. Bei einem Kilopreis von 1,50 €/kg lautet die Funktionsgleichung: $f(x) = 1{,}5 \cdot x$. Der Faktor 1,5 entspricht dem Proportionalitätsfaktor der Zuordnung. Im Zusammenhang mit Funktionen nennt man diesen Faktor die Steigung der proportionalen Funktion.

Wissen: Proportionale Funktionen

Eine **proportionale Funktion** hat die Funktionsgleichung $f(x) = m \cdot x$. Dabei gibt m die Steigung an.

Die **Steigung** ist die Änderung des y-Werts, wenn der x-Wert um 1 zunimmt. Die Steigung lässt sich an jedem Punkt des Graphen mithilfe eines Steigungsdreiecks einzeichnen oder ablesen.

Der Graph einer proportionalen Funktion ist eine Gerade, die durch den Koordinatenursprung geht.

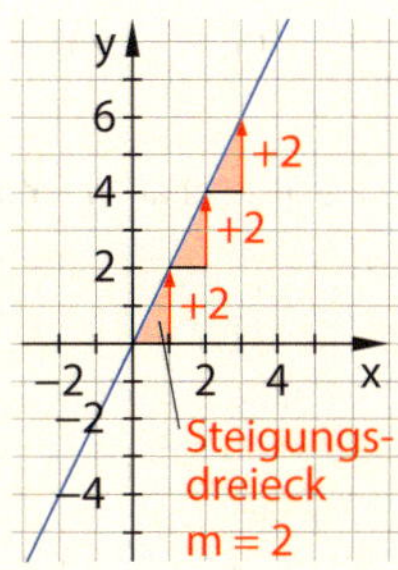

Hinweis: „1 nach rechts, m nach oben oder nach unten"

Beispiel 1: Funktionsgleichung einer proportionalen Funktion aufstellen

Bestimme zu dem Graphen eine Funktionsgleichung.

a)

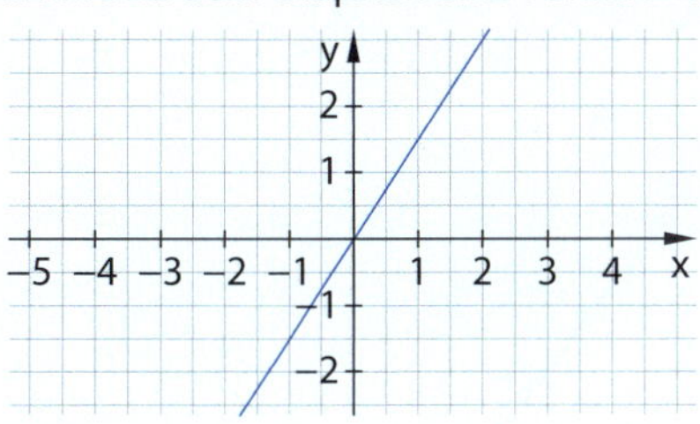

b)

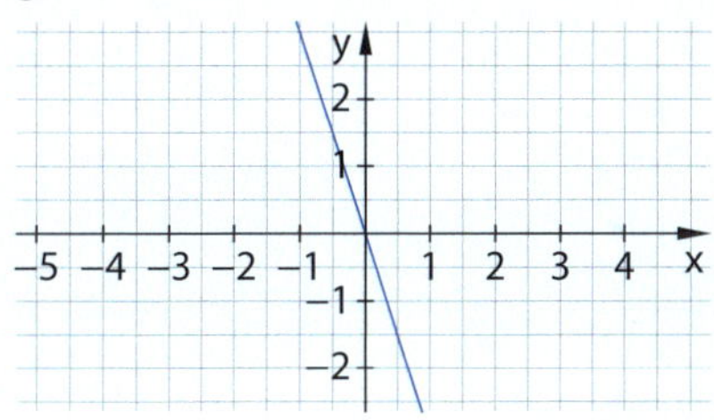

Lösung:

a) Da der Graph von links nach rechts steigt, ist die Steigung positiv. Zeichne ein Steigungsdreieck ein. Wähle für die Strecke nach rechts die Länge 1. Dann kannst du an der Strecke nach oben die Steigung $m = 1{,}5$ ablesen.

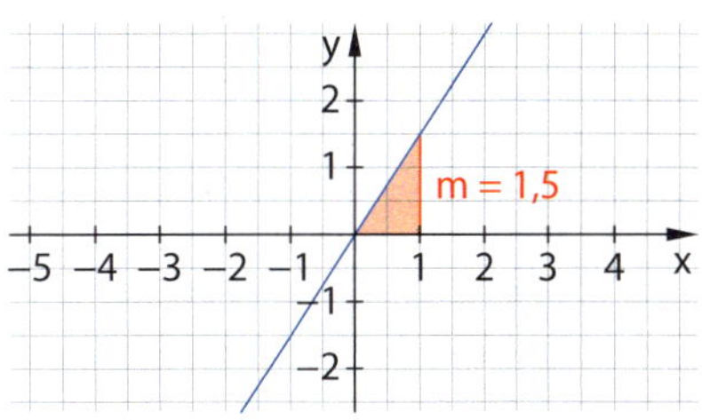

Setze m in die allgemeine Form $f(x) = m\,x$ ein. $f(x) = 1{,}5\,x$

b) Da der Graph von links nach rechts fällt, ist die Steigung negativ. Zeichne ein Steigungsdreieck ein. Wähle für die Strecke nach rechts die Länge 1. Dann kannst du an der Strecke nach unten die Steigung $m = -3$ ablesen.

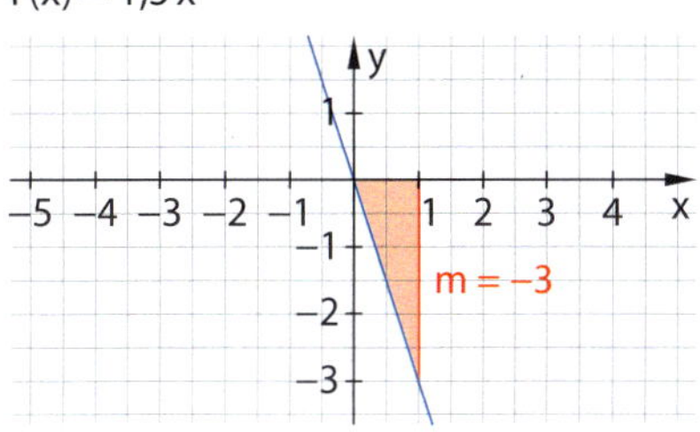

Setze m in die allgemeine Form $f(x) = m\,x$ ein. $f(x) = -3\,x$

Aufgabe 1: Bestimme die Funktionsgleichung des Graphen.

a) b) c)

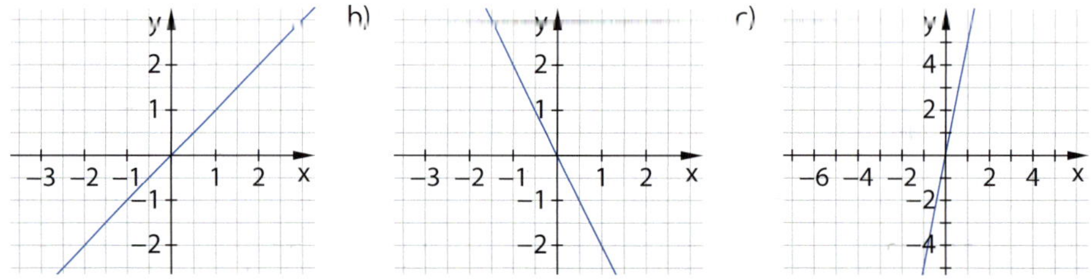

Beim Graphen rechts kann es schwierig sein, die Steigung direkt abzulesen. Zeichnet man das Steigungsdreieck aber größer, so kann man die Steigung leicht bestimmen. Im Steigungsdreieck nimmt der x-Wert nicht um 1, sondern um 3 zu. Der y-Wert nimmt um 2 zu. Deshalb muss man zur Bestimmung der Steigung 2 wieder durch 3 teilen: $m = \frac{2}{3}$.

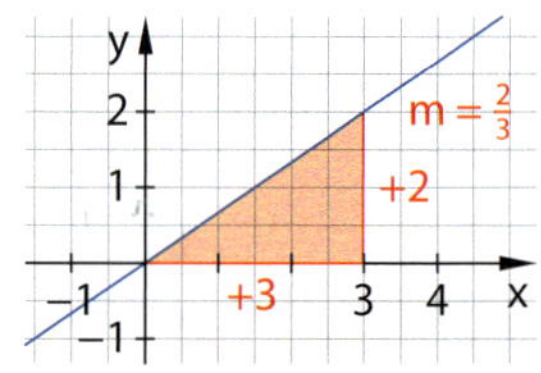

Wissen: Allgemeine Definition der Steigung

Ein Steigungsdreieck kann in der Größe beliebig verändert werden. Die Steigung ist dann das Verhältnis der Änderung des y-Werts zur Änderung des x-Werts.

$m = \frac{y_2 - y_1}{x_2 - x_1}$

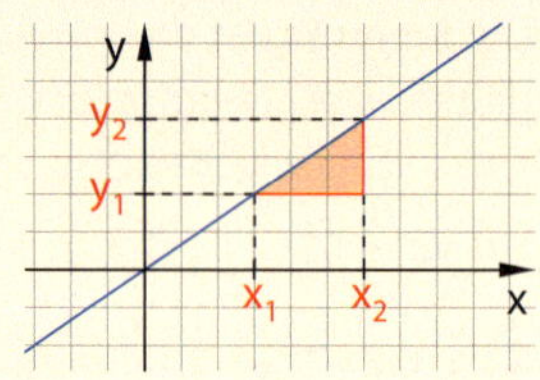

Beispiel 2: Die Steigung allgemein bestimmen

Bestimme die Steigung der proportionalen Funktion.

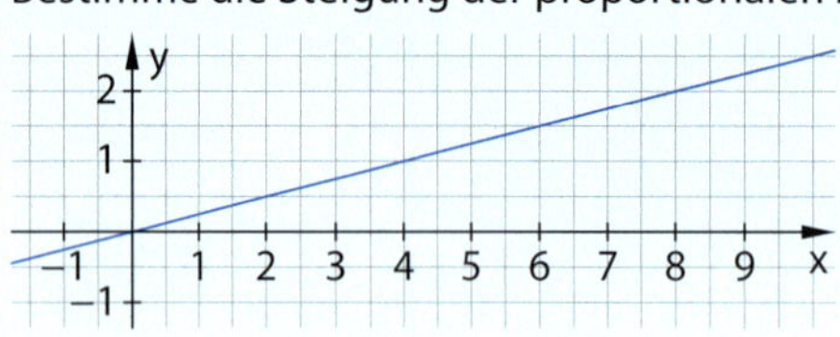

Lösung:

1. Möglichkeit: Steigungsdreieck

Zeichne ein Steigungsdreieck ein, bei dem du die Länge der Strecken nach rechts und nach oben gut ablesen kannst.

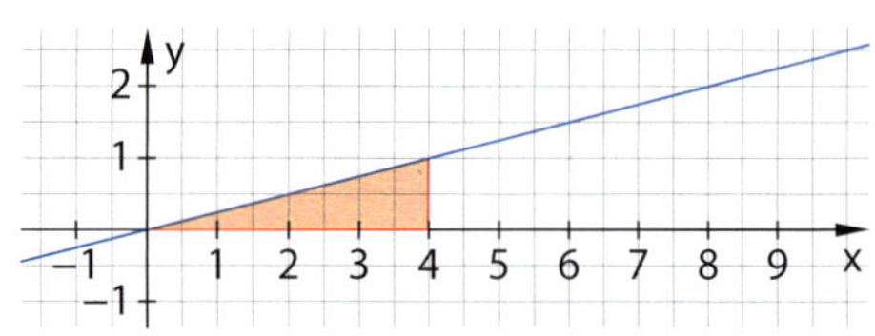

Berechne m aus dem Verhältnis der Strecke nach oben (+1) und der Strecke nach rechts (+4).

$m = \frac{1}{4}$

2. Möglichkeit: Zwei Punkte

Lies am Graphen zwei Punkte (x|y) ab und berechne m.

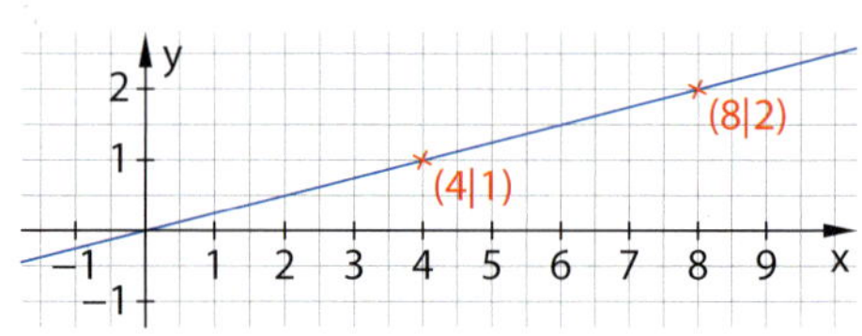

Die Differenz der y-Werte steht im Zähler, die Differenz der x-Werte steht im Nenner.

$m = \frac{2-1}{8-4} = \frac{1}{4}$

Aufgabe 2: Bestimme die Steigung der proportionalen Funktion.

a)

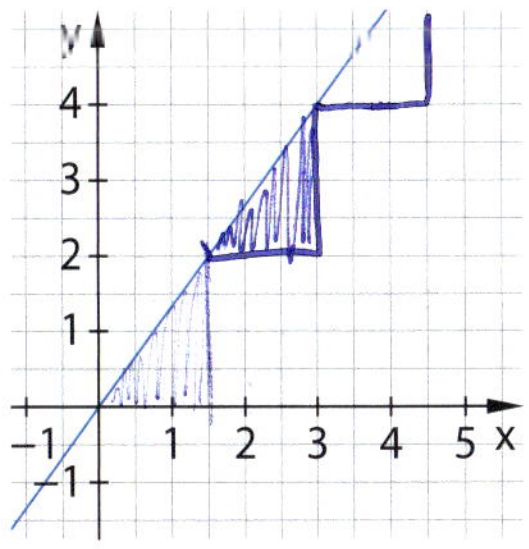

b)

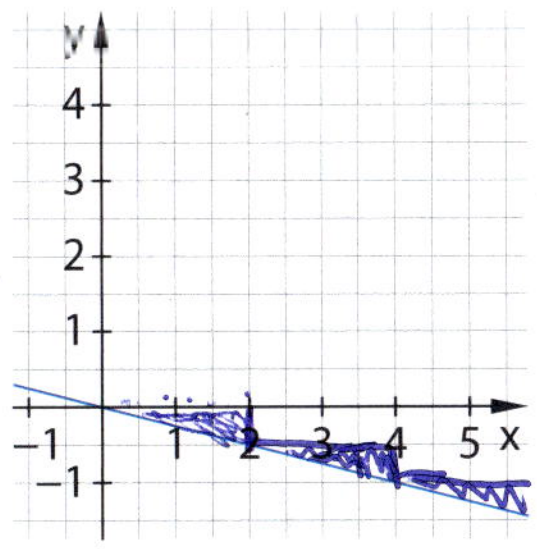

c)

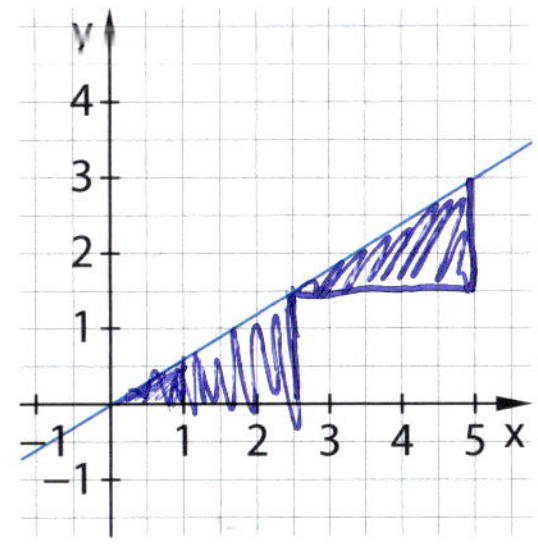

Beispiel 3: Graphen proportionaler Funktionen zeichnen

Zeichne den Graphen zur Funktionsgleichung $f(x) = -0{,}35\,x$.

Lösung:

Die Steigung ist $-0{,}35$, also fällt der Graph.

Da du das Steigungsdreieck mit 1 nach rechts und 0,35 nach unten nicht genau genug zeichnen kannst, nimmst du ein größeres Steigungsdreieck. Zeichne eine Strecke 10 Einheiten nach rechts. Die Strecke nach unten entspricht dann der 10-fachen Steigung: $10 \cdot (-0{,}35) = -3{,}5$.

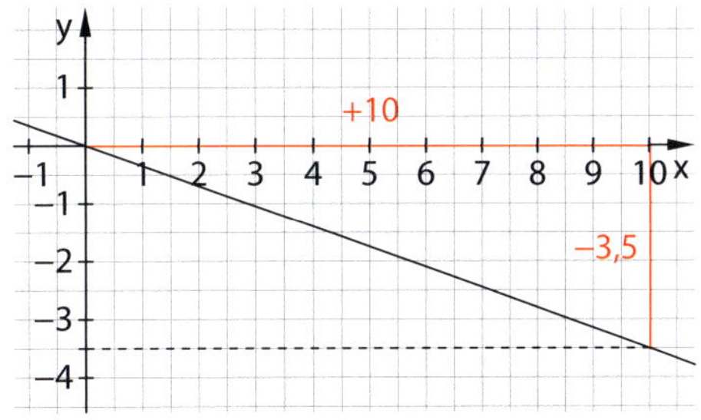

Hinweis:
Je größer du das Steigungsdreieck zeichnest, desto genauer wird die Zeichnung.

Aufgabe 3: Zeichne den Graphen zur Funktionsgleichung.

a) $f(x) = 0{,}15\,x$ b) $f(x) = 0{,}2\,x$ c) $f(x) = -0{,}75\,x$

Aufgaben

4. a) Wie ändert sich der Funktionswert, wenn x um 1 zunimmt?

①

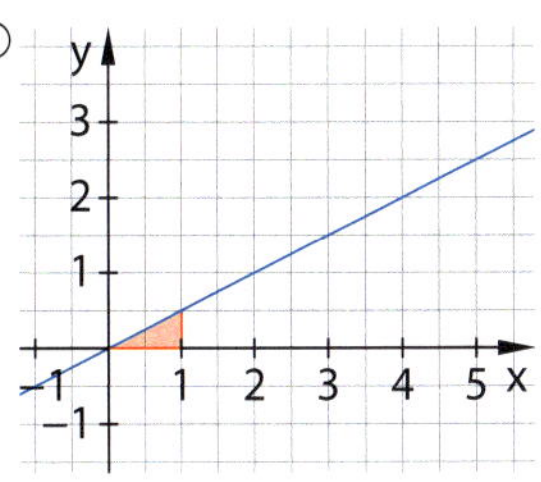

②

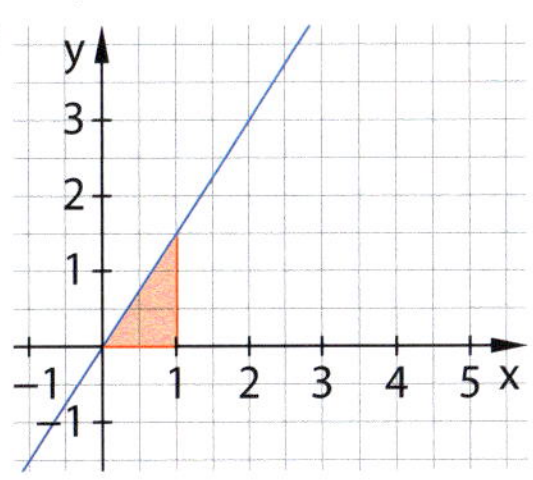

③

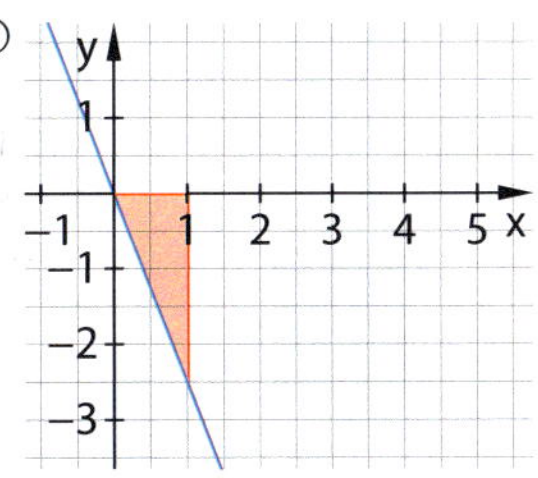

b) Wie ändert sich bei den Funktionen aus a) der Funktionswert, wenn x um 2, um 3 oder um 4 zunimmt? Gib auch die Steigung und die Funktionsgleichung an.

5. Zeichne die proportionale Funktion, ohne eine Wertetabelle aufzustellen.

a) $f(x) = 3\,x$ b) $f(x) = \frac{1}{3}x$ c) $f(x) = -\frac{1}{3}x$ d) $f(x) = -0{,}5\,x$

e) $f(x) = \frac{2}{3}x$ f) $f(x) = -\frac{3}{4}x$ g) $f(x) = -\frac{7}{5}x$ h) $f(x) = 0{,}25\,x$

6. Stelle die Funktionsgleichung der proportionalen Funktion auf, die durch den Punkt A verläuft.

a) $A(1|1)$ b) $A(-1|-3)$ c) $A(3|2)$ d) $A(100|-25)$

e) $A(-23|42)$ f) $A(7|3)$ g) $A(0{,}5|-7)$ h) $A(49|7)$

Hinweis zu 6:
Hier findest du die Steigungen der Funktionen.

- Trifft immer die x-Achse
↳ Nullstelle

1.3 Lineare Funktionen

■ Dennis und Patrick besprechen ihre Hausaufgaben. Dennis meint: „Wir sollen den Graphen der Funktion $f(x) = 3x - 1$ zeichnen. Ich werde erst einmal eine Wertetabelle anlegen." Patrick erwidert: „Das brauchen wir nicht. Ich zeichne einfach die Funktion $f(x) = 3x$ und verschiebe dann." Wie kann Patrick die gesuchte Gerade zeichnen? ■

Die Funktion $f(x) = 0{,}5x + 3$ unterscheidet sich von der proportionalen Funktion $g(x) = 0{,}5x$ nur durch die Zahl 3, die zu jedem y-Wert dazu addiert wird. Im Koordinatensystem sieht man, dass der Graph von g um 3 Einheiten nach oben verschoben wird. Eine lineare Funktion ist eine verschobene proportionale Funktion.

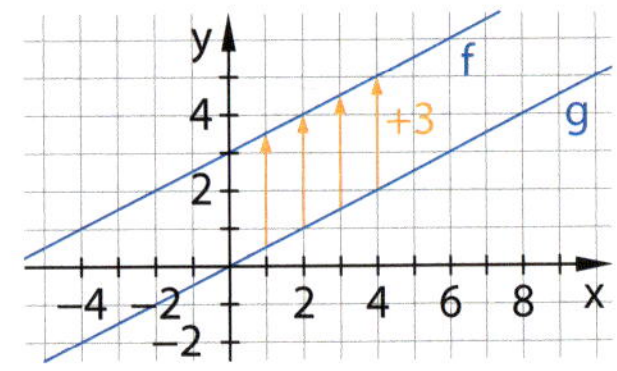

Wissen: Lineare Funktionen

Eine **lineare Funktion** hat die Funktionsgleichung $f(x) = m \cdot x + b$. Sie ist eine verschobene proportionale Funktion. Dabei gibt m die Steigung und b die Verschiebung an. Die Verschiebung erkennt man am Schnittpunkt des Graphen mit der y-Achse $(0|b)$.

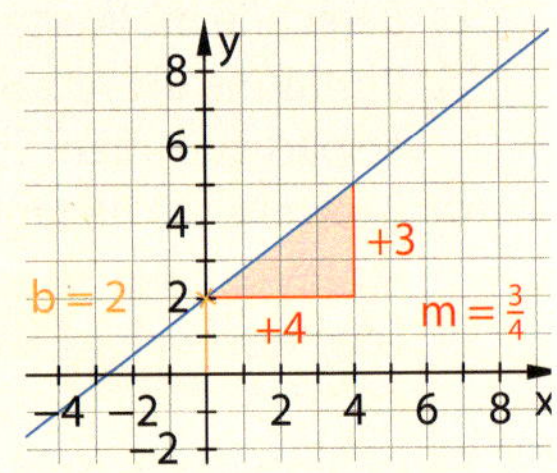

Beispiel 1: Funktionsgleichung einer linearen Funktion aufstellen

Bestimme die Funktionsgleichung des Graphen.

a)

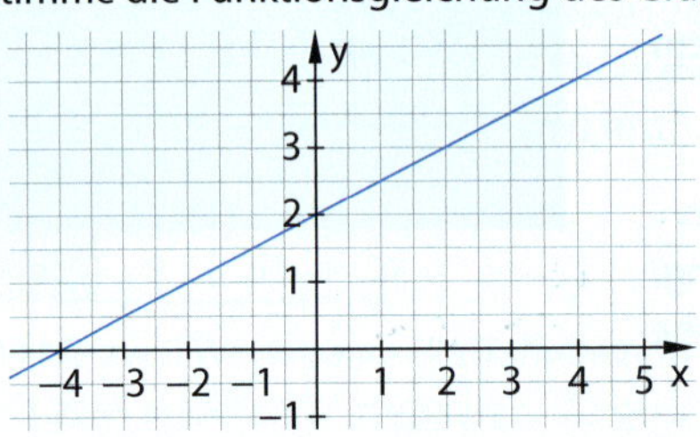

b)

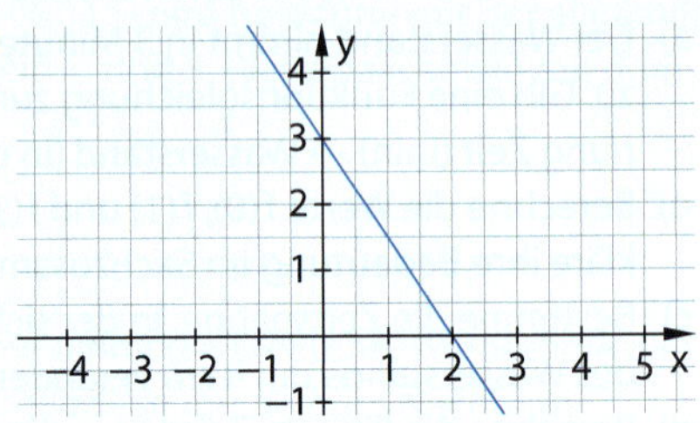

Lösung:

Den y-Achsenabschnitt liest du an der Stelle $x = 0$ ab.

a)

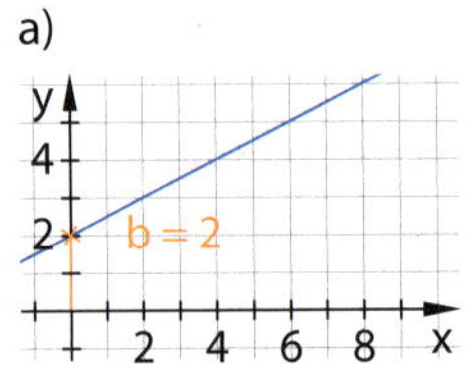

b)

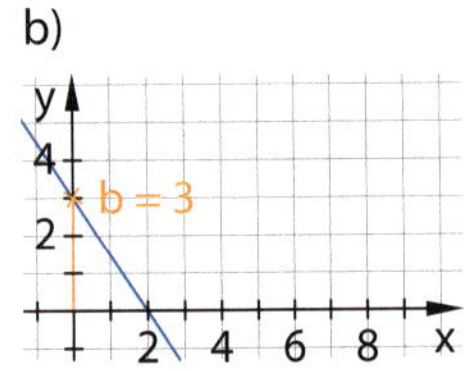

Die Steigung bestimmst du über ein geeignetes Steigungsdreieck.

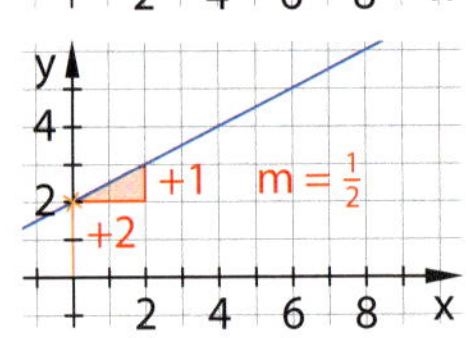

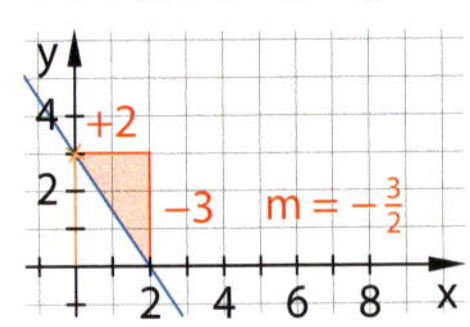

Setze b und m dann in die allgemeine Form $f(x) = mx + b$ ein.

a) $f(x) = \frac{1}{2}x + 2$

b) $f(x) = -\frac{3}{2}x + 3$

Aufgabe 1: Bestimme die Funktionsgleichung des Graphen.

a) b) c)

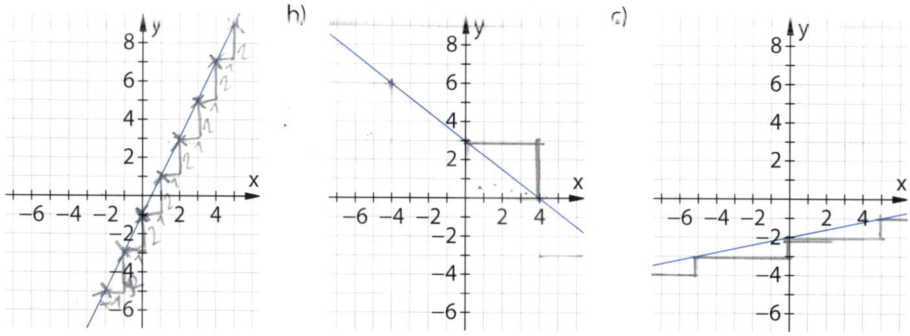

Beispiel 2: Eine lineare Funktion zeichnen

Zeichne den Graphen zur Funktionsgleichung $f(x) = -1{,}5x + 4$.

Lösung:

1. Möglichkeit: b und m einzeichnen

Da der y-Achsenabschnitt $b = 4$ ist, verläuft der Graph durch den Punkt $(0|4)$.

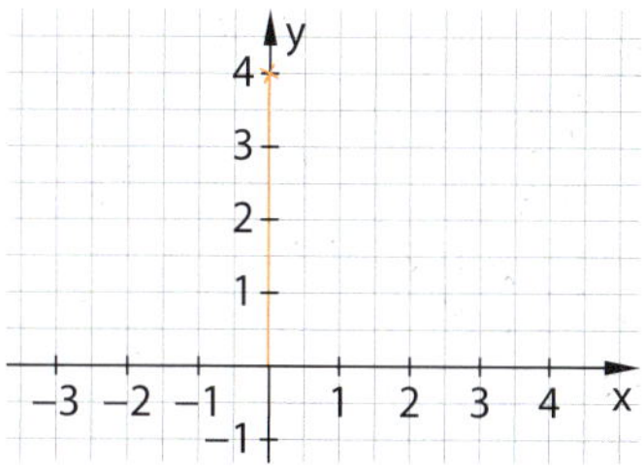

Von dort zeichnest du dann ein Steigungsdreieck ein. Du kannst 1 nach rechts und 1,5 Schritte nach unten gehen. Du kannst aber auch 2 nach rechts und 3 Schritte nach unten gehen.

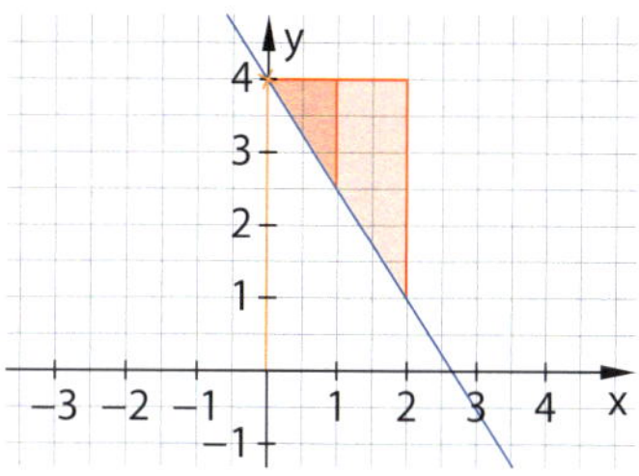

Hinweis:
Je größer du das Steigungsdreieck zeichnest, desto genauer wird die Zeichnung.

2. Möglichkeit: 2 Punkte zeichnen

Setze in die Funktionsgleichung zwei unterschiedliche Werte für x ein und berechne jeweils den y-Wert. Wähle x-Werte, die du einfach berechnen kannst.

$x = 0$

$f(0) = -1{,}5 \cdot 0 + 4 = 4$

Erster Punkt: $A(0|4)$

$x = 4$

$f(4) = -1{,}5 \cdot 4 + 4 = -6 + 4 = -2$

Zweiter Punkt: $B(4|-2)$

Hinweis:
Je größer der Abstand der gewählten x-Werte ist, desto genauer wird die Zeichnung.

Zeichne die so ermittelten Punkte $A(0|4)$ und $B(4|-2)$ ein und zeichne dann die Gerade durch diese Punkte.

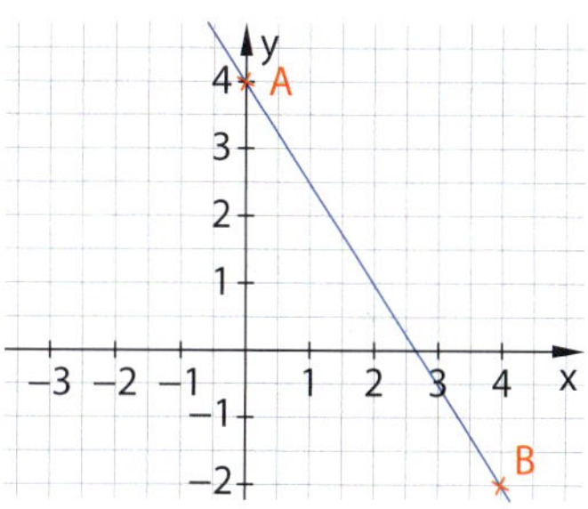

Aufgabe 2: Zeichne den Graphen zur Funktionsgleichung.

a) $f(x) = 4x - 1$ b) $f(x) = -2x + 5$ c) $f(x) = \frac{1}{3}x + 2$

Um den Verlauf einer Geraden anzugeben, genügen zwei Punkte. Die Steigung und der y-Achsenabschnitt lassen sich dann berechnen.

Beispiel 3: Aus zwei Punkten die Gleichung einer linearen Funktion aufstellen

Die Punkte A(1|4) und B(7|2) liegen auf einer Geraden. Bestimme die Funktionsgleichung der linearen Funktion.

Lösung:

Berechne m über die allgemeine Definition der Steigung. Die Differenz der y-Werte steht im Zähler, die Differenz der x-Werte steht im Nenner.

$m = \frac{y_2 - y_1}{x_2 - x_1}$

$m = \frac{2-4}{7-1} = \frac{-2}{6} = -\frac{1}{3}$

Setze $m = -\frac{1}{3}$ in die allgemeine Form $f(x) = mx + b$ ein. Du kannst nun b berechnen, indem du x- und y-Wert von A oder von B einsetzt. Es muss gelten: $f(1) = 4$ oder $f(7) = 2$. Setze das Wertepaar ein, mit dem eine möglichst einfache Rechnung entsteht, und löse die Gleichung nach b auf.

$f(x) = -\frac{1}{3}x + b$

$f(1) = 4$

$-\frac{1}{3} \cdot 1 + b = 4 \quad |+\frac{1}{3}$

$b = 4\frac{1}{3}$

Setze $b = 4\frac{1}{3}$ in $f(x) = -\frac{1}{3}x + b$ ein.

$f(x) = -\frac{1}{3}x + 4\frac{1}{3}$

Aufgabe 3: Gegeben sind zwei Punkte. Bestimme die Funktionsgleichung der Geraden, auf der diese beiden Punkte liegen.

a) A(−4|1); B(4|5)

b) A(2|4); B(5|5$\frac{1}{2}$)

Aufgaben

Hinweis zu 4:
Die Steigungen der Lösungen findest du in der Blüte, die y-Achsenabschnitte in den Blättern.

4. Stelle die Funktionsgleichung auf.

a)

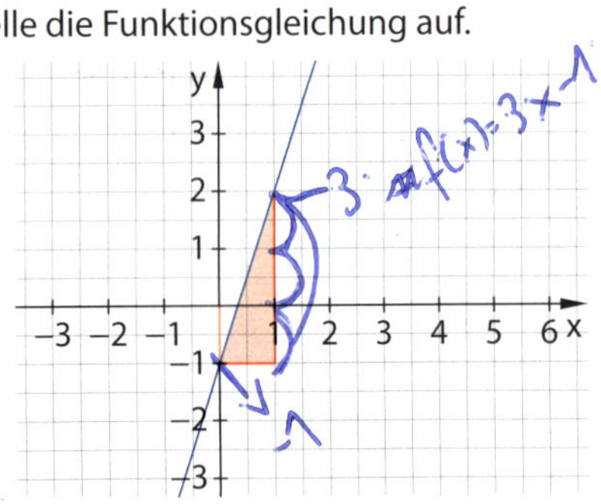

b)

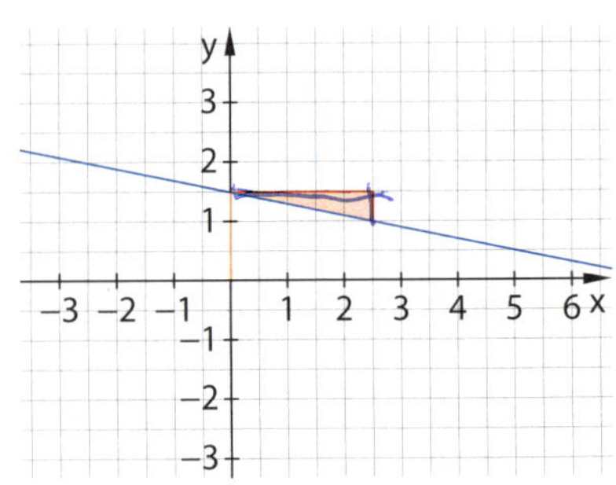

c)

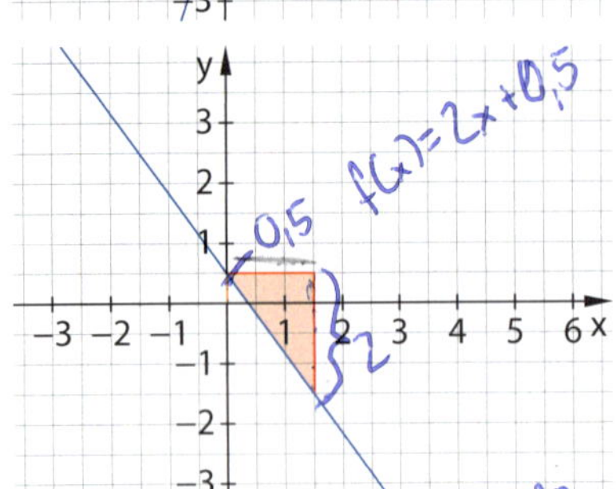

d)

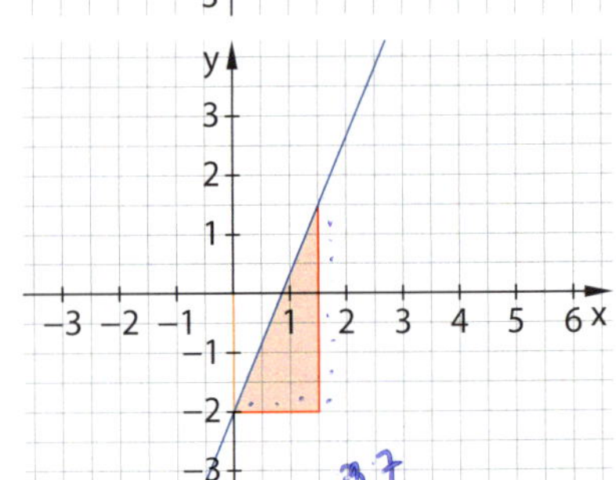

5. Zeichne die lineare Funktion im angegebenen Bereich, ohne eine Wertetabelle anzulegen.

a) $f(x) = 2x - 1$ für $-2 \le x \le 3$
b) $f(x) = -3x + 3$ für $-3 \le x \le 2$
c) $f(x) = \frac{3}{5}x - 2$ für $-3 \le x \le 3$
d) $f(x) = -\frac{5}{6}x + 2{,}5$ für $-3 \le x \le 3$

6. Zeichne die Graphen zu jedem Aufgabenteil in ein gemeinsames Koordinatensystem. Erkläre die Bedeutung der Werte von m und b.

a) $f(x) = -1{,}5x + b$ für $b = 0; 1; 2; 3$
b) $f(x) = mx + 1$ für $m = \frac{1}{2}; 1; \frac{3}{2}; 2$
c) $f(x) = 2x + b$ für $b = -3{,}5; -3; -2; -1$
d) $f(x) = mx + 8$ für $m = -1; -2; -3; -4$

7. Beschreibe die besondere Lage der Geraden. Stelle jeweils die Funktionsgleichung auf. Finde Gemeinsamkeiten und Unterschiede bei den Funktionsgleichungen.

a)

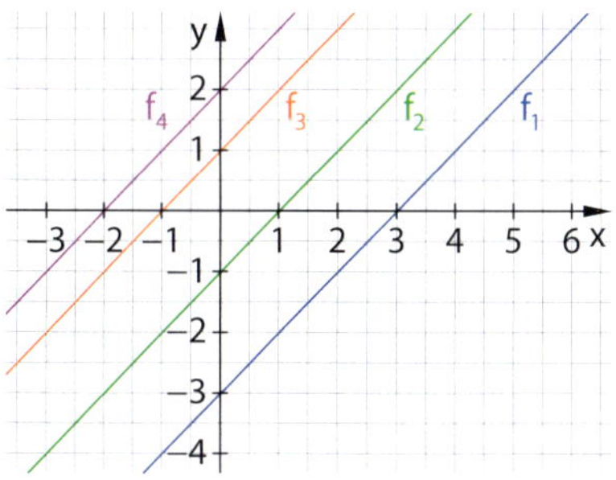

b)

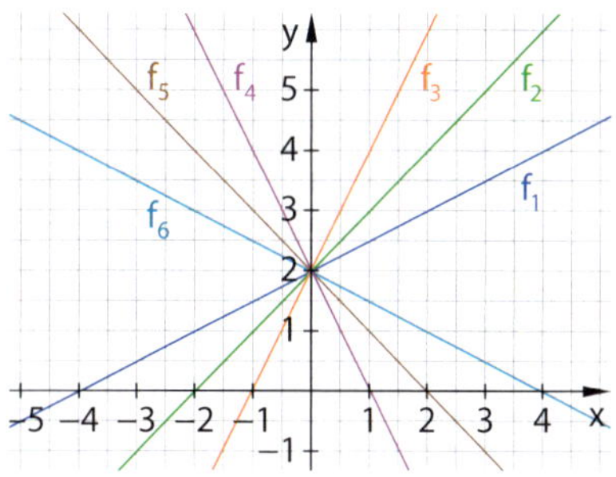

○ **8. Durchblick:** Zeichne den Graphen der linearen Funktion f. Zeichne ebenfalls den verschobenen Graphen der Funktion g. Gib für den Graphen von g die Funktionsgleichung an. Du kannst dich an Beispiel 2 orientieren.

a) $f(x) = 2x$; g ist gegenüber f um 3 Einheiten nach oben verschoben.
b) $f(x) = -1{,}5x$; g ist gegenüber f um 6 Einheiten nach unten verschoben.
c) $f(x) = -3x + 2$; g ist gegenüber f um 1 Einheit nach oben verschoben.
d) $f(x) = x + 4$; g ist gegenüber f um 5,5 Einheiten nach unten verschoben.
e) Alexander behauptet: „Lineare Funktionen sind doch genau dasselbe wie proportionale Funktionen." Nimm begründet Stellung.

9. Stolperstelle: In den Hausaufgaben sollte David jeweils die Funktionsgleichung einer linearen Funktion finden. Überprüfe seine Lösungen und korrigiere sie, falls er Fehler gemacht hat.

a)

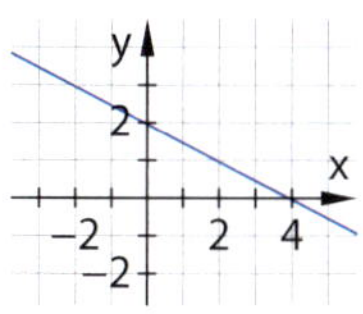

$f(x) = -0{,}5 + 2x$

b)

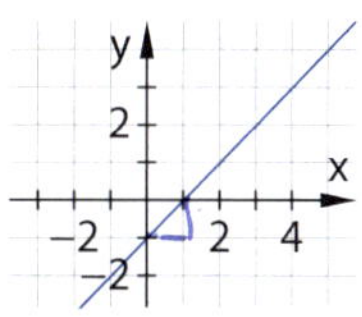

$f(x) = x + 1$

c)

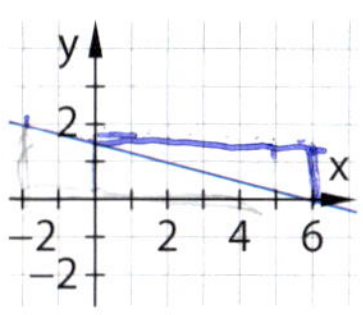

$f(x) = \frac{1}{4}x + 1{,}5$

d)

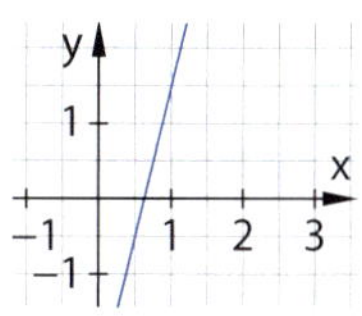

$f(x) = 4x - 2{,}5$

10. Bestimme die Funktionsgleichung der linearen Funktion, die durch den Punkt A verläuft und die vorgegebene Steigung hat. Berechne hierfür den y-Achsenabschnitt b.

Beispiel: $A(2|3)$, $m = 5$ Ansatz: $f(x) = mx + b$ Einsetzen: $3 = 5 \cdot 2 + b$
Nach b auflösen: $b = -7$
Ergebnis: $f(x) = 5x - 7$

a) $A(1|-3)$; $m = -1$
b) $A(4|0)$; $m = 0{,}5$
c) $A(3|1)$; $m = -0{,}5$
d) $A(-1{,}5|-1)$; $m = 1{,}2$
e) $A(1|-1)$; $m = -0{,}75$
f) $A(1|-1)$; $m = 0{,}5$

Streifzug: Stückweise lineare Funktionen

■ Laura und Jule haben mit einem Funktionenplotter experimentiert. Dabei ist der rechts abgebildete Graph entstanden. Ermittle eine Funktionsgleichung, die diesen Graphen beschreibt. ■

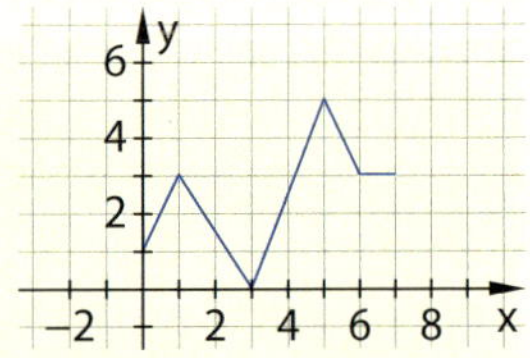

Manchmal lässt sich ein Graph nicht durch eine einzige lineare Funktionsgleichung beschreiben, weil er aus unterschiedlichen Strecken besteht. Dann kann man mehrere lineare Funktionsgleichungen bestimmen und so zusammensetzen, dass sie für einzelne Bereiche des Graphen gelten. Eine solche Funktion heißt **stückweise lineare Funktion**, weil ihre „Stücke" durch verschiedene lineare Funktionsterme gegeben sind.

Stückweise lineare Funktionen, deren Graph sich nur aus Strecken zusammensetzt, die parallel zur x-Achse liegen, d.h. bei denen die zugehörigen Funktionsgleichungen konstant sind, nennt man **Treppenfunktionen**. Ihr Graph erinnert an eine Treppe.

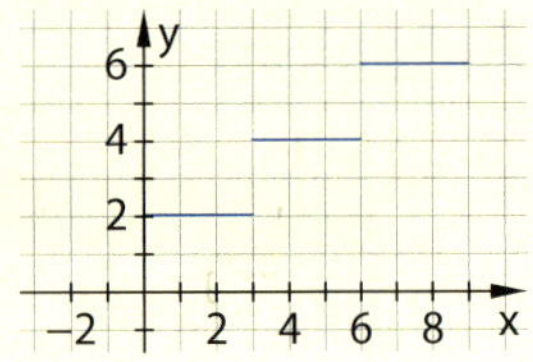

Beispiel 1: Die Gleichung einer stückweise linearen Funktion ermitteln

Ermittle eine Funktionsgleichung zu dem abgebildeten Graphen.

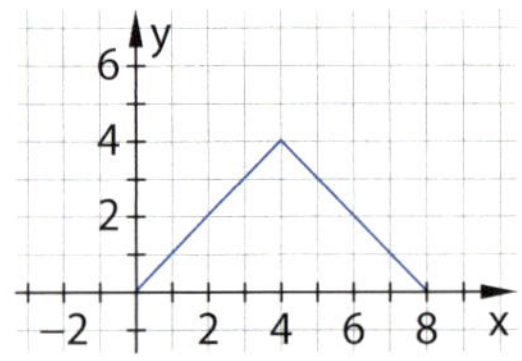

Lösung:

Der Graph setzt sich aus zwei Strecken zusammen, die den Punkt $(4|4)$ gemeinsam haben. Bestimme die Bereiche, für die die Gleichungen der beiden linearen Funktionen gelten, welche die Strecken beschreiben.

1. Bereich: $0 \leq x \leq 4$
2. Bereich: $4 < x \leq 8$

(Du könntest die Stelle $x = 4$ hier auch nur dem 2. Bereich zuordnen.)

Bestimme die Gleichungen der linearen Funktionen: ① Der y-Achsenabschnitt ist 0 und die Steigung 1. Sie lautet also $f_1(x) = x$.
② Der y-Achsenabschnitt ist 8 und die Steigung −1. Sie lautet also $f_2(x) = -x + 8$.

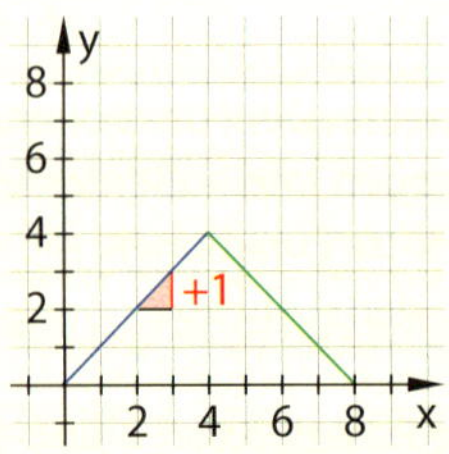

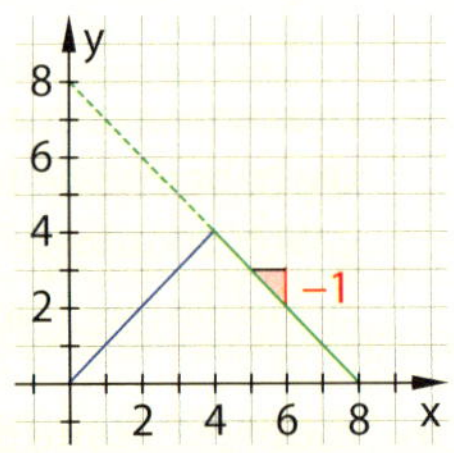

Fasse beide Gleichungen zusammen und ordne die Bereiche zu, für die sie gelten.

$$f(x) = \begin{cases} x & \text{für } 0 \leq x \leq 4 \\ -x + 8 & \text{für } 4 < x \leq 8 \end{cases}$$

Aufgabe 1: Ermittle eine Funktionsgleichung zu dem Graphen.

a) 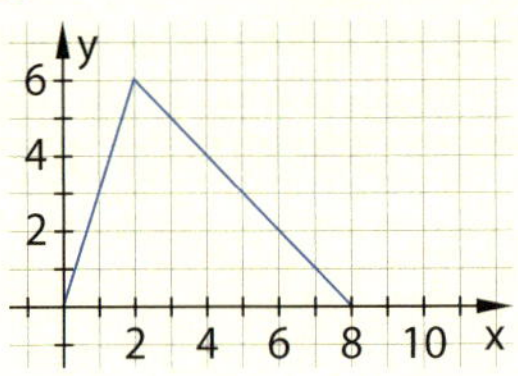

b) 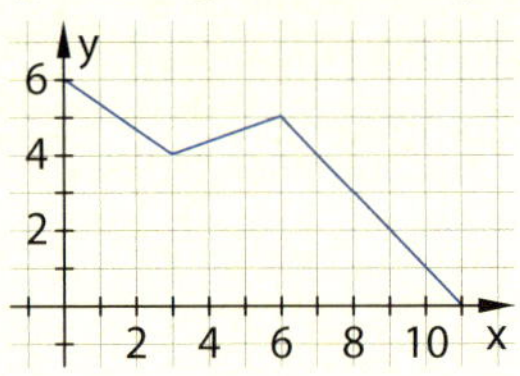

c) 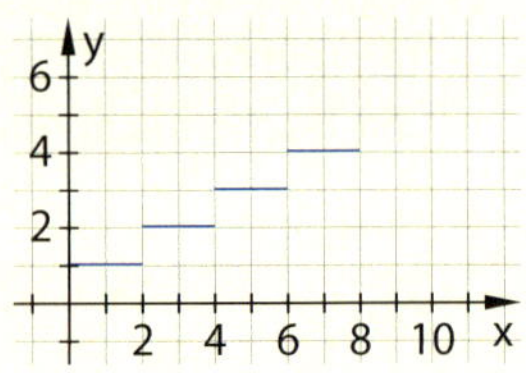

Aufgaben

2. Zeichne den Graphen zur Funktionsgleichung. Beschreibe, wie du vorgegangen bist.

a) $f(x) = \begin{cases} x + 1 & \text{für } 0 \le x \le 4 \\ -\frac{1}{2}x + 7 & \text{für } 4 < x \le 8 \end{cases}$ b) $f(x) = \begin{cases} -x & \text{für } -2 \le x \le 2 \\ 2x - 6 & \text{für } 2 < x \le 4 \\ 2 & \text{für } 4 < x \le 7 \end{cases}$ c) $f(x) = \begin{cases} 7 & \text{für } 0 \le x < 4 \\ 2 & \text{für } 4 \le x < 6 \\ 1 & \text{für } 6 \le x < 8 \\ 5 & \text{für } x \ge 8 \end{cases}$

3. a) Rechts siehst du den Graphen einer stückweise linearen Funktion. Ermittle eine Funktionsgleichung. Beschreibe den Wertebereich der Funktion.

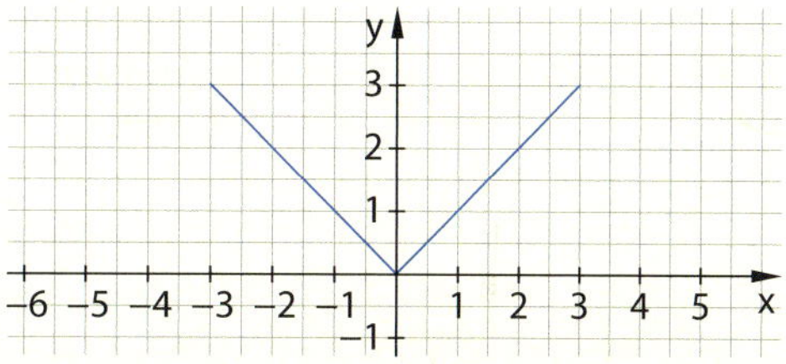

b) Zeichne den Graphen einer Funktion, die nach dieser Vorschrift gebildet wird: Jeder Zahl wird der auf die nächstkleinere bzw. auf die nächstgrößere ganze Zahl gerundete Wert zugeordnet.

Hinweis zu 3:
Im Wertebereich einer Funktion liegen alle Werte, die die Funktion annehmen kann.

Tipp zu 3b:
Erstelle eine Wertetabelle.

4. Hier siehst du einige Situationen aus der Realität, die sich grob als Graphen linearer oder stückweise linearer Funktionen nachbilden (man sagt auch „modellieren") lassen.

①

②

③

a) Zeichne zu den Situationen passende Graphen in ein jeweils geeignetes Koordinatensystem und ermittle die zugehörigen Funktionsgleichungen.

b) Begründe, warum eine Darstellung der einzelnen Situationen als Graph sinnvoll sein kann oder nicht.

5. Forschungsauftrag: Kathrin möchte mit ihrem Vater einen Lenkdrachen bauen, der ungefähr die Form einer Parabel hat. Das Material für den Rahmen haben sie bereits. Jetzt möchte Kathrin die benötigte Menge an Stoff bestimmen. Dazu zeichnet sie den Drachen grob in ein Koordinatensystem als Graph einer stückweise linearen Funktion:

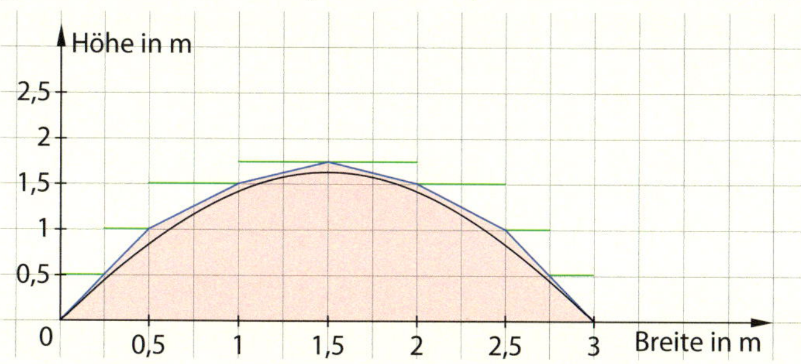

a) Bestimme eine Funktionsgleichung der Treppenfunktion.

b) Begründe, warum die Treppenfunktion nützlich sein kann, um die benötigte Stoffmenge für die Fläche näherungsweise zu bestimmen.

c) Wie könnte man die für die Fläche benötigte Stoffmenge mithilfe von Treppenfunktionen noch genauer berechnen?

Hinweis zu 5:
Solche Kurven heißen „Parabeln":

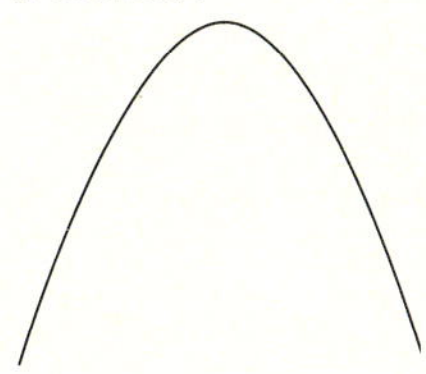

Hinweis:
Die Idee, Flächeninhalte zwischen einem Graphen und der x-Achse durch das Ausnutzen von Treppenfunktionen möglichst genau zu berechnen, entstammt der „Integralrechnung".

Vermischte Aufgaben

1. Entscheide, ob die Aussage wahr oder falsch ist, und begründe deine Antwort.
a) Bei einer Funktion wird jedem y-Wert genau ein x-Wert zugeordnet.
b) Zu jeder Zuordnung lässt sich eine Funktionsgleichung aufstellen.
c) Zum Zeichnen einer proportionalen Funktion genügen zwei Wertepaare der Funktion.
d) Der Punkt $O(0|1)$ liegt auf den Graphen aller proportionalen Funktionen.
e) Den y-Achsenabschnitt einer linearen Funktion kann man an der Funktionsgleichung ablesen.
f) Ist die Steigung einer linearen Funktion negativ, dann ist die Nullstelle der Funktion positiv.

2. Gegeben ist die Funktionsgleichung $f(x) = 5x + 7$.
a) Überprüfe, ob die folgenden Punkte auf dem Graphen von f liegen.
$A(1|2)$; $B(0|7)$; $C(12|67)$; $D(-4{,}5|-14{,}5)$
b) Bestimme die fehlenden Koordinaten, sodass die Punkte auf dem Graphen von f liegen.
$E(2{,}5|\blacksquare)$; $F(\blacksquare|-3)$; $G(20|\blacksquare)$; $H(\blacksquare|52)$
c) Erkläre die rechnerische Lösung von b) in eigenen Worten.

3. Bestimme eine lineare Funktionsgleichung, sodass der Graph durch die Punkte A und B verläuft.
a) $A(2|4)$; $B(-3|-12)$
b) $A(8{,}2|2{,}4)$; $B(9{,}2|5{,}6)$
c) Gib an, wie die Geraden aus a) und b) zueinander liegen. Begründe deine Antwort.

4. Gib die Funktionsgleichungen zu den Funktionsgraphen an.

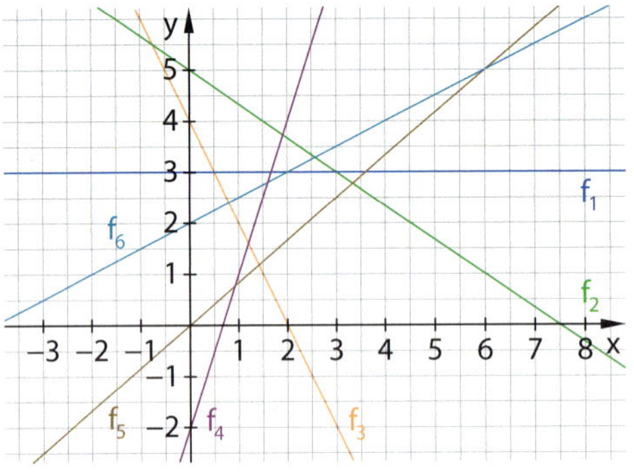

5. Ein aufblasbarer Swimmingpool wird mit einem Gartenschlauch befüllt. Der Pool fasst 1200 Liter Wasser. Aus dem Schlauch kommen 9 Liter Wasser pro Minute.
a) Stelle eine Funktionsgleichung auf, mit der sich die aktuelle Füllmenge des Swimmingpools berechnen lässt.
b) Berechne, wie viel Liter Wasser sich nach 10 min (20 min; 30 min; 60 min) im Pool befinden.
c) Berechne, wann sich 225 ℓ (450 ℓ; 1000 ℓ; 3500 ℓ) Wasser im Pool befinden.
d) Bestimme den Zeitpunkt, zu dem der Pool überläuft.

6. Patienten in Krankenhäusern bekommen häufig eine Infusion mit Ringer-Lösung, um andere Medikamente schnell im Körper zu verteilen. Dabei nimmt die Menge der Ringer-Lösung in der Infusionsflasche gleichmäßig ab.
a) In einer Infusionsflasche sind zu Beginn 0,5 ℓ Ringer-Lösung, nach 20 min sind es noch 0,4 ℓ. Bestimme die Funktionsgleichung der Zuordnung Zeit (in Stunden) → Inhalt der Infusionsflasche (in Liter) und zeichne den Funktionsgraphen.
b) Bei einer anderen Infusion sind nach 30 min noch 0,7 ℓ und nach 90 min noch 0,1 ℓ Ringer-Lösung in der Flasche. Wie lange dauert es, bis die Flasche leer ist?

7. Familie Kreuzer möchte am Mittelmeer Urlaub machen. Jeder Tag im Hotel kostet 80 €. Hinzu kommen 620 € für Hin- und Rückflug.

a) Erstelle eine Funktionsgleichung der Zuordnung Anzahl der Tage → Reisekosten (in €).
b) Wie teuer ist die Reise, wenn die Familie acht Tage (zwei Wochen) im Hotel bleibt?
c) Wie viele Tage kann die Familie für insgesamt 1500 € (2000 €) verreisen?

8. Familie Johanssen fährt in den Urlaub nach Südtirol. Die Autobahn-Route ist 831 km lang. Der durchschnittliche Benzinverbrauch ihres Wagens beträgt 6,4 ℓ pro 100 km.

Bestimme eine Funktionsgleichung, die die Zuordnung Gefahrene Kilometer → Verbrauchte Benzinmenge (in ℓ) beschreibt.

Die Tankfüllung kann ungefähr durch die Funktionsgleichung $f(x) = -6{,}4x + 50$ beschrieben werden. Erkläre die Bedeutung von x und f(x). Berechne, nach wie vielen Kilometern sich noch 30 ℓ im Tank befinden.

Auf der Landstraße verbraucht der Wagen durchschnittlich nur 5,9 ℓ pro 100 km. Wie viele Kilometer dürfte der Weg über die Landstraßen höchstens länger sein als die Autobahn-Route, damit insgesamt weniger Benzin verbraucht wird?

Nach 125 km sind noch 42 ℓ im Tank, nach 250 km sind es noch 34 ℓ. Berechne mithilfe einer geeigneten Funktionsgleichung, wie weit die Familie mit dieser Tankfüllung fahren kann, wenn der Verbrauch konstant ist. Beschreibe außerdem die Schwächen einer solchen Prognose.

9. Ein Mobilfunkanbieter hat zwei verschiedene Tarife. Tarif A hat eine Grundgebühr von 10 € pro Monat und jede Gesprächsminute kostet 6 ct. Tarif B hat keine Grundgebühr, dafür kostet jede Gesprächsminute 15 ct. SMS sind bei beiden Tarifen gratis.

a) Stelle für beide Tarife eine Funktionsgleichung für die Zuordnung Anzahl telefonierter Minuten → monatlicher Preis (in €) auf.
b) Anna telefoniert durchschnittlich 250 Minuten pro Monat und schreibt 100 SMS. Welchen Tarif würdest du ihr empfehlen?
c) Bestimme, bei wie vielen Gesprächsminuten pro Monat Tarif A günstiger ist als Tarif B.

Hinweis zu 9 c:
Du kannst auch mit einen Funktionenplotter arbeiten.

10. Übertrage die Tabelle in dein Heft und ergänze die Felder.

<table>
<tr><th>Sachverhalt</th><td>Bei einem Taxiunternehmen kostet die Anfahrt 2,50 €. Jeder gefahrene Kilometer kostet 30 ct.</td><td></td><td></td><td></td></tr>
<tr><th>Wertetabelle</th><td></td><td></td><td><table><tr><td>x</td><td>3</td><td>4</td><td>6</td></tr><tr><td>y</td><td>6,5</td><td>7</td><td>8</td></tr></table></td><td></td></tr>
<tr><th>Funktionsgleichung</th><td></td><td></td><td></td><td>$f(x) = -3x + 6$</td></tr>
<tr><th>Graph</th><td></td><td>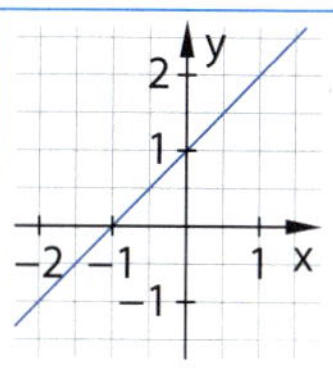</td><td></td><td></td></tr>
<tr><th>Nullstelle</th><td></td><td></td><td></td><td></td></tr>
</table>

Prüfe dein neues Fundament

1. Prüfe, ob die Zuordnung eine Funktion ist.
a) Sprunghöhe beim Hochsprung → Schüler, die diese Höhe gesprungen sind
b) Anzahl Eiskugeln → Preis

2. Stelle für die Funktion eine Wertetabelle für $x = -2$ bis $x = 4$ auf. Zeichne den Funktionsgraphen und prüfe, ob das gegebene Wertepaar zur Funktion gehört.
a) $f(x) = 1{,}5x + 1$; $(2|4)$ b) $f(x) = -2x + 1$; $(-1|2)$ c) $g(x) = 0{,}5x - 1$; $(0|-1)$

3. Bestimme die Steigung und die Funktionsgleichung des Graphen.

a)
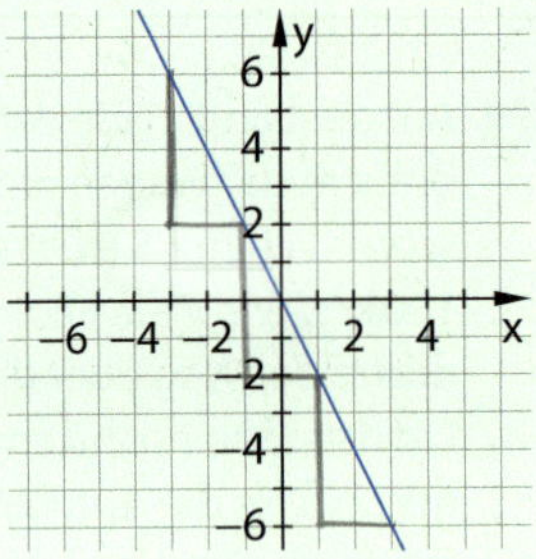

b)
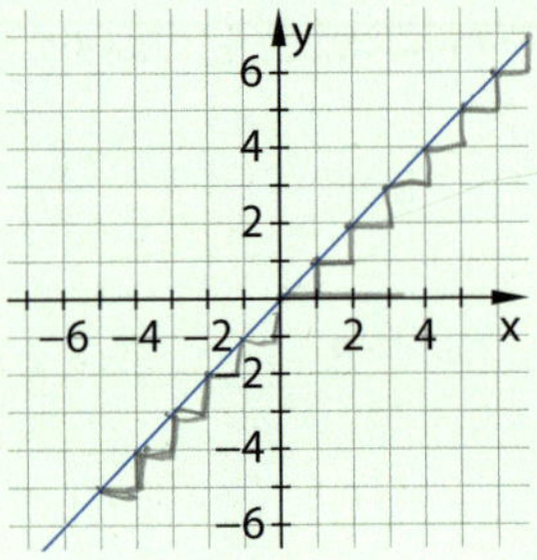

c)
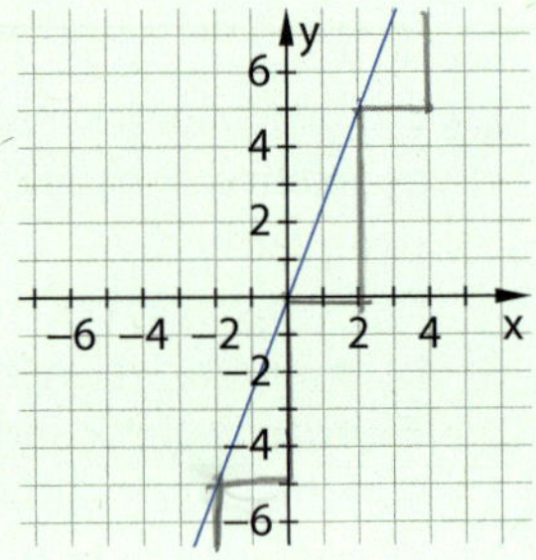

4. Zeichne den Graphen der proportionalen Funktion.
a) $f(x) = 4x$ b) $f(x) = 2x$ c) $h(x) = 0{,}4x$ d) $g(x) = -0{,}3x$ e) $v(t) = -\frac{7}{9}t$

5. Drei unterschiedliche Autos haben auf der Autobahn folgenden durchschnittlichen Benzinverbrauch:
– 7 Liter Benzin auf 100 km
– 8 Liter Benzin auf 100 km
– 9 Liter Benzin auf 100 km

Die Tabelle und der Graph stellen jeweils den Benzinverbrauch eines dieser Autos dar.

Strecke in km	Verbrauch in Litern
50	4,0
80	6,4
200	16,0
250	20,0
300	24,0
360	28,8

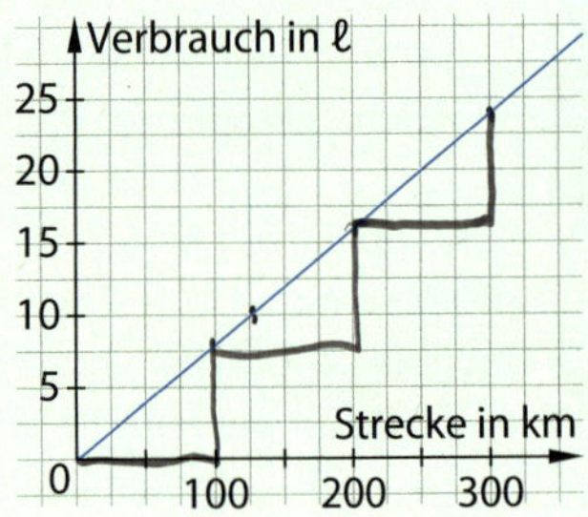

a) Gib an, zu welchem Auto die Tabelle passt. Begründe deine Antwort.
b) Gib an, zu welchem Auto der Graph passt. Begründe deine Antwort.

6. Zeichne den Graphen zur Funktionsgleichung.
a) $f(x) = 2x - 3$ b) $f(x) = -\frac{1}{2}x + 2$ c) $f(x) = -3x + 9$ d) $f(x) = \frac{1}{4}x + \frac{1}{2}$

7. Bestimme die Funktionsgleichung des Graphen.

a)
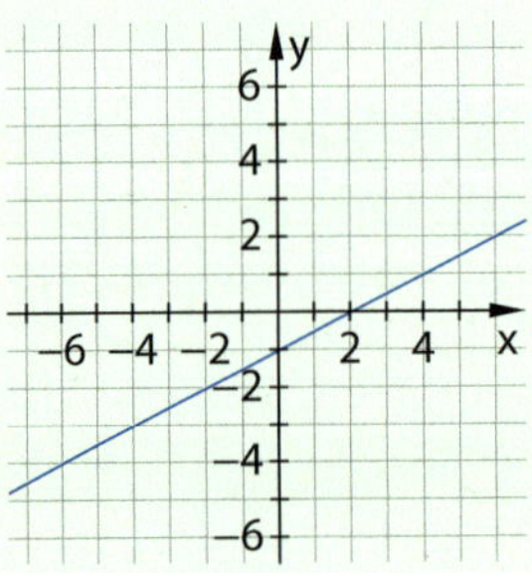

b)
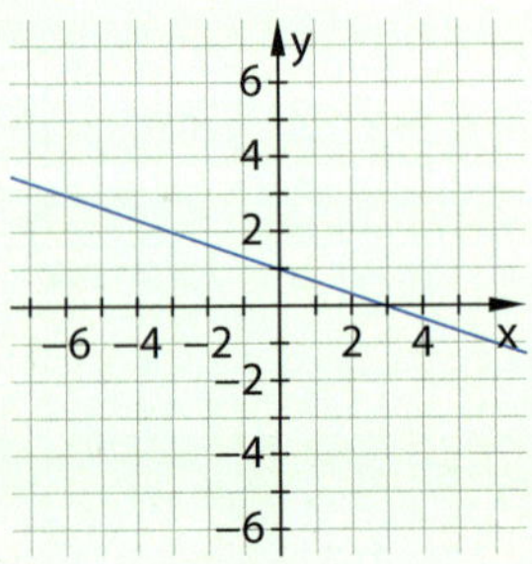

c)
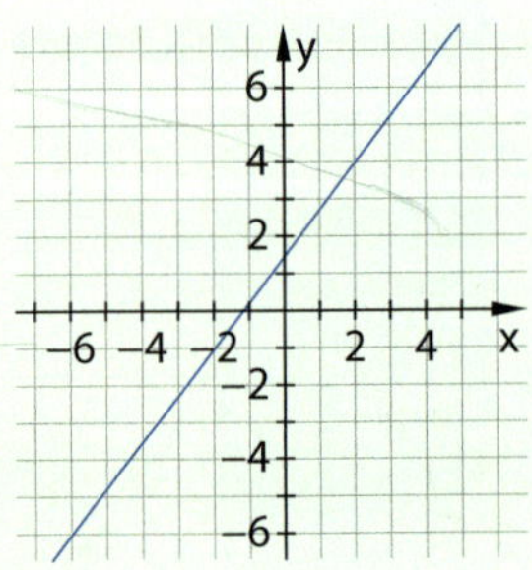

8. Bestimme die Funktionsgleichung der Geraden, auf der die Punkte A und B liegen.
a) $A(-6|0)$; $B(2|4)$ b) $A(-6|-4)$; $B(6|1)$ c) $A(-3|7)$; $B(3|-9)$ d) $A(0|-23)$; $B(-10|3)$

9. Bestimme sowohl graphisch als auch rechnerisch die Nullstelle der Funktion.
a) $f(x) = \frac{1}{3}x - 1,5$ b) $f(x) = \frac{5}{3}x + 5$ c) $f(x) = 0,875x - 3,5$ d) $f(x) = \frac{1}{6}x + \frac{1}{3}$

10. Bestimme sowohl graphisch als auch rechnerisch den x-Wert, an dem die Funktion den gegebenen y-Wert annimmt.
a) $f(x) = 2x + 1;\ y = 7$ b) $f(x) = -\frac{1}{5}x - 1;\ y = -2$
c) $f(x) = 2,5x + 2,5;\ y = -2,5$ d) $f(x) = 0,75x - 1\frac{1}{2};\ y = 3$

11. Die Funktion $h(x) = -200x + 12\,000$ beschreibt die sich verringernde Flughöhe (in Meter) eines Passagierjets im Landeanflug auf einen Flughafen, wobei x die vergangenen Minuten seit Beginn des Sinkfluges angibt.
a) Berechne die Nullstelle der Funktion. Interpretiere das Ergebnis.
b) Wie viele Minuten vor der Landung befindet sich das Flugzeug in 1000 m Höhe?

12. Petra hat mit einem Funktionenplotter $x = -1$ als Nullstelle der Funktion $f(x) = \frac{99}{100}x + \frac{100}{99}$ bestimmt.
a) Beschreibe, wie Petra dabei vorgegangen sein könnte.
b) Überprüfe das Ergebnis rechnerisch.

Wiederholungsaufgaben

1. Runde die Zahl auf die angegebene Stelle.
a) Hunderter: 43 856   b) Zehntel: 108,025   c) Tausendstel: 4,789789

2. Birgit findet im Atlas eine Karte mit dem Maßstab 1 : 2 500 000. Dieser Maßstab bedeutet, dass 1 cm in der Karte 2 500 000 cm in der Wirklichkeit entspricht.
Birgit misst auf der Karte den Abstand zwischen Frankfurt und München. Er beträgt 12 cm. Berechne mithilfe des Maßstabs, wie weit Frankfurt von München in der Wirklichkeit (Luftlinie) entfernt ist.
Gib dein Ergebnis in Kilometer an.

3. Vervollständige die Tabelle in deinem Heft so, dass die Zuordnung
a) proportional ist,

x	1	2,5	5	20
y			20	

b) antiproportional ist.

x	1	2,5	5	20
y			20	

4. Berechne.
a) $\frac{5}{6} + \frac{3}{5}$ b) $\frac{5}{6} - \frac{3}{5}$ c) $\frac{5}{6} \cdot \frac{3}{5}$ d) $\frac{5}{6} : \frac{3}{5}$

5. Fasse den Term $3 \cdot x + 7 \cdot y - 4 + 3 \cdot y - 2 \cdot x + 2$ zusammen und vereinfache.

Funktion

Eine **Funktion** ist eine **eindeutige Zuordnung**.
Bei einer Funktion **x → y** wird jedem x-Wert genau ein y-Wert (**Funktionswert**) zugeordnet.

Die Zuordnung

Zahl x → Quadrat der Zahl x

ist eine eindeutige Zuordnung, also eine Funktion. Durch diese Funktion wird z.B. der Zahl 4 eindeutig die Zahl 16 zugordnet.

Darstellung von Funktionen

Funktionen lassen sich angeben durch
- eine Wortvorschrift,
- eine Funktionsgleichung,
- eine Wertetabelle,
- einen Funktionsgraphen im Koordinatensystem.

Jeder Zahl wird ihr Betrag zugeordnet.
$f(x) = |x|$

x	−3	−1,2	0	3
y	3	1,2	0	3

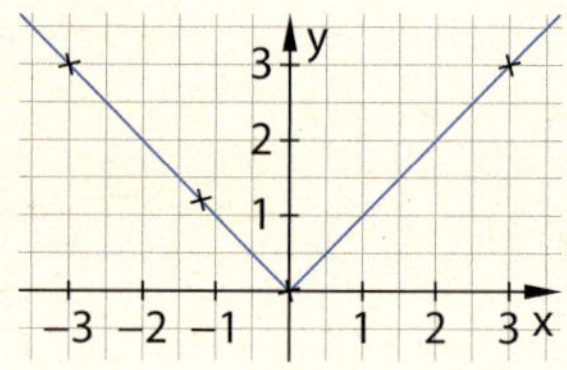

Proportionale Funktionen

Funktionen mit Gleichungen der Form **$f(x) = mx$** nennt man **proportionale Funktionen**.
Der Graph einer proportionalen Funktion ist eine Gerade mit der Steigung m, die durch den Koordinatenursprung verläuft. Die Steigung ist die Änderungs des y-Werts, wenn der x-Wert um 1 zunimmt.

$f(x) = 0{,}5\,x$ ist eine proportionale Funktion.

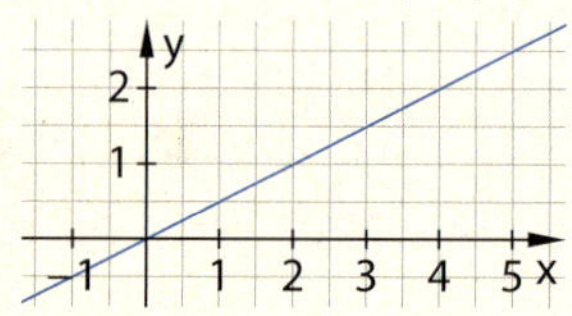

Lineare Funktionen

Funktionen mit Gleichungen der Form **$f(x) = mx + b$** nennt man **lineare Funktionen**. Der Graph hat die Steigung m und schneidet die y-Achse im Punkt (0|b). Der Wert **b** wird deshalb auch **y-Achsenabschnitt** genannt.

Den Graphen einer linearen Funktion kann man mithilfe des y-Achsenabschnitts b und der Steigung m zeichnen.

Sind zwei Punkte $P_1(x_1|y_1)$ und $P_2(x_2|y_2)$ einer linearen Funktion gegeben, so kann man die Steigung m wie folgt ermitteln: $m = \frac{y_2 - y_1}{x_2 - x_1}$

Zeichne den Graphen der Funktion
$f(x) = \frac{3}{4}x - 2$

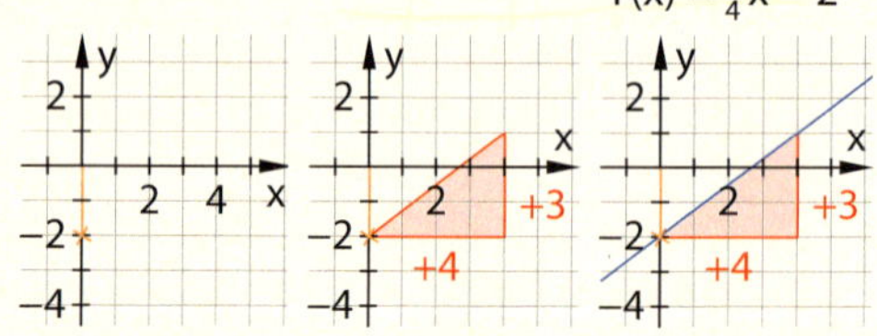

1. Schritt $b = -2$ 2. Schritt $m = \frac{3}{4}$ 3. Schritt

Wenn $P_1(2|5)$ und $P_2(4|9)$ zwei Punkte einer linearen Funktion sind, gilt:
$m = \frac{9-5}{4-2} = 2$
Funktionsgleichung: $f(x) = 2x + 1$

Nullstellen einer Funktion

Einen x-Wert einer Funktion, für den der zugehörige Funktionswert $f(x) = 0$ ist, nennt man **Nullstelle**.
Im Koordinatensystem kann man die Nullstelle am Schnittpunkt des Funktionsgraphen mit der x-Achse ablesen.

$f(x) = -2x + 2$

Nullstelle: $x = 1$

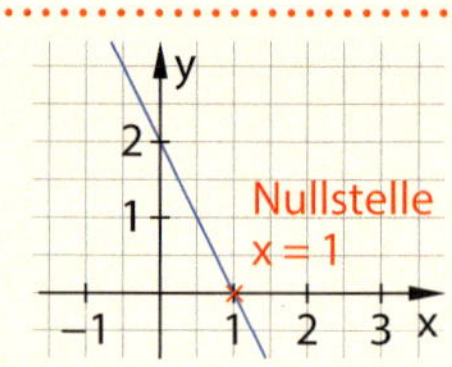

2. Lineare Gleichungssysteme

Wie bei Waagschalen bleiben die Seiten einer Gleichung im Gleichgewicht, wenn man auf beiden Seiten gleich viel hinzufügt oder entfernt.

2.1 Terme mit mehreren Variablen aufstellen

■ Frau Sander und ihre beiden Kinder Gustav und Michelle fahren mit der Bahn von Köln nach Frankfurt. Mit welchen der folgenden Terme kann man den Gesamtfahrpreis ermitteln, wenn Frau Sander den Fahrpreis für Erwachsene, aber Gustav und Michelle den ermäßigten Fahrpreis für Kinder bezahlen?

① $x \cdot 2y$ ② $x + 2y$ ③ $2x - y$ ④ $2x + y$ ⑤ $x + y + x$

Gib bei den von dir ermittelten Termen jeweils die Bedeutung der einzelnen Variablen an. ■

Mithilfe von Termen lassen sich Zusammenhänge aus der Mathematik oder aus dem Alltag kurz und übersichtlich darstellen. Die Variablen, die in den Termen vorkommen, stehen oft für Zahlen oder Größen. Bei der Benutzung von Variablen muss zunächst die Bedeutung der Variablen festgelegt werden.

Beispiel 1: Einen Sachverhalt mit mehreren Variablen beschreiben

Die Pension „Am Steintor“ hat einige Zimmer mit zwei Betten und einige Zimmer mit drei Betten. Gib einen Term für die Anzahl der Betten an, die die Pension insgesamt hat.

Lösung:

Führe Variable ein und gib die Bedeutung für jede Variable an.	x: Anzahl der Zweibettzimmer y: Anzahl der Dreibettzimmer
Wenn du die Anzahl der Zweibettzimmer mit 2 multiplizierst, erhältst du die Anzahl aller Betten in den Zweibettzimmern.	Anzahl der Betten in Zweibettzimmern: $2 \cdot x$
Wenn du die Anzahl der Dreibettzimmer mit 3 multiplizierst, erhältst du die Anzahl aller Betten in den Dreibettzimmern.	Anzahl der Betten in Dreibettzimmern: $3 \cdot y$
Die Anzahl der Betten der Pension erhältst du durch Addition der Anzahl der Betten in den Zwei- und in den Dreibettzimmern.	Anzahl der insgesamt in der Pension „Am Steintor“ vorhandenen Betten: $2x + 3y$

Aufgabe 1: In einem Kino haben die vorderen Reihen jeweils 30 Plätze, die hinteren Reihen jeweils 45 Plätze. Gib einen Term für Gesamtzahl der Plätze im Kino an.

Aufgaben

2. Celina kauft einige Roggenbrötchen zu 0,40 € und mehrere Vollkornbrötchen zu 0,45 €. Gib einen Term an, mit dem man berechnen kann, wie viel Celina für ihren Einkauf bezahlen muss.

3. Beschreibe den Zusammenhang mit einem Term.
   a) das Fünffache der Summe zweier Zahlen
   b) das Produkt aus der Summe und der Differenz zweier Zahlen
   c) die Summe der Seitenlängen eines gleichschenkligen Dreiecks
   d) das Produkt aus einer Zahl und dem Kehrwert einer anderen Zahl

4. Familie Brunner (zwei Erwachsene und ein Kind) geht am Sonnabend gemeinsam ins Schwimmbad. Dort zahlen Kinder weniger als Erwachsene. Gib einen Term an, mit dem man den gesamten Eintrittspreis für Familie Brunner ermitteln kann.

○ 5. **Durchblick:** Eine Jugendherberge hat drei Etagen. In jeder Etage gibt es die gleiche Anzahl an Zimmern.
a) Gib einen Term an, mit dem man die gesamte Anzahl an Zimmern berechnen kann. Du kannst dich an Beispiel 1 orientieren.
b) Die Anzahl der Betten auf jeder Etage lässt sich mit dem Term $4a + 6b$ berechnen. Emilia behauptet: „Auf jeder Etage gibt es also 4 Zimmer mit a Betten und 6 Zimmer mit b Betten." Julian erwidert: „ Das stimmt nicht. Aus dem Term sieht man, dass die Jugendherberge nur Vier- und Sechsbettzimmer hat." Wer von beiden hat Recht?

6. Mit dem Term $a \cdot b$ können unterschiedliche Sachverhalte beschrieben werden. Übertrage die Tabelle in dein Heft und vervollständige sie.

$a \cdot b$	a	b
Flächeninhalt eines Rechtecks in cm^2	Länge einer Rechteckseite in cm	
Preis für a Kuchenbrötchen in €		
Flächeninhalt eines Parallelogramms in cm^2		
	Anzahl der Ecken eines regelmäßigen Vielecks	Länge einer Seite des regelmäßigen Vielecks in cm
	Durchschnittsgeschwindigkeit eines Autos in km/h	Fahrzeit des Autos in h

7. In einer Fabrik wird täglich die gleiche Anzahl von 1-Liter-Flaschen hergestellt. Mit welchen Termen lässt sich berechnen, wie viele 1-Liter-Flaschen an x Werktagen hergestellt werden?
① $a + x$ ② $a \cdot x$ ③ $a - x$ ④ $a : x$ ⑤ $x \cdot a$ ⑥ $a + a + a + \ldots + a$ (x Summanden)

Gib die Bedeutung der Variablen an.

8. **Stolperstelle:** Für eine Geburtstagsfeier kauft Paul n Flaschen Limonade zu einem Preis von je 0,99 € und m Päckchen Salzstangen zu je 1,23 €. Mit welchem Term kann man den Gesamtpreis des Einkaufs ermitteln? Begründe.
① $m \cdot 0{,}99\,€ + n \cdot 1{,}23\,€$ ② $(n + m) \cdot (0{,}99\,€ + 1{,}23\,€)$ ③ $n \cdot 0{,}99 + m \cdot 1{,}23$

● 9. **Ausblick:** Gib für die beiden Figuren einen Term an, mit dem man
a) den Umfang,
b) den Flächeninhalt
ermitteln kann.

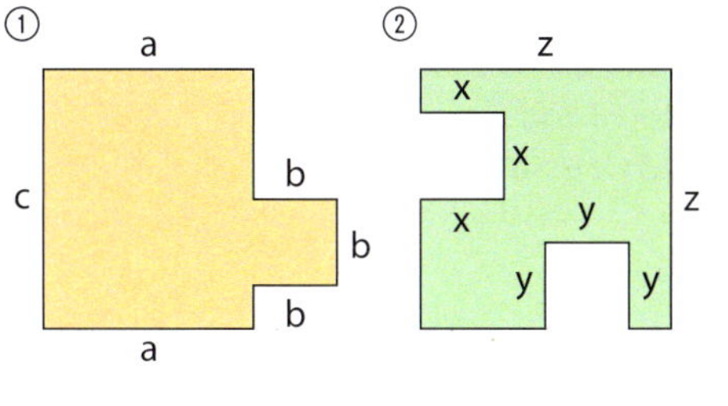

2.2 Lineare Gleichungen mit zwei Variablen

■ Anja soll für den Kindergeburtstag ihrer kleinen Schwester Getränke einkaufen. Ihr stehen dafür 6,00 € zur Verfügung. Sie kauft einige Flaschen Mineralwasser zu 0,40 € und einige Flaschen Orangenlimonade zu 0,60 €. Wie viele Flaschen Mineralwasser und wie viele Flaschen Orangenlimonade kann Anja für genau 6,00 € einkaufen? ■

„Das Doppelte einer Zahl vermindert um eine andere Zahl ergibt 6." Diesen Sachverhalt kann man mit der Gleichung $2x - y = 6$ beschreiben. Lösung dieser **linearen Gleichung mit zwei Variablen** sind nicht einzelne Zahlen, sondern stets **Wertepaare** x und y wie zum Beispiel $x = 4$ und $y = 2$ oder $x = 1{,}5$ und $y = -3$. Die Gleichung $2x - y = 6$ hat also mehrere Lösungen.

Beispiel 1: Lineare Gleichungen mit zwei Variablen aufstellen und lösen

16 Ruderer wollen für eine gemeinsame Bootstour Ruderboote ausleihen. Es stehen Zweier- und Viererboote zur Verfügung.

a) Beschreibe den Sachverhalt mit einer linearen Gleichung mit zwei Variablen.

b) Gib alle Möglichkeiten für die Auswahl solcher Boote an, wenn kein Platz frei bleiben soll.

Lösung:

a) Schreibe auf, wofür die Variablen x und y stehen. Da x und y für die Anzahl an Booten stehen, ist klar, dass für x und y nur natürliche Zahlen in Frage kommen.

x: Anzahl der Boote mit vier Plätzen
y: Anzahl der Boote mit zwei Plätzen

Stelle eine Gleichung mit den Variablen x und y auf.

$4x + 2y = 16$

b) **Lösungen durch Probieren finden:**
Setze für x einen möglichen Wert ein. Ermittle dann einen Wert für y, sodass die Gleichung erfüllt ist.

$x = 1$ und $y = 6$ ist eine Lösung der Gleichung, denn $4 \cdot 1 + 2 \cdot 6 = 16$.

Lösungen systematisch finden:
Du kannst mögliche Lösungen auch systematisch finden, indem du die Gleichung nach y umstellst.

$$\begin{aligned} 4x + 2y &= 16 \quad &| -4x \\ 2y &= 16 - 4x \quad &| :2 \\ y &= 8 - 2x \text{ oder } y = -2x + 8 \end{aligned}$$

Setze für x die Zahlen 0, 1, 2, 3 und 4 ein und berechne die zugehörigen y-Werte.

x	0	1	2	3	4
y	8	6	4	2	0

$x = 5$ und $y = -2$ erfüllen zwar die Gleichung $4x + 2y = 16$, aber die Anzahl der Boote kann natürlich nicht negativ sein. Ebenso sind z. B. $x = -1$ und $y = 10$ oder $x = 1{,}5$ und $y = 5$ keine Lösungen der Aufgabe.

Die 16 Ruderer haben folgende Möglichkeiten für das Ausleihen von Booten:
8 Zweier; 1 Vierer und 6 Zweier; 2 Vierer und 4 Zweier; 3 Vierer und 2 Zweier; 4 Vierer

Aufgabe 1: Eva bezahlt ihren Einkauf von 9,50 € nur mit 50-Cent-Münzen und 2-Euro-Münzen.

a) Beschreibe den Sachverhalt mit einer linearen Gleichung mit zwei Variablen.

b) Mit wie viel 50-Cent-Münzen und mit wie viel 2-Euro-Münzen könnte Eva ihren Einkauf bezahlt haben? Gib alle Möglichkeiten an.

Wenn man die Gleichung $4x + 2y = 16$ nach y umstellt, erhält man die Gleichung $y = -2x + 8$. Diese Gleichung kann man als Funktionsgleichung $f(x) = -2x + 8$ auffassen. Der Graph dieser Funktion ist eine Gerade. Auf dieser Geraden liegen alle Lösungen der linearen Gleichung $4x + 2y = 16$, so zum Beispiel $x = 1$ und $y = 6$ oder $x = 3$ und $y = 2$.

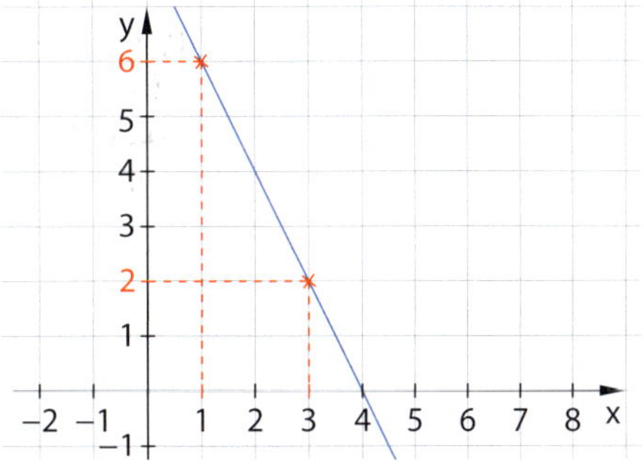

*gleich

Wissen: Lineare Gleichung mit zwei Variablen

Jede lineare Gleichung der Form $ax + by = c$ mit den Variablen x und y nennt man **lineare Gleichung mit zwei Variablen.**

Die Lösungen einer linearen Gleichung mit zwei Variablen sind **Wertepaare** x und y.

In einem Koordinatensystem liegen die Lösungen auf einer Geraden.

Beispiel 2: Zeichnerisches Lösen einer linearen Gleichung mit zwei Variablen

Gegeben ist die lineare Gleichung $8x + 4y = 12$.

a) Zeichne in ein Koordinatensystem eine Gerade, auf der die Lösungen der Gleichung liegen.

b) Lies am Graphen drei Lösungen ab.

Lösung:

a) Stelle die Gleichung nach y um.

$$\begin{aligned} 8x + 4y &= 12 \quad &&|-8x \\ 4y &= -8x + 12 \quad &&|:4 \\ y &= -2x + 3 \end{aligned}$$

$y = -2x + 3$ kannst du als Funktionsgleichung $f(x) = -2x + 3$ auffassen. Zeichne mithilfe der Steigung $m = -2$ und des y-Achsenabschnitts $b = 3$ die zugehörige Gerade in ein Koordinatensystem.

b) Um eine Lösung am Graphen zu finden, kannst du auf ihm einen Punkt P festlegen und seine Koordinaten x und y ablesen, die Lösung der Gleichung sind.

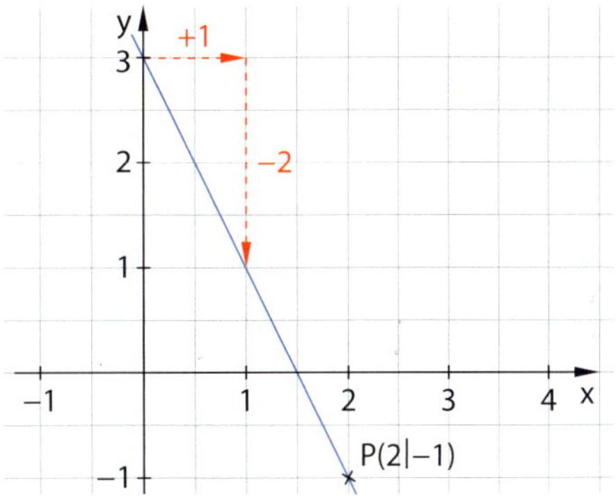

Lösungen z. B.:
$x_1 = 2$ und $y_1 = -1$; $x_2 = 1$ und $y_2 = 1$; $x_3 = 0$ und $y_3 = 3$

Aufgabe 2: Zeichne in ein Koordinatensystem eine Gerade, auf der die Lösungen der linearen Gleichung liegen, und bestimme aus der Zeichnung drei Lösungen der Gleichung.

a) $4x + 2y = 16$ b) $2x + y = 5$ c) $2y - 4x = 8$ d) $-x + y = 4$

Aufgaben

3. a) Welche Gleichung gehört zu welchem Sachverhalt? Welche Bedeutung haben die Variablen x und y jeweils im Sachverhalt?

$x - y = 8$	Die Quersumme einer zweistelligen Zahl ist 8.	$2x + 2y = 8$
Ein Rechteck hat einen Umfang von 8 cm.	$x + y = 8$	Die Differenz zweier dreistelliger Zahlen beträgt 8.

b) Gib zu jedem Sachverhalt zwei mögliche Lösungen an.

4. Beschreibe den Sachverhalt mit einer linearen Gleichung mit zwei Variablen und gib jeweils zwei mögliche Lösungen an.
a) Katrin ist doppelt so alt wie Eileen.
b) Das arithmetische Mittel zweier Zahlen ist 6.
c) Vor vier Jahren war Martins Vater dreimal so alt, wie Martin jetzt ist.
d) Eine kleine Jugendherberge verfügt über 60 Betten in Zwei- und Vierbettzimmern.

5. Ist das angegebene Wertepaar x und y eine Lösung der Gleichung $4x - 3y = 6$?
a) $x = 3;\ y = 2$ b) $x = -3;\ y = -2$ c) $x = -4;\ y = -3$ d) $x = 0{,}5;\ y = -1{,}5$

6. Auf den abgebildeten Geraden liegen die Lösungen der linearen Gleichungen.
a) Welche lineare Gleichung passt zu welcher Geraden?

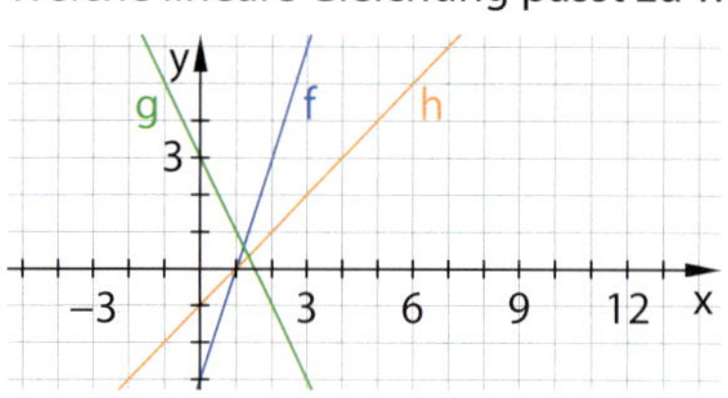

① $x - y = 1$
② $4x + 2y = 6$
③ $-3x + y = -3$

b) Zu welcher Gleichung gehört die Lösung $x = 1$ und $y = 0$?

7. Zeichne in ein Koordinatensystem eine Gerade, auf der die Lösungen der linearen Gleichung liegen. Lies aus der Zeichnung drei Lösungen ab.
a) $2x + y = 4$ b) $2x - y = 5$ c) $y - x = 3$ d) $-4x = 1{,}5 + y$ e) $3y - 6x = 9$

8. Zeichne in ein Koordinatensystem eine Gerade, auf der die Lösungen der linearen Gleichung liegen, und vervollständige die Lösungen im Heft.
a) $x + y = 5$ Lösungen: $x = 3$ und $y = ▢$; $x = 0$ und $y = ▢$; $x = ▢$ und $y = -0{,}5$
b) $-3x + y = 4$ Lösungen: $x = 0$ und $y = ▢$; $x = ▢$ und $y = 0$; $x = \frac{1}{3}$ und $y = ▢$
c) $2x + 3y = 21$ Lösungen: $x = ▢$ und $y = 0$; $x = 0$ und $y = ▢$; $x = 44$ und $y = ▢$

○ **9. Durchblick:** Betrachte folgende Sachverhalte.
① Paula kauft für 4,50 € Hefte zu 0,45 € und Blöcke zu 0,90 €.
② Die Summe aus einer Zahl und dem Doppelten einer anderen Zahl ergibt 12.
③ Kay hat 35 Cent in seiner Hosentasche, und zwar 5-Cent- und 10-Cent-Münzen.
a) Beschreibe jeden Sachverhalt durch eine Gleichung mit zwei Variablen.
b) Gib jeweils drei mögliche Lösungen an.
c) Zeichne in ein Koordinatensystem eine Gerade, auf der die Lösungen der jeweiligen Gleichung liegen.
Orientiere dich bei a) und b) an Beispiel 1 und bei c) an Beispiel 2.

10. Eine Lösung einer linearen Gleichung ist $x = 5$ und $y = 6$. Gib eine Gleichung dazu an.

11. Alysha kauft auf dem Wochenmarkt Äpfel und Birnen für insgesamt 5,50 €. 1 kg Äpfel kostet heute 1,50 € und 1 kg Birnen 2 €. Wie viel Kilogramm Äpfel und wie viel Kilogramm Birnen könnte sie gekauft haben? Gib zwei Möglichkeiten an.

12. Stolperstelle: Überprüfe die Aussagen und begründe.

a) Die Lösungen der Gleichung $0x + y = 1$ liegen auf einer Geraden, die zur y-Achse parallel verläuft.

b) Die Lösungen der Gleichung $x + 0y = 1$ liegen auf einer Geraden, die durch den Punkt $P(1|0)$ und parallel zur y-Achse verläuft.

c) Eine Lösung der Gleichung $2x - y = 2$ ist $x = 3$ und $y = -4$.

d) Anna ist halb so alt wie ihr Bruder Paul, der in diesem Jahr am Schiller-Gymnasium Abitur macht. Frank behauptet nun, dass Anna 6 Jahre alt ist und Paul 12 Jahre alt ist.

Leonard Euler (1707–1783)

13. Die folgende Aufgabe stammt von Leonard Euler, einem bedeutenden Schweizer Mathematiker des 18. Jahrhunderts. „Ein Amtmann kauft Pferde und Ochsen für insgesamt 1770 Taler. Er zahlt für ein Pferd 31 Taler, für einen Ochsen aber 21 Taler. Wie viele Pferde und wie viele Ochsen können es gewesen sein?"

Hinweis zu 13:
Drei der fünf Wertepaare im Apfel sind Lösungen.

14. Eine 6 cm lange weiße und eine 9 cm lange rote Kerze werden zugleich angezündet. Die rote Kerze brennt in einer Stunde 1 cm und die weiße Kerze 0,5 cm ab.

a) Ordne die Gleichungen $y = -0{,}5x + 6$ und $y = -x + 9$ den beiden Sachverhalten richtig zu und gib die Bedeutung der Variablen an.

b) Zeichne für jede der Gleichungen eine Gerade in ein Koordinatensystem.

c) Nach wie viel Stunden ist die rote Kerze abgebrannt?

15. Timo hat zu einer linearen Gleichung die folgenden drei Lösungen bestimmt:
$x_1 = 1$ und $y_1 = 3$; $x_2 = 0$ und $y_2 = 1$; $x_3 = 2$ und $y_3 = 2$.
Begründe, dass eine Lösung ganz sicher falsch ist.

16. Der Umfang eines gleichschenkligen Dreiecks beträgt 9 cm.

a) Welche der folgenden Seitenlängen sind möglich?
① $a = b = 3{,}5$ cm und $c = 2$ cm ② $a = b = 2$ cm und $c = 5$ cm ③ $a = b = c = 3$ cm

b) Gib eine lineare Gleichung mit zwei Variablen an, die den Sachverhalt beschreibt.

● **17. Ausblick:** Zeichne in ein Koordinatensystem eine Gerade, auf der die Lösungen der Gleichung ① $y - x = 0$ liegen, und eine Gerade, auf der die Lösungen der Gleichung ② $y + x = 4$ liegen. Gib ein Wertepaar an,

a) das Lösung der Gleichung ① ist,

b) das Lösung der Gleichung ② ist,

c) das sowohl Lösung der Gleichung ① als auch Lösung der Gleichung ② ist.

2.3 Lineare Gleichungssysteme

■ Timo und Annika haben eine knifflige Aufgabe gefunden und suchen nach einer Lösung. Annika sagt: „Die Lösung ist $x = 1$ und $y = 5$, denn das Doppelte von 1 ist 2 und $2 - 5$ ist -3." Timo sagt: „Das stimmt nicht. Wenn ich von $x = 1$ den Wert $y = 5$ abziehe, so erhalte ich -4 und nicht -5."
Wie lauten die beiden Zahlen, die Annika und Timo suchen? ■

Wird eine bestimmte Zahl verdoppelt und eine zweite Zahl davon subtrahiert, so erhält man −3. Wenn man von der ersten Zahl die zweite Zahl subtrahiert, erhält man −5.
Wie lauten die beiden Zahlen?

Bei Aufgaben dieser Art lassen sich zwei Gleichungen mit zwei Variablen aufstellen. Die Lösung ist ein Wertepaar, das sowohl die erste als auch die zweite Gleichung erfüllt. Das nennt man ein lineares Gleichungssystem.

Wissen: Lineares Gleichungssystem
Wenn ein Sachverhalt durch zwei lineare Gleichungen mit zwei Variablen beschrieben wird, zu denen eine gemeinsame Lösung gesucht ist, so spricht man von einem **linearen Gleichungssystem mit zwei Variablen**. Zur Kennzeichnung, dass die beiden Gleichungen zusammen gehören, schreibt man:

$$\begin{vmatrix} ax + by = c \\ dx + ey = f \end{vmatrix}$$

Beispiel 1: Ein lineares Gleichungssystem aufstellen
Gib ein Gleichungssystem mit zwei linearen Gleichungen an, das folgenden Sachverhalt beschreibt: Vater und Sohn sind zusammen 64 Jahre alt. Vor 10 Jahren war der Vater dreimal so alt wie sein Sohn.

Lösung:

Führe Variablen ein (z. B. x und y) und stelle dann ein Gleichungssystem auf.

x: Alter des Vaters in Jahren
y: Alter des Sohnes in Jahren

Die erste lineare Gleichung beschreibt den Sachverhalt, dass Vater und Sohn zusammen 64 Jahre alt sind.

$x + y = 64$

Die zweite lineare Gleichung beschreibt den Sachverhalt, dass der Vater vor 10 Jahren dreimal so alt war wie sein Sohn. Diese Gleichung kannst du weiter vereinfachen.

$x - 10 = 3 \cdot (y - 10)$
$x - 10 = 3 \cdot y - 3 \cdot 10$
$x - 10 = 3y - 30 \quad | -3y; +10$
$x - 3y = -20$

Die beiden linearen Gleichungen zusammen bilden ein Gleichungssystem, das den Sachverhalt beschreibt.

$$\begin{vmatrix} x + y = 64 \\ x - 3y = -20 \end{vmatrix}$$

Erinnere dich:
Nach dem Distributivgesetz gilt:
$3 \cdot (y - 10) = 3 \cdot y - 3 \cdot 10$

Hinweis:
Durch Probieren lässt sich die Lösung finden: Der Vater ist 43 Jahre alt, der Sohn ist 21 Jahre alt.

Aufgabe 1: Gib ein Gleichungssystem mit zwei linearen Gleichungen an, das folgenden Sachverhalt beschreibt: Ein Sohn ist 24 Jahre jünger als seine Mutter. In 5 Jahren wird die Mutter dreimal so alt sein wie ihr Sohn.

In einem linearen Gleichungssystem mit zwei Variablen liegen die Lösungen jeder einzelnen Gleichung auf einer Geraden. Der Schnittpunkt der Geraden gibt die Lösung an, die sowohl die erste als auch die zweite Gleichung erfüllt. Man kann also die Lösung eines linearen Gleichungssystems finden, indem man durch Zeichnen den Schnittpunkt der beiden Geraden bestimmt.

Beispiel 2: Ein lineares Gleichungssystem graphisch lösen

Löse das lineare Gleichungssystem graphisch.

$$\left|\begin{matrix} -x + y = 1 \\ 2x + y = 4 \end{matrix}\right|$$

Lösung:

Bringe beide Gleichungen in die Form $y = mx + b$. Du erhältst die beiden Gleichungen $y = x + 1$ und $y = -2x + 4$.

$$\left|\begin{matrix} -x + y = 1 \\ 2x + y = 4 \end{matrix}\right|$$

$$\left|\begin{matrix} y = x + 1 \\ y = -2x + 4 \end{matrix}\right|$$

Diese Gleichungen kannst du als Funktionsgleichungen linearer Funktionen auffassen, deren Graphen du in ein Koordinatensystem einzeichnen kannst.

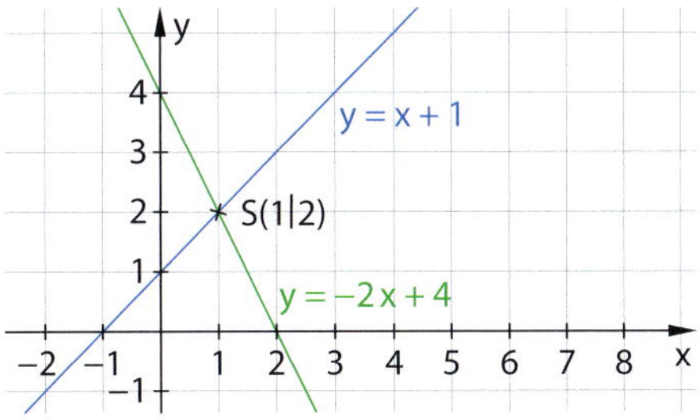

Der Schnittpunkt der Geraden ist der Punkt $S(1|2)$. Der Schnittpunkt entspricht der Lösung des linearen Gleichungssystems. Die Lösung ist daher $x = 1$ und $y = 2$.

Zur Probe setzt du die Lösung $x = 1$ und $y = 2$ in beide Gleichungen ein, um zu prüfen, ob die abgelesenen Werte eine Lösung des linearen Gleichungssystems sind.

Die Lösung ist $x = 1$ und $y = 2$.

Probe:

$$\left|\begin{matrix} -1 + 2 = 1 \\ 2 \cdot 1 + 2 = 4 \end{matrix}\right|$$

Aufgabe 2: Löse das lineare Gleichungssystem graphisch.

$$\left|\begin{matrix} 2x + y = 6 \\ 3x - 3y = -6 \end{matrix}\right|$$

Wissen: Graphisches Lösen eines linearen Gleichungssystems

Die Lösung eines linearen Gleichungssystems entspricht dem Schnittpunkt der zugehörigen Geraden. Es kann drei Fälle geben. Das lineare Gleichungssystem hat…

eine Lösung, wenn die Geraden sich schneiden,

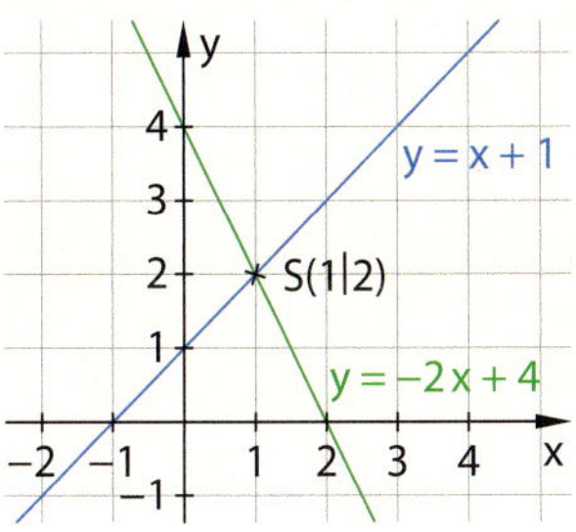

keine Lösung, wenn die Geraden parallel liegen,

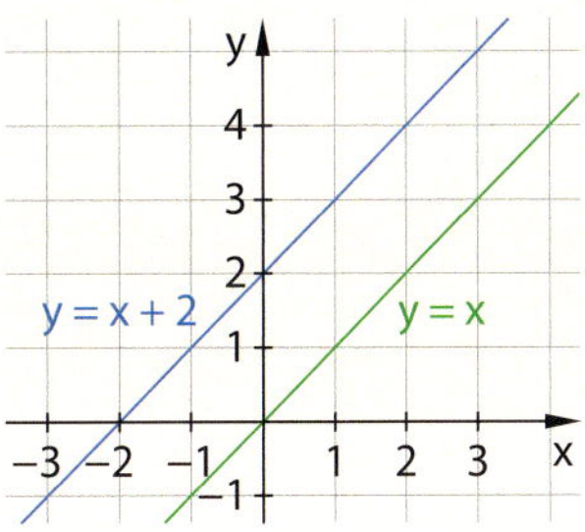

unendlich viele Lösungen, wenn die Geraden übereinander liegen.

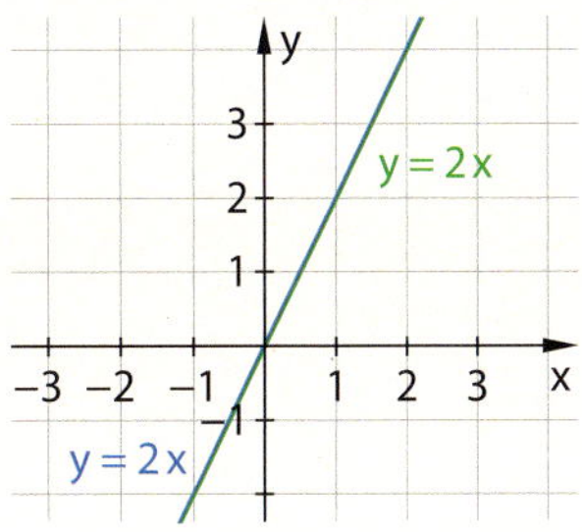

Hinweis:
In den Aufgaben 3 und 7 kannst du die Geraden zu den Gleichungen auch mit einem Funktionenplotter zeichnen.

Hinweis zu 3:
Hier findest du die Lösungen.

Aufgaben

3. Löse das lineare Gleichungssystem graphisch und mache eine Probe. Alle Lösungen sind ganzzahlig.

a) $\left| \begin{array}{l} 3x + y = 7 \\ 2x + 2y = 6 \end{array} \right|$ b) $\left| \begin{array}{l} -5y = 15 - 10x \\ 3y - 3x = 0 \end{array} \right|$ c) $\left| \begin{array}{l} 8x + 4y = 0 \\ 6y = 3x - 30 \end{array} \right|$ d) $\left| \begin{array}{l} -4a + 8b = -24 \\ -7a - 28b = 126 \end{array} \right|$

4. Überprüfe durch Einsetzen, ob x und y eine Lösung des linearen Gleichungssystems ist.

a) $\left| \begin{array}{l} x + 2y = 7 \\ 2x + 2y = 8 \end{array} \right|$ $x = 1$ und $y = 3$

b) $\left| \begin{array}{l} x - 4y = 0 \\ y = 0{,}5x - 10 \end{array} \right|$ $x = 4$ und $y = 1$

c) $\left| \begin{array}{l} 2a + 5b = 11 \\ -2a + 3b = 5 \end{array} \right|$ $a = 0{,}5$ und $b = 2$

d) $\left| \begin{array}{l} \frac{3}{4}x + \frac{1}{4}y = 5 \\ \frac{7}{11}x - \frac{2}{3}y = -\frac{4}{33} \end{array} \right|$ $x = 4$ und $y = 8$

5. a) Löse das Gleichungssystem graphisch.

$$\left| \begin{array}{l} x + y = 3 \\ -0{,}3x + y = 1{,}5 \end{array} \right|$$

b) Begründe, dass es sich bei der Lösung in a) nur um eine Näherungslösung handelt.

6. Gib zur Gleichung $3x + y = 4$ eine zweite Gleichung mit zwei Variablen an, sodass das lineare Gleichungssystem folgende Lösung hat.

a) $x = 2$ und $y = -2$
b) keine Lösung
c) unendlich viele Lösungen

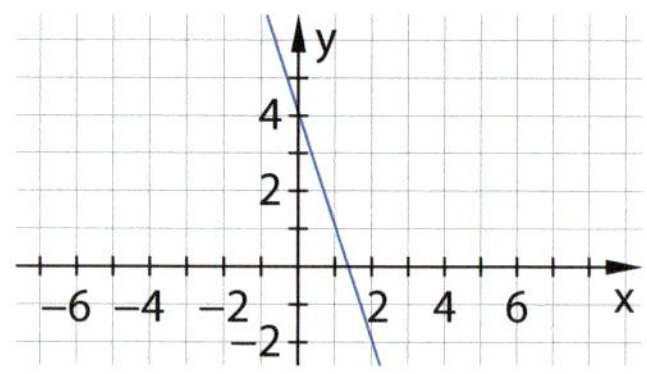

○ **7. Durchblick:** Forme die Gleichungen nach y um und bestimme eine Lösung graphisch. Du kannst dich an Beispiel 2 orientieren.

a) $\left| \begin{array}{l} 6x - 3y = 0 \\ 10x + 2y = 12 \end{array} \right|$ b) $\left| \begin{array}{l} 4x - 4y = 4 \\ 2x + y = 0{,}8 \end{array} \right|$ c) $\left| \begin{array}{l} 10x + 5y = 15 \\ 8x + 4y = 16 \end{array} \right|$ d) $\left| \begin{array}{l} 24x + 3y = 1{,}5 \\ 72x + 9y = 4{,}5 \end{array} \right|$

e) Hättest du bereits nach dem Umformen nach y entscheiden können, ob das Gleichungssystem in a) bis h) eine, keine oder unendlich viele Lösungen hat?

8. Stolperstelle: Lukas behauptet, das Gleichungssystem

$$\left| \begin{array}{l} -3x + 5y = 5 \\ -x + 2y = -4 \end{array} \right|$$

hat keine Lösung. Er hat auch eine Zeichnung für die graphische Lösung angefertigt. Begründe, warum Lukas nicht Recht hat.

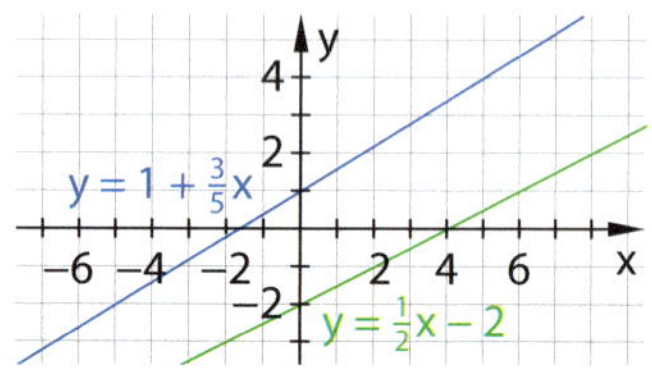

9. Gib ein lineares Gleichungssystem mit zwei Variablen an, das zu der Zeichnung passt. Gib auch die Lösung an. Wie viele mögliche Gleichungssysteme gibt es jeweils?

a)

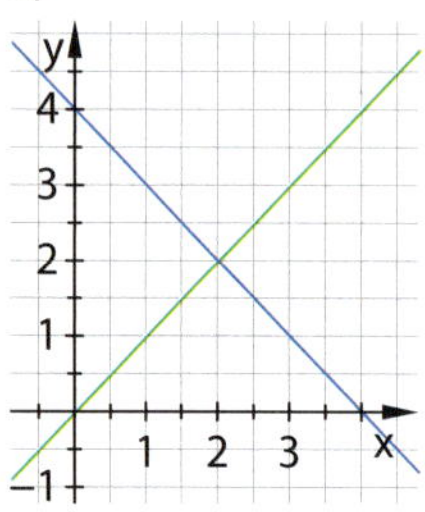

b)

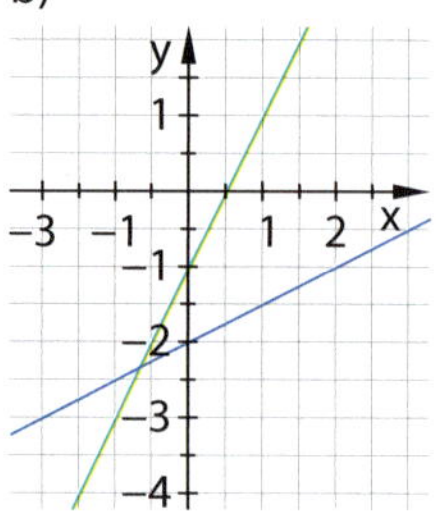

c)

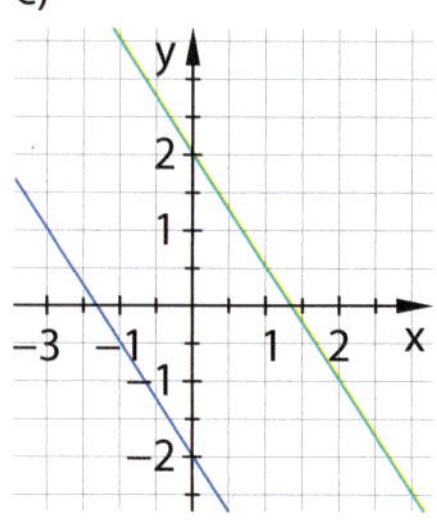

d)

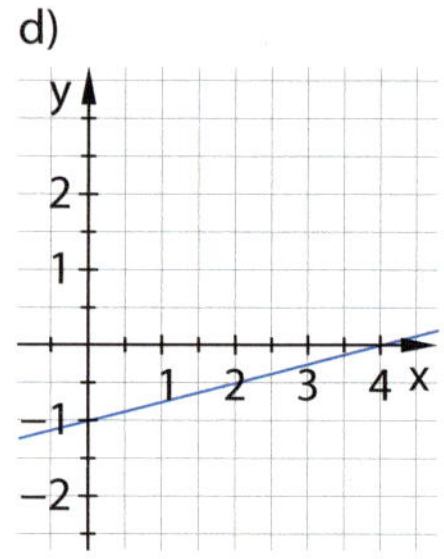

10. Gib ein lineares Gleichungssystem an, das die angegebene Lösung hat.

a) $x = 1; y = 2$ b) $x = 4; y = 2{,}5$ c) $x = 10; y = 25$ d) $a = 9{,}2; b = 3{,}1$

11. Löse folgendes Rätsel:
Auf einem Bauernhof gibt es Hühner und Kühe. Zusammen sind es 42 Tiere. Alle Tiere zusammen haben 106 Beine. Wie viele Hühner und wie viele Kühe gibt es auf dem Bauernhof?

12. Löse das lineare Gleichungssystem graphisch.

a) $\left| \begin{array}{l} -x = -y \\ -7x - 14y = 7 \end{array} \right|$ b) $\left| \begin{array}{l} 65x + 13y - 2 = 11 \\ 12 - 8y = 40x \end{array} \right|$ c) $\left| \begin{array}{l} 6a + 3 = 12b - 3 \\ 4b - 2a = 2 \end{array} \right|$ d) $\left| \begin{array}{l} \frac{1}{2}v + 2u = 1 \\ 0{,}8u + 1 = 0{,}8v - 0{,}6 \end{array} \right|$

13. Bilde aus den Karten mehrere lineare Gleichungssysteme und die dazugehörigen Lösungen.

$3x - 4y = 20$

$2x + 1 = y + 6$

$x = 2$ und $y = -1$

$12y - 6 = 42 - 24x$

$3 + 6x + 12y = 3$

$x = 1$ und $y = -6$

$x = 0$ und $y = -5$

$-9x - 9y = 45$

$x = -10$ und $y = 5$

14. Addiert man zu einer Zahl eine zweite Zahl, so erhält man 41. Subtrahiert man das Fünffache der zweiten Zahl vom Zehnfachen der ersten Zahl, so erhält man 141. Wie lauten die beiden Zahlen? Stelle ein lineares Gleichungssystem auf und löse es graphisch. Woran kann es liegen, dass die Probe nicht stimmt?

● **15. Ausblick:** Mit einer Tabellenkalkulation kann man eine exakte Lösung des folgenden linearen Gleichungssystems bestimmen.

$\left| \begin{array}{l} 4x + 2y = 19 \\ 2x - 4y = 8{,}4 \end{array} \right|$

In Spalte A werden die x-Werte 1; 2; 3; … vorgegeben. In den Spalten B und C wird zu den vorgegebenen x-Werten jeweils der y-Wert aus den gegebenen Gleichungen $4x + 2y = 19$ und $2x - 4y = 8{,}4$ berechnet. Das Gleichungssystem ist gelöst, wenn ein x-Wert gefunden wurde, für den die y-Werte in B und C übereinstimmen.

	A	B	C	D
1	**x**	**y=9,5-2x**	**y=-2,1+0,5x**	
2	1	7,5	-1,6	
3	2	5,5	-1,1	
4	3	3,5	-0,6	
5	4	1,5	-0,1	x muss zwischen
6	5	-0,5	0,4	4 und 5 liegen
7	4,1	1,3	-0,05	
8	4,2	1,1	0	
9				
10				
11				
12				
13				
14				
15				
16				
17				

a) Wie lauten die Formeln, die in den Zellen B2 und C2 stehen?
b) Begründe, warum die Lösung zwischen $x = 4$ und $x = 5$ liegen muss.
c) Setze die Tabelle systematisch für weitere x-Werte fort und bestimme die exakte Lösung.

2.4 Gleichsetzungs- und Einsetzungsverfahren

■ Für wie viele Striche steht das O und für wie viele das U?
Regeln:
1. Links und rechts vom Gleichheitszeichen sind gleich viele Striche.
2. Jeder Großbuchstabe steht für eine bestimmte Anzahl an Strichen.
3. Beide Gleichungen müssen erfüllt sein. ■

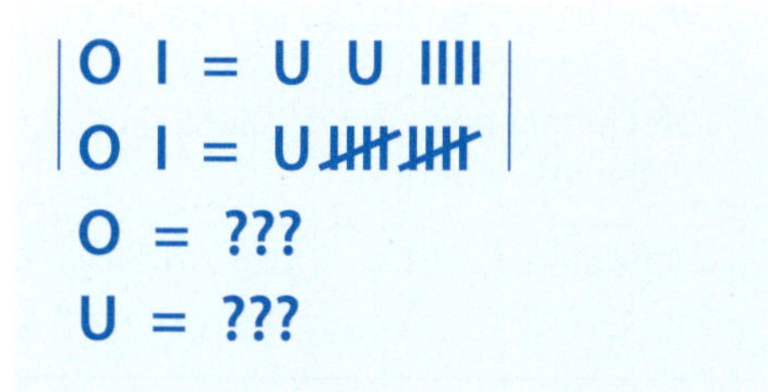

Mit dem grafischen Lösungsverfahren eines linearen Gleichungssystems kann man häufig nur eine Näherungslösung bestimmen. Bei dem folgenden Gleichungssystem kann man die Lösung am Schnittpunkt nicht exakt ablesen.

$$\begin{vmatrix} y = -\frac{3}{4}x + 3 \\ y = 2{,}5x + 1 \end{vmatrix}$$

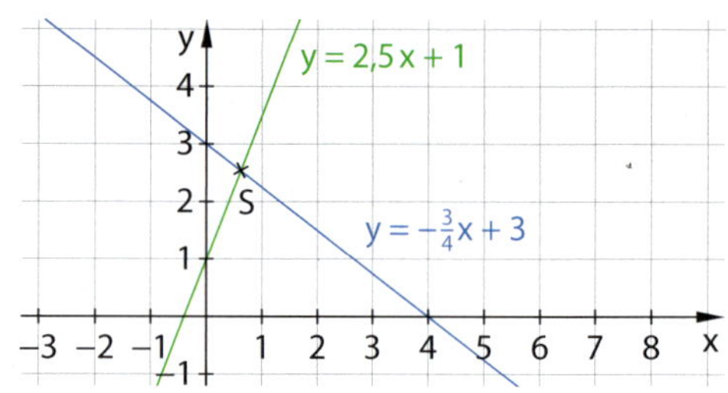

Man kann aber eine rechnerische Lösung bestimmen, indem man die rechte Seite der beiden Gleichungen gleich setzt:

$$-\frac{3}{4}x + 3 = 2{,}5x + 1$$

Man darf die beiden Terme gleichsetzen, da die rechte Seite der Gleichungen denselben Wert (nämlich y) hat. Durch Umformen erhält man $x = \frac{2}{3}$ und durch Einsetzen des x-Werts in eine der Ausgangsgleichungen erhält man $y = \frac{8}{3}$.

Wissen: Gleichsetzungsverfahren
Ein lineares Gleichungssystem mit zwei Variablen kann man rechnerisch lösen, indem man beide Gleichungen nach derselben Variablen umstellt und dann gleichsetzt.

Beispiel 1: Ein lineares Gleichungssystem mit dem Gleichsetzungsverfahren lösen
Berechne die Lösung mit dem Gleichsetzungsverfahren und mache die Probe.

$$\begin{vmatrix} 3x + y = 5 \\ 2x + y = 4 \end{vmatrix}$$

Lösung:

Hinweis:
Du kannst die Gleichungen nach x oder nach y auflösen.

Entscheide, ob sich die Gleichungen einfacher nach x oder nach y umstellen lassen. Es bietet sich an, die Gleichungen nach y umzustellen.

$$\begin{vmatrix} 3x + y = 5 \\ 2x + y = 4 \end{vmatrix} \quad \begin{vmatrix} -3x \\ -2x \end{vmatrix}$$

$$\begin{vmatrix} y = 5 - 3x \\ y = 4 - 2x \end{vmatrix} \quad |\ \text{Gleichsetzen}$$

Die beiden rechten Seiten des Gleichungssystems $5 - 3x$ und $4 - 2x$ werden gleichgesetzt. Du erhältst eine neue Gleichung mit nur einer Variablen und berechnest das Ergebnis für x.

$$\begin{vmatrix} 5 - 3x = 4 - 2x \\ y = 4 - 2x \end{vmatrix} \quad |\ +3x; -4$$

Hinweis:
Es ist auch möglich, das Ergebnis in die andere Ausgangsgleichung einzusetzen.

Das Ergebnis $x = 1$ wird in die zweite Gleichung eingesetzt und du erhältst $y = 2$.

$$\begin{vmatrix} 1 = x \\ y = 4 - 2x \end{vmatrix} \quad |\ x = 1 \text{ einsetzen}$$

Die Lösung des linearen Gleichungssystems ist $x = 1$ und $y = 2$.

$$\begin{vmatrix} x = 1 \\ y = 2 \end{vmatrix}$$

Zur Probe setzt du die Lösung $x = 1$ und $y = 2$ in beide Ausgangsgleichungen ein, um zu prüfen, ob beide Gleichungen erfüllt sind.

Probe:

$$\begin{vmatrix} 3 \cdot 1 + 2 = 5 \\ 2 \cdot 1 + 2 = 4 \end{vmatrix}$$

Hinweis: Man kann eine Probe auch graphisch durchführen.

Aufgabe 1: Berechne die Lösung mit dem Gleichsetzungsverfahren und mache die Probe.

a) $\begin{vmatrix} y = 10x - 4 \\ y = 15x + 6 \end{vmatrix}$ b) $\begin{vmatrix} 3y = 6x + 30 \\ 2y = 14x - 10 \end{vmatrix}$ c) $\begin{vmatrix} 3x + 2y = 6 \\ 3y = 6x + 16 \end{vmatrix}$

In diesem Gleichungssystem ist das Umstellen der ersten Gleichung nach y etwas mühselig.

$$\begin{vmatrix} 2x + 5y = 34 \\ y = x + 4 \end{vmatrix}$$

Es ist einfacher, die zweite Gleichung $y = x + 4$ direkt in die erste Gleichung einzusetzen.

$$2x + 5 \cdot (x + 4) = 34$$

Man darf den Term $x + 4$ für y in die erste Gleichung einsetzen, da nach der zweiten Gleichung y und $x + 4$ gleich sind. Durch Umformen erhält man $x = 2$ und durch Einsetzen in eine der Ausgangsgleichungen erhält man $y = 6$.

Wissen: Einsetzungsverfahren

Ein lineares Gleichungssystem mit zwei Variablen kann man rechnerisch lösen, indem man eine der Gleichungen nach einer Variablen umstellt und dann in die andere Gleichung einsetzt.

Beispiel 2: Ein lineares Gleichungssystem mit dem Einsetzungsverfahren lösen

Berechne die Lösung mit dem Einsetzungsverfahren und mache die Probe.

$$\begin{vmatrix} y + 7 = 5x - 2 \\ 4x + 3y = -8 \end{vmatrix}$$

Lösung:

Entscheide, welche der Gleichungen sich leichter nach x oder y umstellen lassen. Die erste Gleichung lässt sich einfach nach y umstellen.

$$\begin{vmatrix} y + 7 = 5x - 2 \\ 4x + 3y = -8 \end{vmatrix} \quad | -7$$

$$\begin{vmatrix} y = 5x - 9 \\ 4x + 3y = -8 \end{vmatrix} \quad \text{für } y \text{ wird } 5x-9 \text{ eingesetzt}$$

Setze in der zweiten Gleichung für y den Term $5x - 9$ ein. Du erhältst eine neue Gleichung mit nur einer Variablen und berechnest das Ergebnis für x.

$$\begin{vmatrix} y = 5x - 9 \\ 4x + 3 \cdot (5x - 9) = -8 \end{vmatrix}$$

$$\begin{vmatrix} y = 5x - 9 \\ 4x + 15x - 27 = -8 \end{vmatrix} \quad | +27$$

$$\begin{vmatrix} y = 5x - 9 \\ 19x = 19 \end{vmatrix} \quad | :19$$

Das Ergebnis $x = 1$ wird in die erste Gleichung eingesetzt und du erhältst $y = -4$.

$$\begin{vmatrix} y = 5x - 9 \\ x = 1 \end{vmatrix} \quad | x = 1 \text{ einsetzen}$$

Die Lösung des linearen Gleichungssystems ist $x = 1$ und $y = -4$.

$$\begin{vmatrix} y = -4 \\ x = 1 \end{vmatrix}$$

Zur Probe setzt du die Lösung $x = 1$ und $y = -4$ in beide Ausgangsgleichungen ein, um zu prüfen, ob beide Gleichungen erfüllt sind.

Probe:

$$\begin{vmatrix} -4 + 7 = 5 \cdot 1 - 2 \\ 4 \cdot 1 + 3 \cdot (-4) = -8 \end{vmatrix}$$

Erinnere dich: Nach dem Distributivgesetz gilt:

$$3 \cdot (5x - 9) = 15x - 27$$

Aufgabe 2: Berechne die Lösung mit dem Einsetzungsverfahren und mache die Probe.

a) $\left| \begin{array}{r} 2x + 2y = 38 \\ y = 4x + 4 \end{array} \right|$ b) $\left| \begin{array}{r} x - y = 2 \\ 5x - y = 10 \end{array} \right|$ c) $\left| \begin{array}{r} 20x + 2y = -6 \\ 80 = 10y - 10x \end{array} \right|$

Aufgaben

Tipp zu 3 b:
Wenn in beiden Gleichungen links derselbe Term steht, kannst du die rechten Seiten gleichsetzen:
$|6y = \ldots|$
$|6y = \ldots|$

3. Berechne die Lösung mit dem Gleichsetzungsverfahren. Mache anschließend die Probe.

a) $\left| \begin{array}{l} y = 2x - 5 \\ y = x + 6 \end{array} \right|$ b) $\left| \begin{array}{l} 6y = x - 7 \\ 6y = 6x + 6 \end{array} \right|$ c) $\left| \begin{array}{r} 14x - y = 6 \\ -16x + y = 4 \end{array} \right|$ d) $\left| \begin{array}{r} a - 6b = 14 \\ 6a + 4b = 24 \end{array} \right|$

e) $\left| \begin{array}{l} 5y + 1 = 2x - 2 \\ 5y + 1 = -4x + 22 \end{array} \right|$ f) $\left| \begin{array}{l} 3u - 2v = 2v - 4 \\ 3u - 3v = 2 \end{array} \right|$ g) $\left| \begin{array}{r} -4y + 2x = 6 \\ 2y = 2x - 6 \end{array} \right|$ h) $\left| \begin{array}{l} \frac{1}{2}a - 2 = \frac{1}{9}b + 2 \\ \frac{2}{5}a + 1 = \frac{1}{9}b + 4 \end{array} \right|$

4. Forme die Gleichungen nach y um und gib an, ob das Gleichungssystem eine, keine oder unendlich viele Lösungen hat. Berechne nur im ersten Fall die Lösung.

a) $\left| \begin{array}{r} 4x - y = 1 \\ 8x - 2y = 2 \end{array} \right|$ b) $\left| \begin{array}{l} 6x + 5y = 5 \\ 3x + 5y = -40 \end{array} \right|$ c) $\left| \begin{array}{r} 6x + 6 = 2y \\ 3x = 3 + y \end{array} \right|$ d) $\left| \begin{array}{l} \frac{2}{3}x = 14 - \frac{8}{5}y \\ 5x + 12y = 105 \end{array} \right|$

Tipp zu 5 c:
Du musst nicht immer für eine Variable einsetzen. Du kannst auch für einen Term – z. B. 5y – einsetzen.

5. Berechne die Lösung mit dem Einsetzungsverfahren. Mache anschließend die Probe.

a) $\left| \begin{array}{r} x = y + 11 \\ 6x - y = 36 \end{array} \right|$ b) $\left| \begin{array}{r} a + b = 5 \\ -2a - 3b = -5 \end{array} \right|$ c) $\left| \begin{array}{r} -5x + 5y = -5 \\ 5y = 7x + 7 \end{array} \right|$ d) $\left| \begin{array}{l} \frac{1}{2}a + b = 14 \\ 2a - \frac{1}{5}b = 14 \end{array} \right|$

e) $\left| \begin{array}{r} -6x + 32y = 0 \\ 32x - 24y = -30 \end{array} \right|$ f) $\left| \begin{array}{l} \frac{1}{10}x + 27 = \frac{1}{2}y - \frac{7}{2} \\ 5x = -10 - 0{,}25y \end{array} \right|$ g) $\left| \begin{array}{l} 4u + \frac{1}{3}t = -3 \\ -2u + t = 5 \end{array} \right|$ h) $\left| \begin{array}{l} 4a + 4b = -568 \\ 0{,}2b + 7 = 0{,}5a - 6 \end{array} \right|$

6. Der Umfang eines Rechtecks beträgt 30 cm. Die eine Seite des Rechtecks ist 3 cm kürzer als die andere. Bestimme die Seitenlängen des Rechtecks.

○ **7.** **Durchblick:** Entscheide, ob zur Berechnung der Lösung das Gleichsetzungs- oder das Einsetzungsverfahren einfacher ist. Bestimme die Lösung mit dem Gleichsetzungsverfahren wie in Beispiel 1 oder mit dem Einsetzungsverfahren wie in Beispiel 2.

a) $\left| \begin{array}{r} 6x + 2y = 8 \\ y = 5x \end{array} \right|$ b) $\left| \begin{array}{l} 2x = 6y - 16 \\ 2x = 2y + 18 \end{array} \right|$ c) $\left| \begin{array}{r} 3a - 4b = 6 \\ 10a + 20b = -40 \end{array} \right|$ d) $\left| \begin{array}{r} 4{,}5a + 1 = 10y \\ 10y - 2a = -0{,}5 \end{array} \right|$

8. Die erste Gleichung eines linearen Gleichungssystems ist $3x = 2y - 6$. Gib eine zweite Gleichung an, sodass das Gleichungssystem gut mit dem
a) Gleichsetzungsverfahren b) Einsetzungsverfahren
zu lösen ist. Beschreibe jeweils in eigenen Worten den Lösungsweg.

9. Bei einem Blumenhändler kostet eine Gerbera 1,60 € und eine Rose 1,00 €. Pia kauft einen Strauß aus Gerbera und Rosen. Sie erzählt ihrer Freundin: „Der Strauß besteht aus acht Blumen und kostet 10,10 €.“
Kann Pias Aussage stimmen? Stelle ein lineares Gleichungssystem auf und löse es. Bezeichne dabei die Anzahl der Gerbera im Blumenstrauß mit x und die Anzahl der Rosen mit y.

10. **Stolperstelle:** Finde die Fehler und löse die Gleichungssysteme anschließend korrekt.

a)
$$\begin{vmatrix} x - 2y = 7 \\ y = 3x - 8 \end{vmatrix}$$
$$\begin{vmatrix} x = 2y + 7 \\ 2y + 7 = 3x - 8 \end{vmatrix}$$
$$\begin{vmatrix} x = 2y + 7 \\ 2y + 15 = 3x \end{vmatrix}$$
keine Lösung

b)
$$\begin{vmatrix} 2a + 4b = 18 \\ a = 3b - 2 \end{vmatrix}$$
$$\begin{vmatrix} 2 \cdot 3b - 2 + 4b = 18 \\ a = 3b - 2 \end{vmatrix}$$
$$\begin{vmatrix} 10b = 20 \\ a = 3b - 2 \end{vmatrix}$$
$$\begin{vmatrix} b = 2 \\ a = 4 \end{vmatrix}$$

c)
$$\begin{vmatrix} 3x - y = 4 \\ 3x - 2y = 10 \end{vmatrix}$$
$$\begin{vmatrix} 3x = y + 4 \\ 3(y + 4) - 2y = 10 \end{vmatrix}$$
$$\begin{vmatrix} 3x = y + 4 \\ y + 12 = 10 \end{vmatrix}$$
$$\begin{vmatrix} x = \frac{2}{3} \\ y = -2 \end{vmatrix}$$

11. Robert und Paul benötigen für den Kunstunterricht Ölfarben, die sie sich bei einem Online-Händler besorgen wollen. Robert hat 3 Ölfarben in den Warenkorb gelegt. Inklusive Versandkosten muss er 11,55 € bezahlen. Paul hat 5 Ölfarben in seinem Warenkorb und einen Gesamtpreis von 17,25 €.
Bestimme den Einzelpreis der Ölfarben und die Versandkostenpauschale.

12. Bestimme die gesuchten Zahlen, indem du ein lineares Gleichungssystem mit zwei Variablen aufstellst.
    a) Die Summe zweier Zahlen ist 30. Das Zweifache der Differenz dieser Zahlen beträgt 40.
    b) Die Quersumme einer zweistelligen Zahl ist 12 und die Differenz beider Ziffern ergibt 6.
    c) Ein Drittel der ersten Ziffer ergibt das Doppelte der zweiten Ziffer. Das Doppelte der Quersumme der zweistelligen Zahl ergibt 14.

13. Aus einem Rätselbuch:

> Jeder Zwerg isst zwei, jeder Räuber isst vier Hühner. Jeder Zwerg trinkt zwei, jeder Räuber trinkt fünf Flaschen Honigtrunk. Bei diesem Mahl werden insgesamt 116 Hühner und 137 Flaschen Honigtrunk gegessen und getrunken. Wie viele Zwerge und Räuber nehmen an dem Mahl teil?

14. **Ausblick:** Frau Peter möchte mit dem Taxi zum 28 km entfernten Flughafen fahren. Sie fährt häufiger mit diesem Taxiunternehmen und weiß, dass eine 10 km lange Fahrt 19,80 € und eine 4 km lange Fahrt 9,60 € kostet.
    a) Wie teuer ist die Fahrt zum Flughafen?
    b) Frau Peters überlegt, ob es nicht günstiger ist, wenn sie sich mit dem Taxi zum Bahnhof bringen lässt und dann mit dem Zug zum Flughafen fährt. Das Zugticket kostet 10,20 €. Wie weit darf der Bahnhof entfernt sein, damit dies günstiger wird?

Hinweis zu 14
In einem Taxi zahlt man einen Grundbetrag und einen Betrag pro Kilometer.

2.5 Additionsverfahren

■ Berechne den Eintrittspreis für Kinder und für Erwachsene.
Ergänze die Sprechblase. Kannst du den Gesamtpreis für 5 Kinder und 3 Erwachsene auch schnell berechnen? ■

Wenn bei einem linearen Gleichungssystem das Umstellen nach x oder y sehr mühselig ist oder komplizierte Terme entstehen, kann man das Additionsverfahren nutzen.

$$\left| \begin{array}{l} 4x + 3y = 6 \\ 2x + 5y = 8 \end{array} \right|$$

Die beiden Gleichungen des Gleichungssystems kann man sich als Waagen vorstellen, die sich im Gleichgewicht befinden.

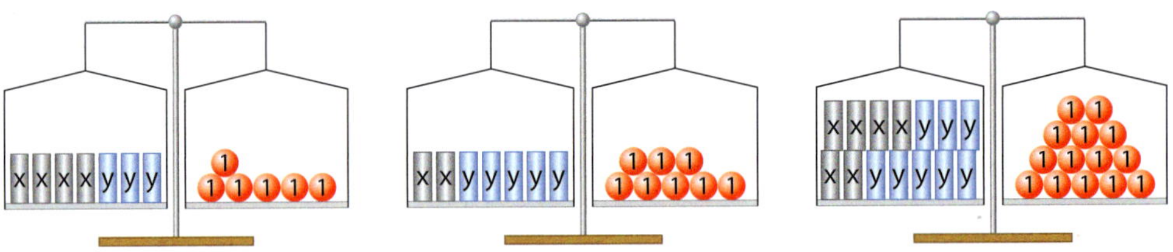

$4x + 3y \quad = \quad 6$ $\qquad$ $2x + 5y \quad = \quad 8$ $\qquad$ $6x + 8y \quad = \quad 14$

Man darf bei einem linearen Gleichungssystem die linken und die rechten Seiten der Gleichungen addieren und erhält die neue Gleichung $6x + 8y = 14$.

Damit die neu entstandene Gleichung gelöst werden kann, muss vor dem Addieren eine der Gleichungen durch eine Äquivalenzumformung so geändert werden, dass beim Addieren entweder die Variable x oder die Variable y wegfällt. Wird die zweite Gleichung mit -2 multipliziert, so erhält man das Gleichungssystem

$$\left| \begin{array}{r} 4x + 3y = 6 \\ -4x - 10y = -16 \end{array} \right|$$

Durch das Addieren beider Gleichungen erhält man eine Gleichung mit nur einer Variablen.

$$-7y = -10$$

Durch Umformen erhält man $y = \frac{10}{7}$ und durch Einsetzen in eine der Ausgangsgleichungen erhält man $x = \frac{3}{7}$.

Wissen: Additionsverfahren

Ein lineares Gleichungssystem mit zwei Variablen kann man rechnerisch lösen, indem man die Gleichungen so umformt, dass man beim Addieren der Gleichungen eine neue Gleichung mit nur einer Variablen erhält.

Beispiel 1: Lösen eines Gleichungssystems mit dem Additionsverfahren

Berechne die Lösung mit dem Additionsverfahren und mache die Probe.

$$\left|\begin{array}{l} 2x + 3y = 18 \\ 3x - 2y = 1 \end{array}\right|$$

Lösung:

Ziel ist es, die Gleichungen so umzuformen, dass beim Addieren der Gleichungen eine Variable entfällt.

$$\left|\begin{array}{l} 2x + 3y = 18 \\ 3x - 2y = 1 \end{array}\right| \quad \begin{array}{l} |\cdot 2 \\ |\cdot 3 \end{array}$$

Hier fällt bei der Addition von $6y + (-6y) = 0$ die Variable y weg.

$$\left|\begin{array}{l} 4x + 6y = 36 \\ 9x - 6y = 3 \end{array}\right| \quad +$$

Du erhältst eine neue Gleichung mit nur einer Variablen und berechnest das Ergebnis für x.

$$\left|\begin{array}{l} 4x + 6y = 36 \\ 13x + 0 = 39 \end{array}\right| \quad \begin{array}{l} \\ |:13 \end{array}$$

Das Ergebnis x = 3 wird in die erste Gleichung eingesetzt.

$$\left|\begin{array}{r} 4x + 6y = 36 \\ x = 3 \end{array}\right| \quad |\; x = 3 \text{ einsetzen}$$

$$\left|\begin{array}{r} 12 + 6y = 36 \\ x = 3 \end{array}\right| \quad |-12$$

$$\left|\begin{array}{r} 6y = 24 \\ x = 3 \end{array}\right| \quad |:6$$

Die Lösung des linearen Gleichungssystems ist x = 3 und y = 4

$$\left|\begin{array}{l} y = 4 \\ x = 3 \end{array}\right|$$

Zur Probe setzt du die Lösung x = 3 und y = 4 in beide Ausgangsgleichungen ein, um zu prüfen, ob beide Gleichungen erfüllt sind.

Probe:

$$\left|\begin{array}{l} 2 \cdot 3 + 3 \cdot 4 = 6 + 12 = 18 \\ 3 \cdot 3 - 2 \cdot 4 = 9 - 8 = 1 \end{array}\right|$$

Aufgabe 1: Berechne die Lösung mit dem Additionsverfahren und mache die Probe.

a) $\left|\begin{array}{l} 3x - 2y = -12 \\ 2x + 2y = 2 \end{array}\right|$ b) $\left|\begin{array}{r} 3x - 4y = 0 \\ 4x + 12y = 20 \end{array}\right|$ c) $\left|\begin{array}{l} 2x + 11 = 3y - 2 \\ 4y - 4x = 20 \end{array}\right|$

Aufgaben

2. Berechne die Lösung mit dem Additionsverfahren. Mache anschließend die Probe.

a) $\left|\begin{array}{r} 3x + 6y = 9 \\ -3x + 8y = 5 \end{array}\right|$ b) $\left|\begin{array}{r} 3x - 3y = 18 \\ -9x + 6y = 0 \end{array}\right|$ c) $\left|\begin{array}{l} 2x + 5y = -1 \\ 2x + 4y = 1 \end{array}\right|$ d) $\left|\begin{array}{r} 2a + 2b = 2 \\ a + 2b = 2 \end{array}\right|$

e) $\left|\begin{array}{l} 6x - 3y = 30 \\ 2x - 1{,}5y = 10 \end{array}\right|$ f) $\left|\begin{array}{r} 7x + 2y = 26 \\ -2x - 7y = -46 \end{array}\right|$ g) $\left|\begin{array}{l} 15y - 2x = 25 \\ 4x - 31y = -49 \end{array}\right|$ h) $\left|\begin{array}{l} 3m - \frac{1}{5}n = 4 \\ \frac{1}{2}m + \frac{1}{10}n = 1 \end{array}\right|$

Tipp zu 2c:
Du kannst die beiden Gleichungen auch subtrahieren, sodass die Variable x entfällt

$$\left|\begin{array}{l} 2x + \ldots = \ldots \\ 2x + \ldots = \ldots \end{array}\right| \quad -$$

Hinweis zu 3:
Die Lösungen zu a) bis d) findest du in der Blüte, zwei der Lösungen zu e) bis h) in den Blättern.

3. Forme eine oder beide Gleichungen durch Multiplikation oder Division geschickt um und berechne die Lösung mit dem Additionsverfahren.

a) $\left| \begin{array}{l} 3x + 9y = 3 \\ -x + 7y = -11 \end{array} \right|$ b) $\left| \begin{array}{l} 27x - 9y = 63 \\ 2x + 3y = 12 \end{array} \right|$ c) $\left| \begin{array}{l} \frac{3}{2}x - \frac{1}{2}y = 5 \\ 3x + y = 14 \end{array} \right|$ d) $\left| \begin{array}{l} 23a - 7b = -25 \\ -21a + 14b = 0 \end{array} \right|$

e) $\left| \begin{array}{l} \frac{3}{5}x + y = \frac{1}{5} \\ \frac{1}{3}x + \frac{2}{3}y = -3 \end{array} \right|$ f) $\left| \begin{array}{l} \frac{2}{3}u + \frac{1}{3}v = 5 + \frac{1}{6}v \\ 5u + \frac{1}{2}v = -3 \end{array} \right|$ g) $\left| \begin{array}{l} \frac{3}{2}x + \frac{5}{4}y + 2 = \frac{25}{4} \\ 3x + \frac{1}{3} = -3y + 10 \end{array} \right|$ h) $\left| \begin{array}{l} 0{,}3m = -0{,}54 + 0{,}6n \\ 0{,}5m + 0{,}2n = 0{,}7 \end{array} \right|$

4. Die erste Gleichung eines linearen Gleichungssystems ist $3x = 2y - 6$. Gib eine zweite Gleichung an, sodass das Gleichungssystem gut mit dem Additionsverfahren zu lösen ist, und beschreibe in eigenen Worten den Lösungsweg.

5. Lara sagt: „Wenn ich von dem Doppelten meines Alters das Alter meiner Schwester abziehe, erhalte ich 22. Meine Schwester und ich sind zusammen 20 Jahre alt."
Wie alt ist Lara und wie alt ist ihre Schwester?

○ **6. Durchblick:**

a) Mit welchen Zahlen auf den Karten würdest du die Gleichungen multiplizieren, um das Additionsverfahren anzuwenden. Begründe.

① $\left| \begin{array}{l} 3x + 7y = 15 \\ -6x + 3y = 21 \end{array} \right|$ Karten: 6, 0,5, −3, 2, −1, 3

② $\left| \begin{array}{l} 3x - 4y = -4 \\ 5x - 3y = 8 \end{array} \right|$ Karten: 5, −3, 4, 2, −4, 3

b) Berechne die Lösung von ① und ② und mache die Probe. Orientiere dich an Beispiel 1.

7. Stolperstelle: Anne, Timo und Kim sollen ein lineares Gleichungssystem mit dem Additionsverfahren lösen.

a) Prüfe, ob die Lösungsansätze richtig sind. Überlege, ob man geschickter rechnen kann.

Anne

$\left| \begin{array}{l} 3x + 2y = -1 \\ x - 3y = 7 \end{array} \right| \quad | \cdot (-3)$

$\left| \begin{array}{l} 3x + 2y = -1 \\ -3x + 9y = 7 \end{array} \right| \quad +$

Timo

$\left| \begin{array}{l} 9a + 12b = 12 \\ 6a + 6b = 9 \end{array} \right| \quad \begin{array}{l} | \cdot 6 \\ | \cdot 9 \end{array}$

$\left| \begin{array}{l} 54a + 72b = 72 \\ 54a + 54b = 81 \end{array} \right| \quad -$

Kim

$\left| \begin{array}{l} 6x + 9y = 15 \\ 2x + 23y = -15 \end{array} \right| \quad | \cdot (-3)$

$\left| \begin{array}{l} 6x + 9y = 15 \\ -6x - 69y = 45 \end{array} \right| \quad +$

b) Löse die drei Gleichungssysteme mit dem Additionsverfahren.

8. Sebastian kauft vier kleine Tüten Weingummi und drei Packungen Eistee für 3,03 €. Henry kauft zwei kleine Tüten Weingummi und vier Packungen Eistee für 2,74 €. Berechne die Preise für eine kleine Tüte Weingummi und eine Packung Eistee.

Hinweis zu 9:
Die Dreiecke können mit einer Dynamischen Geometrie-Software konstruiert und so überprüft werden.

● **9. Ausblick:** Berechne die fehlenden Seitenlängen des Dreiecks und prüfe, indem du das Dreieck konstruierst.

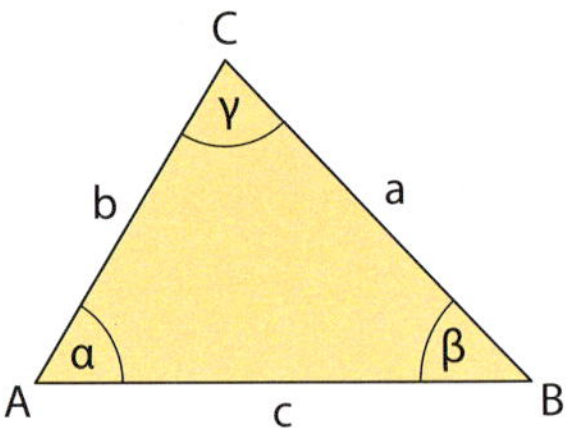

a) Die Grundseite c ist 12 cm lang. a und b sind zusammen 16 cm lang, b ist 4 cm länger als a.

b) Der Umfang des Dreiecks beträgt 15 cm. c ist 2 cm länger als b. Die dreifache Länge von b ist 2 cm länger als die doppelte Länge von c.

c) Der Umfang des Dreiecks beträgt 18 cm. a ist 2 cm kürzer als b und b ist 2 cm kürzer als c.

✓

2.6 Sonderfälle beim rechnerischen Lösen

■ Lena löst ein lineares Gleichungssystem mit dem Additionsverfahren. Bei der Gleichung 0 + 0 = 2 kommt sie ins Grübeln.
Moritz hat die Idee, das Gleichungssystem einfach graphisch zu lösen. Auf welche Lösung kommt er? ■

$$\left|\begin{array}{l} x + 2y = 4 \\ -x - 2y = -2 \end{array}\right| \quad +$$

$$\left|\begin{array}{l} x + 2y = 4 \\ 0 + 0 = 2 \end{array}\right|$$

Vom graphischen Lösen linearer Gleichungssysteme ist bekannt, dass ein Gleichungssystem **genau eine Lösung, unendlich viele Lösungen** oder aber **keine Lösung** haben kann.
Auch beim rechnerischen Lösen linearer Gleichungssysteme treten diese Fälle auf.

Beispiel 1: Lineare Gleichungssysteme, die keine Lösung haben

Löse das lineare Gleichungssystem. $\left|\begin{array}{l} y = x + 2 \\ -1 = y - x \end{array}\right|$

Lösung:

Zur Berechnung der Lösung bietet sich das Einsetzungsverfahren an. $\left|\begin{array}{l} y = x + 2 \\ -1 = y - x \end{array}\right|$ | y = x + 2 einsetzen ?

Setze in der zweiten Gleichung für y den Term x + 2 ein. $\left|\begin{array}{l} y = x + 2 \\ -1 = x + 2 - x \end{array}\right|$

Du erhältst die falsche Aussage −1 = 2 und findest kein Wertepaar x, y, das beide Gleichungen erfüllt. $\left|\begin{array}{l} y = x + 2 \\ -1 = 2 \end{array}\right|$ Das Gleichungssystem hat keine Lösung.

Wenn du beide Gleichungen nach y umstellst und als Geraden zeichnest, so erkennst du, dass die Geraden parallel zueinander verlaufen. Es gibt keine gemeinsamen Punkte.

y = x + 2
y = x − 1

Worum ran.. wat?

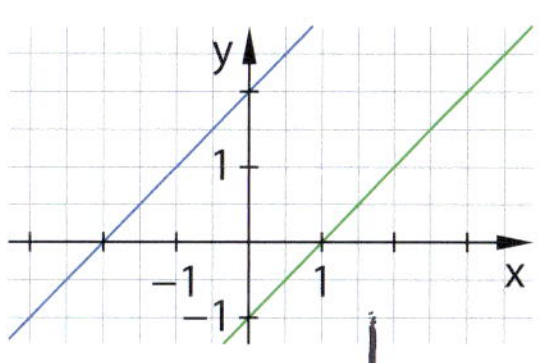

KEINE LÖSUNG

Hinweis:
Die Funktionsgleichungen
f(x) = x + 2
f(x) = x − 1
haben beide die gleiche Steigung m = 1, aber verschiedene y-Achsenabschnitte.

Aufgabe 1: Löse das lineare Gleichungssystem.

a) $\left|\begin{array}{l} y = 2x + 6 \\ 9 = 6x - 3y \end{array}\right|$ b) $\left|\begin{array}{l} x = 13 - 2y \\ -1 = -2x - 4y \end{array}\right|$ c) $\left|\begin{array}{l} x + y = 2 \\ x - y = -2 \end{array}\right|$

Beispiel 2: Lineare Gleichungssysteme, die unendlich viele Lösungen haben

Löse das lineare Gleichungssystem. $\left|\begin{array}{l} 4x + 6y = 12 \\ -4x - 6y = -12 \end{array}\right|$

Lösung:

Zur Lösungsberechnung bietet sich das Additionsverfahren an. $\left|\begin{array}{l} 4x + 6y = 12 \\ -4x - 6y = -12 \end{array}\right| \quad +$

Es führt zur wahren Aussage 0 = 0. Alle Wertepaare, die die eine Gleichung erfüllen, erfüllen auch die andere Gleichung. $\left|\begin{array}{l} 4x + 6y = 12 \\ 0 + 0 = 0 \end{array}\right|$ Das Gleichungssystem hat unendlich viele Lösungen (z. B. $x_1 = 0, y_1 = 2; x_2 = 3, y_2 = 0; \ldots$). ?

Aufgelöst

Wenn du beide Gleichungen nach y umstellst und als Geraden zeichnest, so erkennst du, dass die Geraden aufeinanderliegen.

$y = -\frac{2}{3}x + 2$
$y = -\frac{2}{3}x + 2$

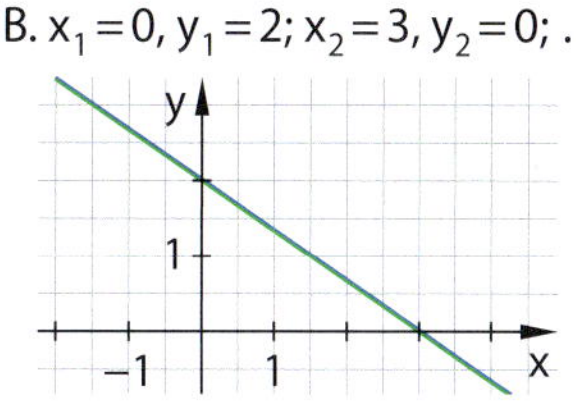

→ UNENDLICH VIELE LÖSUNGEN

Aufgabe 2: Löse das lineare Gleichungssystem. Gib – falls möglich – drei verschiedene Lösungen an.

a) $\left|\begin{array}{r} 2x - y = -3 \\ -4x + 2y = 6 \end{array}\right|$ b) $\left|\begin{array}{l} 2x + 2 = y - 2 \\ \frac{1}{2}y - x = 2 \end{array}\right|$ c) $\left|\begin{array}{l} y = x - 2 \\ x = y \end{array}\right|$

Wissen: Sonderfälle beim Lösen linearer Gleichungssysteme
Führt das Lösen eines linearen Gleichungssystems
- zu einer falschen Aussage (z.B. $-1 = 2$), so hat das Gleichungssystem **keine Lösung**.
- zu einer wahren Aussage (z.B. $0 = 0$), so hat das Gleichungssystem **unendlich viele Lösungen**.

Aufgaben

3. Bestimme die Lösung rechnerisch. Überprüfe dein Ergebnis mithilfe einer grafischen Lösung. Gib bei unendlich vielen Lösungen zwei unterschiedliche Lösungen an.
a) $\left|\begin{array}{r} 2x + 3 = y \\ x + y = 0 \end{array}\right|$ b) $\left|\begin{array}{r} x - y = 1 \\ 2x - 2 = 2y \end{array}\right|$ c) $\left|\begin{array}{r} y = \frac{1}{2}x + 2 \\ 2y - \frac{1}{2}x = 1 + y \end{array}\right|$ d) $\left|\begin{array}{r} 2x - y = -3 \\ -4x + 2y = 6 \end{array}\right|$

4. Bilde aus zwei der Gleichungen ein Gleichungssystem, das
a) die Lösung $x = 1$ und $y = 2$ hat,
b) keine Lösung hat,
c) unendlich viele Lösungen hat.

$x + y = 5$ $x = 2y - 3$ $\frac{1}{2}x = -\frac{1}{2}y + 2{,}5$ $x - y = -1$ $2x + 2y = 8$

5. Gib eine zweite Gleichung mit zwei Variablen x und y an, sodass das Gleichungssystem genau eine Lösung (unendlich viele Lösungen) hat.
a) $x + y = 3$ b) $2x + y = 3$ c) $4x = 3y - 5$ d) $2(2x + 3) = -(5 - 2y)$

○ 6. **Durchblick:** Löse das lineare Gleichungssystem rechnerisch. Überprüfe dein Ergebnis mithilfe einer graphischen Lösung. Du kannst dich an Beispiel 1 und 2 orientieren.
a) $\left|\begin{array}{r} y = 2x + 1 \\ 2y - 4x = -2 \end{array}\right|$ b) $\left|\begin{array}{l} y = 2x + 4 \\ -2 - x + y = x + 2 \end{array}\right|$ c) $\left|\begin{array}{l} 0{,}6x + 0{,}3y = 1 \\ 2y - 10 + y = -6x \end{array}\right|$ d) $\left|\begin{array}{r} 2x + y = 2 \\ -2x - y = 2 \end{array}\right|$

7. Michael meint, er könne allein durch „scharfes Hinsehen" erkennen, dass das Gleichungssystem ① keine Lösung hat, das Gleichungssystem ② unendlich viele Lösungen hat und das Gleichungssystem ③ genau eine Lösung hat. Ist das möglich? Begründe.
① $\left|\begin{array}{l} y = 4x - 2 \\ y = 4x + 2 \end{array}\right|$ ② $\left|\begin{array}{r} y = x + 4 \\ 2y = 2x + 8 \end{array}\right|$ ③ $\left|\begin{array}{l} y = -2x - 2 \\ y = 2x + 2 \end{array}\right|$

Die sind gleich ·2 :2

8. **Stolperstelle:** Eva hat folgende Gleichungssysteme gelöst. Kontrolliere ihre Lösungen.

a) $\left|\begin{array}{l} -3x - y = 5 \\ 3x + y = -5 \end{array}\right|$
Bei der Addition der Gleichungen erhält man $0 = 0$. Das Gleichungssystem hat keine Lösung.

b) $\left|\begin{array}{l} y + 2x = 2 \\ y - 2x = 2 \end{array}\right|$
$y + 2x \neq y - 2x$
Das Gleichungssystem hat keine Lösung.

c) $\left|\begin{array}{l} y = -x + 4 \\ x + y = 4 \end{array}\right|$
$\left|\begin{array}{l} y = -x + 4 \\ 4 = 4 \end{array}\right|$
Lösung: $x = -1$, $y = 5$

● 9. **Ausblick:** Ersetze – falls möglich – a durch eine Zahl, sodass das Gleichungssystem genau eine Lösung (unendlich viele Lösungen, keine Lösung) hat.
a) $\left|\begin{array}{l} y = ax + 3 \\ y = 3x + 3 \end{array}\right|$ b) $\left|\begin{array}{l} y = 2x + a \\ y = 2x + 4 \end{array}\right|$ c) $\left|\begin{array}{l} y = 2x + 1 \\ y = ax + 2 \end{array}\right|$

Diophantische Gleichungen

■ Lisa möchte ihrer Mutter zum Geburtstag einen Blumenstrauß schenken. Sie hat 12 € und möchte verschiedenfarbige Rosen und Nelken zusammenstellen.
Eine Rose kostet 1,10 €, eine Nelke 0,80 €. Wie viele Rosen und wie viele Nelken kann sie auswählen? ■

Der Mathematiker Diophant lebte um 250 n. Chr. in Alexandria.
Er hat sich mit Gleichungen mit mehreren Unbekannten beschäftigt. Nach ihm werden Gleichungen mit mehreren Unbekannten, bei denen man sich nur für ganzzahlige Lösungen interessiert, diophantische Gleichungen genannt.
1621 wurde sein Werk „Arithmeticorum libri sex et de numeris multangulis liber unus" in Paris gedruckt.

Beispiel 1: Diophantische Gleichungen mit zwei Unbekannten lösen
Für eine Feier soll Essen gekauft werden, und zwar Pizzen zu je 8 € und Baguettes zu je 3 €.
Insgesamt stehen für die Verpflegung 100 € zur Verfügung.
Wie viele Pizzen und wie viele Baguettes sollen bestellt werden?

Lösung:
Die Anzahl der Pizzen wird mit x und die Anzahl der Baguettes mit y bezeichnet.
x und y müssen natürliche Zahlen sein.
Offensichtlich reicht das Geld für höchstens 12 Pizzen bzw. für höchstens 33 Baguettes.
Gesucht sind die Lösungen der Gleichung $8x + 3y = 100$.

$0 \le 8x \le 100 \quad |:8$
$0 \le x \le 12{,}5$
$0 \le 3y \le 100 \quad |:3$
$0 \le y \le 33\frac{1}{3}$

Durch Umformen ergibt sich:
$100 - 8x$ muss durch 3 teilbar sein.
Das ist für $x = 0$, $x = 1$ nicht, aber für $x = 2$ erfüllt.
$x = 2$ und $y = 28$ ist eine Lösung.
Weitere Lösungen erhält man, indem man x schrittweise um 3 erhöht: So erhält man die Wertepaare 2 und 28, 5 und 20, 8 und 12, 11 und 4. Wegen $0 \le x \le 12$ und $0 \le y \le 33$ kann es keine weiteren Lösungen geben.
Insgesamt gibt es also vier Lösungen:
2 Pizzen und 28 Baguettes oder 5 Pizzen und 20 Baguettes oder 8 Pizzen und 12 Baguettes oder 11 Pizzen und 4 Baguettes.

$8x + 3y = 100 \quad |-8x$
$3y = 100 - 8x \quad |:3$
$y = \frac{100 - 8x}{3}$
$x = 0;\ y = \frac{100}{3}$
$x = 1;\ y = \frac{92}{3}$
$x = 2;\ y = \frac{84}{3}$
$x = 2$ und $y = 28$
$x = 5$ und $y = 20$
$x = 8$ und $y = 12$
$x = 11$ und $y = 4$

Aufgabe 1:
a) Ermittle alle Lösungen für das Problem aus Beispiel 1, wenn die Pizza statt 8 € nur 7 € kostet.
b) Begründe, dass die Aufgabe in Beispiel 1 keine einzige Lösung besitzt, wenn die Pizza statt 8 € nur 6 € kostet.
c) Erläutere, in welchen Fällen die diophantische Gleichung $ax + by = c$ keine Lösung besitzt.

Beispiel 2: Diophantische Gleichungen mit drei Unbekannten lösen

Eine weitere Feier soll noch größer ausfallen. Neben Pizzen zu je 8 € und Baguettes zu je 3 € sollen auch Schnitzel zu je 11 € angeboten werden. Für die Verpflegung stehen 500 € zur Verfügung. Zur Feier kommen 100 Gäste, und jeder Gast soll ein Essen bekommen – aber nach dem Willen des sparsamen Gastgebers nicht mehr als ein Gericht.
Wie viele Pizzen, wie viele Baguettes und wie viele Schnitzel soll der Gastgeber bestellen, wenn er von allen Produkten mindestens 10 Stück anbieten möchte?

Lösung:

Es werden wieder Variablen eingeführt: x für die Anzahl der Pizzen, y für die Anzahl der Baguettes und z für die Anzahl der Schnitzel.
Wir erhalten zwei Gleichungen.

(1) $8x + 3y + 11z = 500$ und
(2) $x + y + z = 100$

Indem wir das Dreifache der zweiten Gleichung von der ersten subtrahieren, erhalten wir eine neue Gleichung (3).

(3) $5x + 8z = 200$

Durch Umformen ergibt sich daraus $x = 40 - \frac{8}{5}z$.

$5x = 200 - 8z$
$x = \frac{200 - 8z}{5}$
$x = 40 - \frac{8}{5}z$

Ganzzahlige Lösungen erhalten wir offensichtlich für z = 0, z = 5, z = 10, z = 15, z = 20 und z = 25.

$x = 40, y = 60, z = 0$, aber $z < 10$
$x = 32, y = 63, z = 5$, aber $z < 10$
$x = 24, y = 66, z = 10$
$x = 16, y = 69, z = 15$
$x = 8, y = 72, z = 20$, aber $x < 10$
$x = 0, y = 75, z = 25$, aber $x < 10$

Es gibt also sechs Lösungen, von denen zwei auch die Zusatzbedingung erfüllen.
Der Gastgeber kann entweder 24 Pizzen, 66 Baguettes und 10 Schnitzel oder 16 Pizzen, 69 Baguettes und 15 Schnitzel bestellen.

Aufgabe 2:

a) Für eine Preisverleihung sollen 20 Preise gekauft werden. Es gibt Preise für 4 €, Preise für 5 € und Preise für 9 €. Insgesamt stehen für die Preise 100 € zur Verfügung. Ermittle alle Möglichkeiten, für genau 100 € genau 20 Preise zu kaufen.

b) Begründe, dass es unmöglich ist, für genau 100 € genau 20 Preise zu kaufen, wenn die Preise 3 €, 6 € und 9 € kosten.

Aufgaben

3. Zu den häufigsten Briefmarken zählen die 60ct-Marke (Standardbrief), die 90 ct-Marke (Kompaktbrief) und die 145 ct-Marke (Großbrief).
Entscheide, ob es möglich ist, mit insgesamt 20 solcher Marken das Porto für einen 1500 g schweren Maxibrief ins Ausland, dessen Porto 17,00 € beträgt, zusammenzustellen.

4. Erläutere, in welchen Fällen die diophantische Gleichung $ax + by + cz = d$ keine Lösung besitzt.

Hinweis zu 5:
Tipps zu Präsentationen findest du auf der Methodenkarte 8F (S. 200)

5. Recherchiere in der Bibliothek oder im Internet und bereite einen Vortrag zum Mathematiker Diophant und diophantischen Gleichungen vor.

Vermischte Aufgaben

1. Beschreibe durch einen Term.
a) Die Anzahl der Fenster eines Hauses, wenn es in jeder Etage gleich viele Fenster gibt.
b) Der Eintrittspreis für eine Familie, wenn Kinder 4,00 € und Erwachsene 5,50 € bezahlen müssen.
c) Die Anzahl der Plätze, wenn es Dreier-, Vierer- und Fünfergruppentische gibt.
d) Die Anzahl der Personen in einer Klasse, die aus Mädchen, Jungen und Lehrern besteht.

2. Löse das lineare Gleichungssystem mit einem Verfahren deiner Wahl und begründe die Wahl des Verfahrens.

a) $\left|\begin{array}{r} 4x - 8y = 4 \\ y = -4x + 1{,}75 \end{array}\right|$ b) $\left|\begin{array}{l} 2a - 3b = 7\frac{1}{4} \\ 8a + 8b = 34 \end{array}\right|$ c) $\left|\begin{array}{l} 3y = 5x + 18{,}5 \\ 2x + 3y = x + 3{,}5 \end{array}\right|$

d) $\left|\begin{array}{l} 3x - 2y + 7 = 0 \\ 3x - 2y + 8 = -15 \end{array}\right|$ e) $\left|\begin{array}{r} 2x = 12y - 8 \\ 8x - 2 + 4y = -2x - 2 + 4x \end{array}\right|$ f) $\left|\begin{array}{r} 5x + 7y = 12 \\ -5x + 13y = -32 \end{array}\right|$

3. Stelle die verschiedenen Lösungsverfahren für lineare Gleichungssysteme zusammen. Erläutere an selbst erstellten Beispielen, woran du erkennen kannst, welches Lösungsverfahren für ein Gleichungssystem am besten geeignet ist.

Tipp zu 3:
Präsentiert eure Lösungen auf einem Plakat, damit man sie gut nachvollziehen kann.

Weitere Tipps zu Präsentationen findest du auf der Methodenkarte 8F (S. 200).

4. a) Löse die Zahlenrätsel mithilfe linearer Gleichungssysteme.
① Die Summe der beiden Zahlen beträgt 70. Die Summe aus dem Vierfachen der ersten Zahl und dem Dreifachen der zweiten Zahl beträgt 235.
② Wenn man zum 7-fachen der ersten Zahl das 4-fache der zweiten Zahl addiert, erhält man 1. Wenn man vom 6-fachen der ersten Zahl das 8-fache der zweiten Zahl subtrahiert, erhält man −2.
③ Die Summe aus dem Doppelten der ersten Zahl und dem Dreifachen der zweiten Zahl ist 23. Die Summe aus dem Dreifachen der ersten Zahl und dem Doppelten der zweiten Zahl ist 34.
b) Überlege dir ein Vorgehen zum Erstellen solcher Zahlenrätsel.
c) Erstelle selbst zwei Zahlenrätsel mit ganzzahliger Lösung und lass sie von deinem Nachbarn lösen.

5. Welche Lösung gehört zu welchem Gleichungssystem?

$\left|\begin{array}{r} 2x - y = 3 \\ -2x + 3 = -y \end{array}\right|$

$\left|\begin{array}{l} 2x + 2y = 0 \\ 2x - 2y = -4 \end{array}\right|$

$x = 6$ und $y = -23{,}5$

unendlich viele Lösungen

$\left|\begin{array}{r} 5x + 3 = y \\ -2y + 10x = -5 \end{array}\right|$

$\left|\begin{array}{l} 3x + 5y = 7 \\ 2x + 8y = 9 \end{array}\right|$

keine Lösung

$x = \frac{11}{14}$ und $y = \frac{13}{14}$

$x = 1$ und $y = -2$

$x = -1$ und $y = 1$

$\left|\begin{array}{r} 17x + 4y = 8 \\ 9x + 2y = 7 \end{array}\right|$

$\left|\begin{array}{r} 2x - y = -4 \\ y = x + 3 \end{array}\right|$

$x = -1$ und $y = 2$

$x = 7$ und $y = -23{,}5$

6. Ein gleichschenkliges Dreieck hat einen Umfang von 50 dm. Bestimme die Länge der Seiten, wenn
a) die Schenkel 30 dm kürzer sind als die Basis,
b) die Schenkel halb so lang sind wie die Basis,
c) die Schenkel 5 cm länger sind als die Basis.

7. Stelle zu der angegebenen Lösung ein lineares Gleichungssystem auf. Erläutere dein Vorgehen kurz.
a) $x = 0 \quad y = 7$ b) $x = -3 \quad y = 4$ c) keine Lösung d) unendlich viele Lösungen

8. Das abgebildete Sechseck hat einen Umfang von 30 cm. Die Maßzahlen der Seitenlängen in Zentimeter sind natürliche Zahlen.
a) Gib eine Gleichung für den Umfang des Sechsecks an.
b) Gib eine Lösung der Gleichung an, die dem Sachverhalt entspricht.
c) Gib die größtmögliche Länge von a (bzw. b) an.

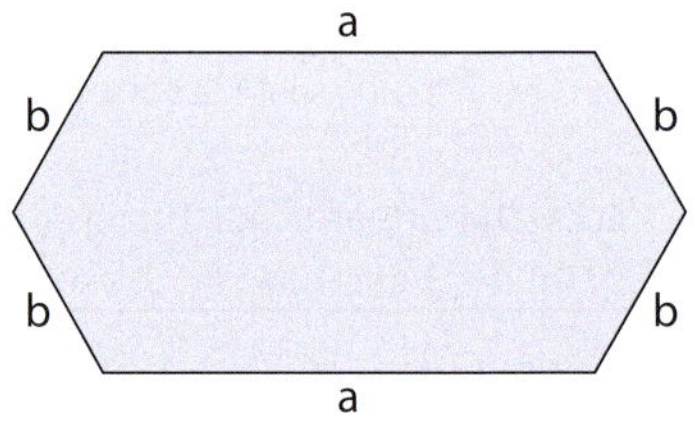

9. Am Tag der offenen Tür verkauft die Klasse 8 d Süßigkeiten für einen guten Zweck. Sie mischen selbst kleine Tütchen mit je zwei verschiedenen Süßigkeiten.

Eine gemischte Tüte aus Schokotalern und Schokolinsen soll 2 € kosten und 15 Teile enthalten. Ein Schokotaler kostet 0,20 € und eine Schokolinse 0,10 €. Berechne, wie viele Schokolinsen und wie viele Schokotaler die Schüler in jede Tüte packen müssen.

Erfinde eine passende Geschichte zu dem Gleichungssystem und löse es dann mit einem Verfahren deiner Wahl.

$$\left| \begin{array}{r} x + y = 21 \\ 8x + 12y = 200 \end{array} \right|$$

In einer Pralinentüte sollen 21 Teile enthalten sein. $\frac{1}{3}$ der Pralinen sind Schokopralinen zu 0,30 € pro Stück, der Rest wird mit Marzipantalern zu 15 ct pro Stück aufgefüllt. Berechne den Preis, den die Schüler verlangen müssen, damit sie 1 € Gewinn pro Tüte machen.

Bei den Weingummitüten wollen die Schüler Smileys für 0,11 € pro Stück und Herzen für 0,16 € pro Stück mischen. Der Wert einer Tüte soll genau 2 € betragen. Ist dies möglich?

10. Herr Müller kauft 6 normale Brötchen und 3 Mehrkornbrötchen und bezahlt dafür 3,27 €. Frau Meier kauft 4 normale Brötchen und 7 Mehrkornbrötchen und bezahlt dafür 4,93 €. Berechne den Preis für ein normales Brötchen und für ein Mehrkornbrötchen.

11. Paul kauft für einen Obstsalat Mangos für je 1,99 € und Ananas für je 2,49 €.
a) Paul hat 12 €. Bestimme die Anzahl der Mangos und der Ananas, die er kaufen kann. Gib – wenn möglich – verschiedene Lösungen an.
b) Paul hat doppelt so viele Mangos wie Ananas gekauft. Er hat mit einem 20-€-Schein bezahlt und 6 ct zurückbekommen. Kann das stimmen?

12. Celine versucht das Gleichungssystem mit Gleichsetzen zu lösen und weiß nicht weiter. Was meinst du dazu? Kannst du ihr helfen?

$$\left| \begin{array}{l} 7{,}5 = 4x - 3y \\ 7{,}5 = 6x + 2y \end{array} \right| \quad \text{Gleichsetzen: } \begin{array}{r} 4x - 3y = 6x + 2y \\ -5y = 2x \end{array}$$

13. Entscheide, ob es die Figuren mit den folgenden Eigenschaften geben kann.

a) Ein gleichschenkliges Dreieck hat einen Umfang von 8 cm. Seine Schenkel sind 6 cm länger als die Basis.

b) Der Umfang eines Rechtecks ist 12 cm länger als die längere Seite und 15 cm länger als die kürzere Seite.

c) Der Umfang eines Rechtecks beträgt 24 cm. Eine Seite ist 12 cm länger als die andere.

14. Bestimme die Geradengleichungen und berechne anschließend den Schnittpunkt mithilfe eines linearen Gleichungssystems.

a)

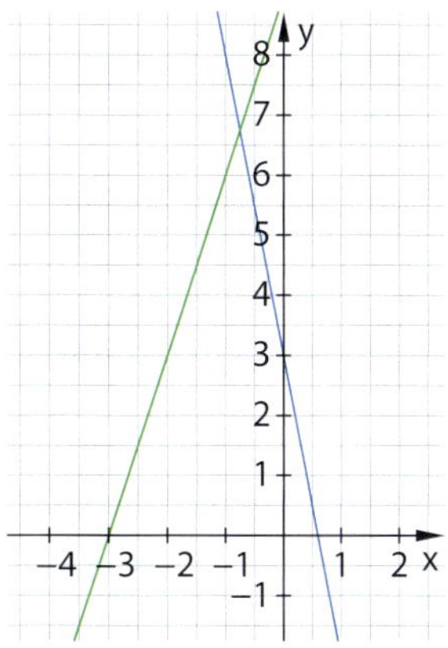

b)

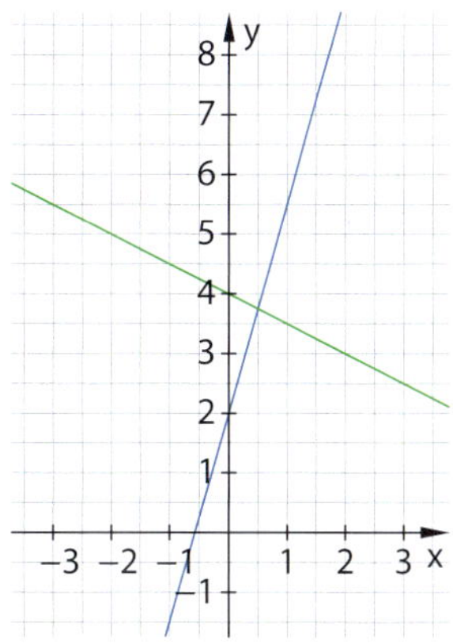

c)

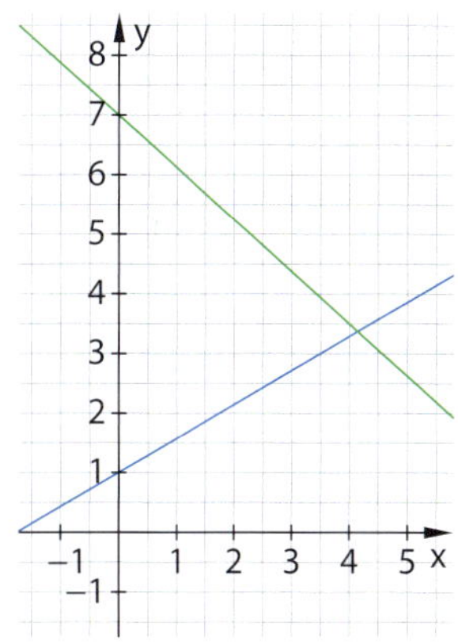

15. Vereinfache zunächst und bestimme dann die Lösung.

a) $\begin{vmatrix} 11x + 9y = 3x - 7y + 40 \\ 27x + 3y + 5 = 12x - 4x + 30 \end{vmatrix}$

b) $\begin{vmatrix} 34x + 5y + 23 = 56x - 45y + 57 \\ 23y + 40x - 23 = 45y + 2x + 47 \end{vmatrix}$

c) $\begin{vmatrix} 15x - 4y + 28 = 8y - x \\ 13x + 8y - 4y + 9 + 3y = 38 - 3x \end{vmatrix}$

d) $\begin{vmatrix} 4(3x + 2y) - 4 = 34x + 3y + 10 \\ 24x + 5y - 60 = 5(2x + 3y) \end{vmatrix}$

e) $\begin{vmatrix} -3(2x + 5y) - (4x + 7y) = 56 \\ 2(x - 4y) + 9(-3x - 7y) = 78 \end{vmatrix}$

f) $\begin{vmatrix} 5(x + y + 3) + \frac{1}{2} = 2y \\ -\frac{1}{2} + 4(4x + 3y) = 10 + x \end{vmatrix}$

16. Berechne das Alter der Personen.

a) Leons Alter beträgt heute $\frac{1}{16}$ des Alters seines Opas. Vor zwei Jahren war sein Opa noch 31-mal so alt wie Leon.

b) Vor zwei Jahren war Frau Krämer 15-mal so alt wie ihre Tochter. In 6 Jahren wird sie nur noch 3,8-mal so alt sein.

c) Laura ist vier Jahre älter als ihr Bruder Emil. Zusammen sind sie heute $\frac{1}{4}$-mal so alt wie ihr Vater. In fünf Jahren wird der Vater nur noch $2\frac{1}{4}$-mal so alt sein wie beide zusammen.

17. Leonie und Lara wohnen 10 km voneinander entfernt. Sie fahren beide zur gleichen Zeit mit dem Fahrrad los, um sich zu treffen. Leonie fährt mit einer Geschwindigkeit von 13 km/h und Lara mit einer Geschwindigkeit von 17 km/h. Berechne die Zeit, bis sich Lara und Leonie treffen, und berechne außerdem die Strecke, die Lara, und die Strecke, die Leonie zurückgelegt hat.

Hinweis zu 17:
$s = v \cdot t$
s: Strecke
v: Geschwindigkeit
t: Zeit

Prüfe dein neues Fundament

1. Gib jeweils einen Term an, mit dem man
a) den Umfang der dargestellten Figuren,
b) den Flächeninhalt der dargestellten Figuren ermitteln kann.

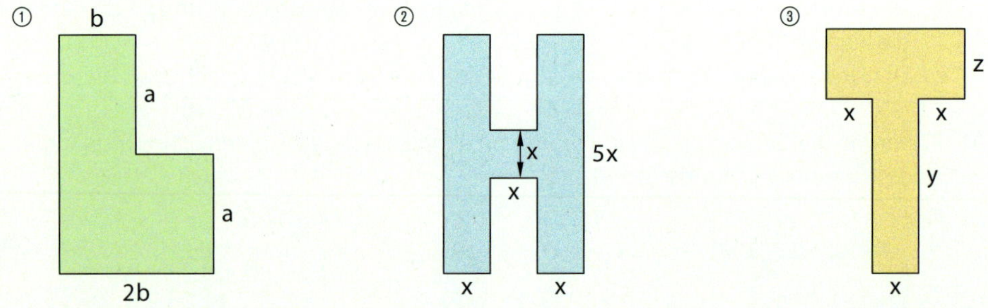

2. Ein Bahnunternehmen kombiniert seine Züge aus Wagen, die entweder ausschließlich Plätze der ersten oder der zweiten Klasse enthalten. Ein Wagen der ersten Wagenklasse hat 60 Plätze, ein Wagen der zweiten Wagenklasse hat 90 Plätze. Gib einen Term an, mit dem man die Anzahl der Sitzplätze in einem Zug ermitteln kann.

3. In der Kasse der Klasse 7c befinden sich 40 €. Davon wollen die Schülerinnen und Schüler Getränke und Gebäck für ein Klassenfest kaufen. Ein Getränk kostet im Einkauf 1 €, ein Beutel Gebäck 2 €.
a) Beschreibe den Sachverhalt mit einer linearen Gleichung mit zwei Variablen.
b) Gib alle Möglichkeiten für den Einkauf an Getränken und Beuteln mit Gebäck an.

4. Zeichne in ein Koordinatensystem eine Gerade, auf der die Lösungen der linearen Gleichung liegen, und bestimme aus der Zeichnung drei Lösungen der Gleichung.
a) $2x + 2y = 4$ b) $9x - 6y = 12$ c) $-10x + 5y = 40$ d) $-0{,}5x + 0{,}25y = 0{,}75$

5. Gib ein Gleichungssystem mit zwei linearen Gleichungen an, das den folgenden Sachverhalt beschreibt: Addiert man zu einer Zahl das Doppelte einer anderen Zahl, so erhält man 5. Subtrahiert man vom Dreifachen der ersten Zahl die zweite Zahl, so erhält man 1.

6. Ermittle graphisch eine Lösung des linearen Gleichungssystems.
a) $\left|\begin{array}{r} -2x + y = 1 \\ x + y = 1 \end{array}\right|$ b) $\left|\begin{array}{r} -3x + y = -2 \\ x - y = -2 \end{array}\right|$ c) $\left|\begin{array}{l} -3x + y = 5 \\ 2x - 2y = -2 \end{array}\right|$ d) $\left|\begin{array}{l} -a + 2b = 1 \\ 5a - 3b = 2 \end{array}\right|$

7. Ermittle eine Lösung des linearen Gleichungssystems mit dem Gleichsetzungsverfahren und mache die Probe.
a) $\left|\begin{array}{l} y = 4x - 1 \\ y = 2x + 1 \end{array}\right|$ b) $\left|\begin{array}{r} 5y = 5x + 25 \\ -2y = 5x + 4 \end{array}\right|$ c) $\left|\begin{array}{r} 4a + 3b = 6 \\ -8a + 2b = -28 \end{array}\right|$ d) $\left|\begin{array}{r} -10x - 3y = 15 \\ 5x + 5y = 10 \end{array}\right|$

8. Ermittle eine Lösung des linearen Gleichungssystems mit dem Einsetzungsverfahren und mache die Probe.
a) $\left|\begin{array}{r} x + y = 4 \\ y = 2x - 2 \end{array}\right|$ b) $\left|\begin{array}{l} x - 2y = 5 \\ 3x - y = 10 \end{array}\right|$ c) $\left|\begin{array}{r} -10x + 5y = 20 \\ 10y = 10 + 10x \end{array}\right|$ d) $\left|\begin{array}{l} u + 0{,}2v = 0{,}6 \\ 0{,}6v = u - 2{,}2 \end{array}\right|$

9. Ermittle eine Lösung des linearen Gleichungssystems mit dem Additionsverfahren und mache die Probe.
a) $\left|\begin{array}{l} 2x + y = 2 \\ -x + y = 5 \end{array}\right|$ b) $\left|\begin{array}{l} 0{,}5x + y = 1{,}5 \\ 2x + 3y = 4 \end{array}\right|$ c) $\left|\begin{array}{l} \frac{1}{3}a + b = 2 \\ a + \frac{1}{2}b = 6 \end{array}\right|$ d) $\left|\begin{array}{l} \frac{1}{2}x + \frac{1}{2}y = 4 \\ \frac{1}{3}x + \frac{2}{3}y = 8 \end{array}\right|$

10. Gib an, ob das Gleichungssystem keine oder unendlich viele Lösungen hat.

a) $\left| \begin{array}{l} x + y = 1 \\ 2y - 2 = -2x \end{array} \right|$ b) $\left| \begin{array}{l} 3x + 2y = 4 \\ 6x + 4y = 16 \end{array} \right|$ c) $\left| \begin{array}{l} \frac{1}{5}x + \frac{1}{2}y = \frac{1}{5} \\ \frac{2}{10}x + \frac{3}{6}y = \frac{5}{20} \end{array} \right|$ d) $\left| \begin{array}{l} y = 0{,}2x + 1 \\ 0{,}5y = -0{,}1x + 0{,}5 \end{array} \right|$

11. Löse das lineare Gleichungssystem und mache die Probe. Gib das gewählte Lösungsverfahren an und begründe, wieso du dich für dieses entschieden hast.

a) $\left| \begin{array}{l} x + y = 2 \\ 2x - y = 1 \end{array} \right|$ b) $\left| \begin{array}{l} 2x + 3y = 4 \\ 4x = 24 - 6y \end{array} \right|$ c) $\left| \begin{array}{l} u - 3v = 16 \\ v = 2u + 8 \end{array} \right|$ d) $\left| \begin{array}{l} \frac{1}{2}x + \frac{1}{3}y = \frac{1}{4} \\ y = -\frac{3}{2}x + 3 \end{array} \right|$

e) $\left| \begin{array}{l} x - 3y = 6 \\ 2x + 4y = 20 \end{array} \right|$ f) $\left| \begin{array}{l} 4a + b = 4 \\ 2a - 3b = -40 \end{array} \right|$ g) $\left| \begin{array}{l} 5y - 2x = 10 \\ y = \frac{2}{5}x + 2 \end{array} \right|$ h) $\left| \begin{array}{l} \frac{7}{6}x + 2y = 4 \\ \frac{1}{4}x + \frac{3}{2}y = -\frac{9}{2} \end{array} \right|$

Wiederholungsaufgaben

1. Gib das Ergebnis in der vorgegebenen Maßeinheit an.
a) ein Drittel von 6 km in m
b) das Doppelte von 1 m³ in ℓ
c) der zehnte Teil von 48,7 kg in t

2. Rechts siehst du eine Figur.
a) Stelle einen Term zur Berechnung ihres Umfangs auf.
b) Berechne den Umfang, wenn a = 12 cm und b = 7 cm sind.

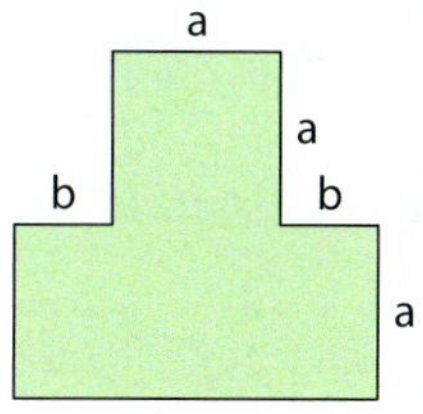

3. Welche Bruchzahlen gehören zu den Punkten A, B, C und D?

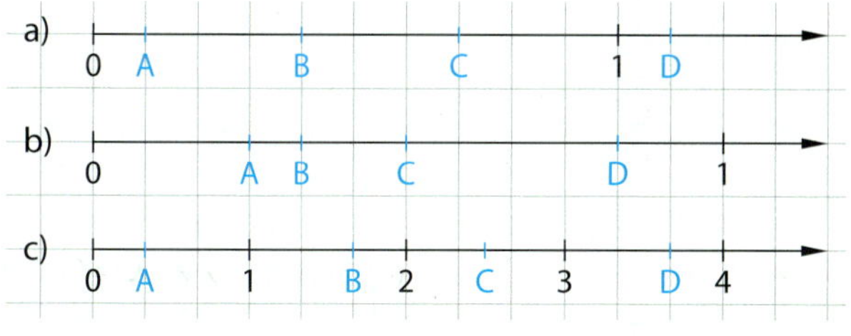

4. Die beiden Geraden g und h sind parallel. Gib die Größe der Winkel α_1 bis α_5 an.

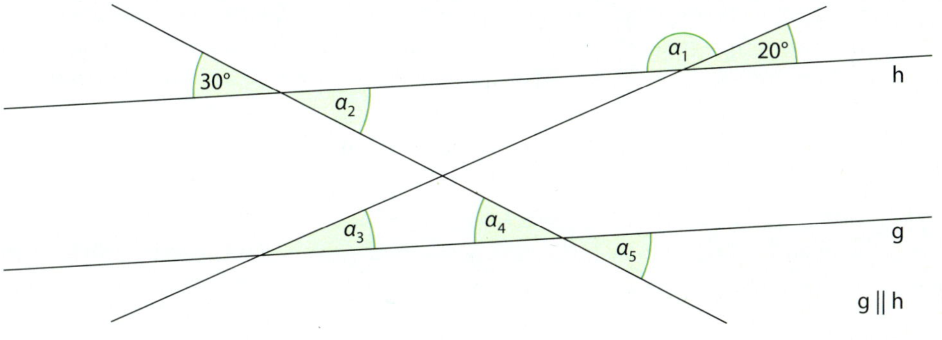

5. Berechne.

a) −4,5 + 5,4 b) −4,5 − 5,4 c) −4,5 · 5,4 d) −4,5 : 5,4

Lineare Gleichungen mit zwei Variablen

Jede lineare Gleichung der Form $ax + by = c$ mit den Variablen x und y nennt man **lineare Gleichung mit zwei Variablen**.

$6x + 2y = 4$

Die Lösungen einer linearen Gleichung mit zwei Variablen sind **Wertepaare**.

Lösungen sind z. B.: $x_1 = -1$ und $y_1 = 5$; $x_2 = 0$ und $y_2 = 2$

In einem Koordinatensystem liegen die **Lösungen auf einer Geraden**.

Durch Umformen von $6x + 2y = 4$ erhält man $y = -3x + 2$.

Die Lösungen der Gleichung $6x + 2y = 4$ liegen auf dem Graphen von $f(x) = -3x + 2$.

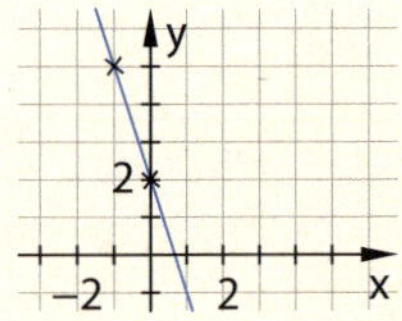

Lineares Gleichungssystem mit zwei Variablen

Zwei lineare Gleichungen mit zwei Variablen, zu denen eine gemeinsame Lösung gesucht ist, bilden ein **lineares Gleichungssystem**.

$$\left|\begin{array}{r} x + y = 7 \\ 2x + y = 10 \end{array}\right|$$

Jedes Wertepaar, das beide Gleichungen des Gleichungssystems zugleich erfüllt, ist eine Lösung dieses Gleichungssystems.

Lösung: $x = 3$ und $y = 4$

Probe: $\left|\begin{array}{r} 3 + 4 = 7 \\ 2 \cdot 3 + 4 = 10 \end{array}\right|$

Grafisches Lösen eines linearen Gleichungssystems mit zwei Variablen

Zur **grafischen Lösung** eines linearen Gleichungssystems stellt man die beiden Gleichungen nach y um und zeichnet die Graphen der entsprechenden linearen Funktionen in ein Koordinatensystem. Die Lösung entspricht dem Schnittpunkt der beiden Graphen.

$\left|\begin{array}{l} x + y = 3 \\ y = 5 - 2x \end{array}\right| \rightarrow \left|\begin{array}{l} y = -x + 3 \\ y = -2x + 5 \end{array}\right|$

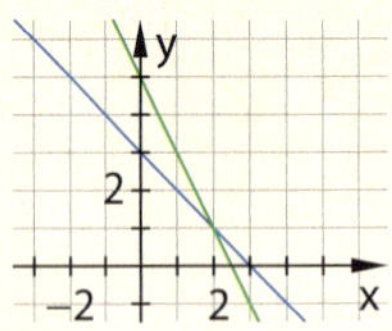

Das Gleichungssystem hat **genau eine Lösung**, wenn die Geraden sich schneiden: $x = 2$; $y = 1$

$\left|\begin{array}{l} x + y = 5 \\ x = 2 - y \end{array}\right| \rightarrow \left|\begin{array}{l} y = -x + 5 \\ y = -x + 2 \end{array}\right|$

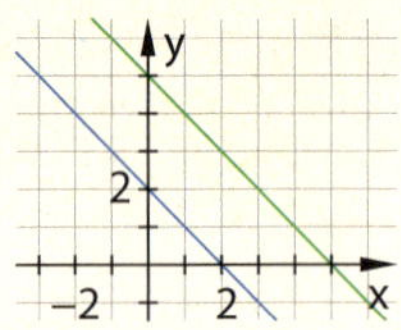

Das Gleichungssystem hat **keine Lösung**, wenn die Geraden parallel liegen.

$\left|\begin{array}{l} y - 2x = 0 \\ 4x = 2y \end{array}\right| \rightarrow \left|\begin{array}{l} y = 2x \\ y = 2x \end{array}\right|$

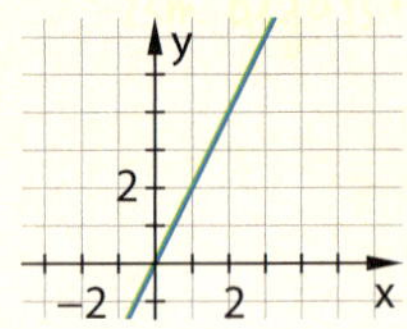

Das Gleichungssystem hat **unendlich viele Lösungen**, wenn die Geraden übereinander liegen.

Rechnerisches Lösen eines linearen Gleichungssystems mit zwei Variablen

Gleichsetzungsverfahren

– Gleichungen nach derselben Variablen umstellen.

$\left|\begin{array}{l} x + y = 2 \\ 2x + y = 5 \end{array}\right| \rightarrow \left|\begin{array}{l} y = 2 - x \\ y = 5 - 2x \end{array}\right|$

– Durch Gleichsetzen der Terme $2 - x$ und $5 - 2x$ erhält man eine Gleichung mit nur einer Variablen:

$$\begin{aligned} 2 - x &= 5 - 2x \\ x &= 3 \end{aligned}$$

Einsetzungsverfahren

– Eine Gleichung nach einer Variablen umstellen.

$\left|\begin{array}{l} 2x - y = 1 \\ y - x = -1 \end{array}\right| \rightarrow \left|\begin{array}{l} 2x - y = 1 \\ y = x - 1 \end{array}\right|$

– Durch Einsetzen von $x - 1$ für y in $2x - y = 1$ erhält man eine Gleichung mit nur einer Variablen:

$$\begin{aligned} 2x - (x - 1) &= 1 \\ x &= 0 \end{aligned}$$

Additionsverfahren

– Gleichungen so umformen, dass bei ihrer Addition eine Variable entfällt.

$\left|\begin{array}{l} 2x - y = 1 \\ 3x + 3y = 15 \end{array}\right| \rightarrow \left|\begin{array}{l} 2x - y = 1 \\ x + y = 5 \end{array}\right|$

– Durch Addition der beiden Gleichungen rechts erhält man eine Gleichung mit nur einer Variablen:

$$\begin{aligned} 3x &= 6 \\ x &= 2 \end{aligned}$$

Durch Einsetzen in eine der Ausgangsgleichungen erhält man den Wert der anderen Variablen.

Lösung: $x = 3$ und $y = -1$

Lösung: $x = 0$ und $y = -1$

Lösung: $x = 2$ und $y = 3$

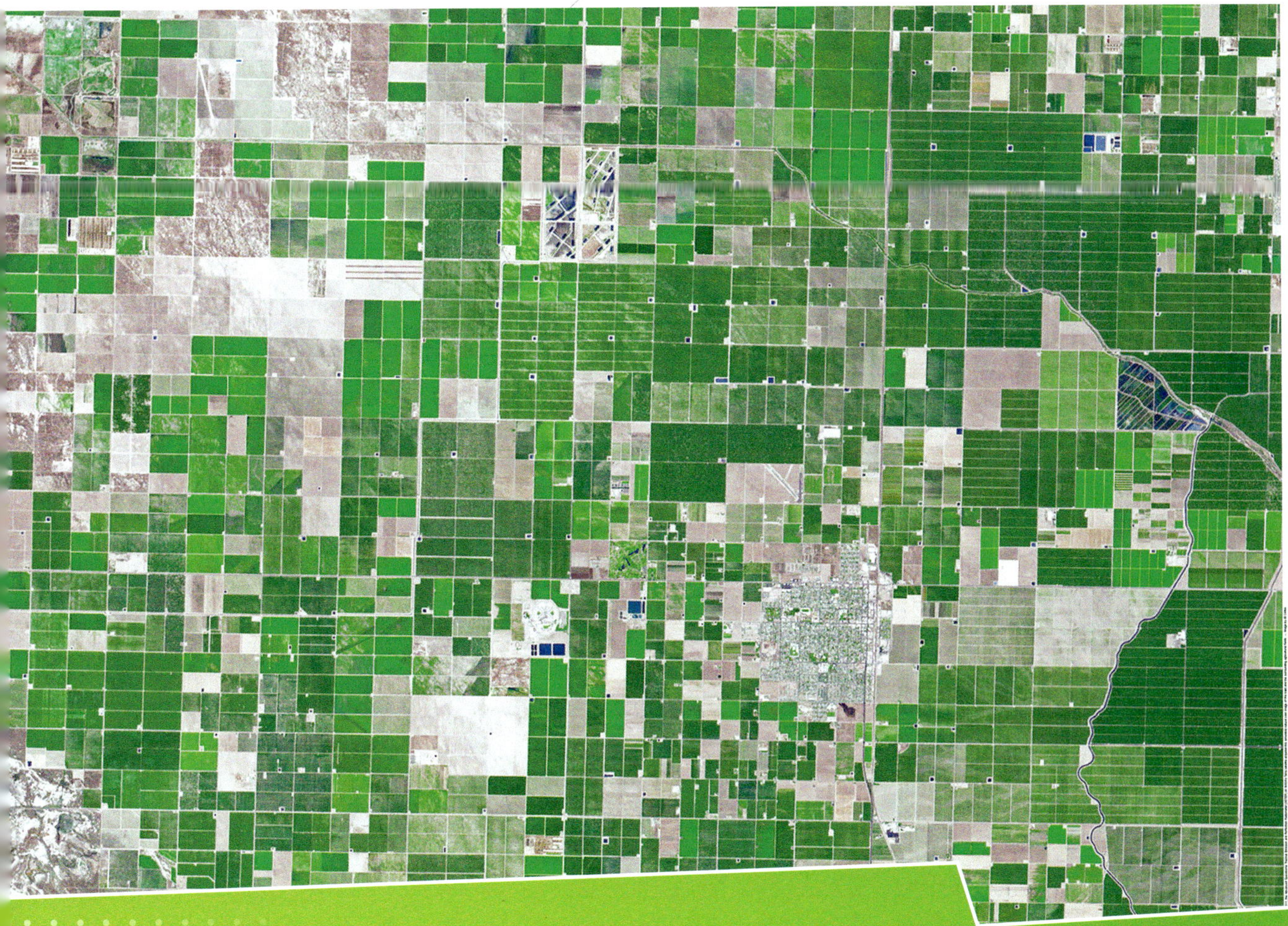

3. Terme

Diese Rosenfelder bei der kalifornischen Stadt Wasco sind rechteckig. Für den Flächeninhalt eines Feldes genügt der Term a • b. Durch welchen Term könnte der Flächeninhalt mehrerer Felder zusammen beschrieben werden?

Termwerte ermitteln

1. Berechne.
a) $12-4:2$ b) $(12-4):2$ c) $-3+4{,}1\cdot 2$ d) $(3-4{,}1)\cdot 2$
e) $\left(-2{,}5+\frac{1}{2}\right)^2:4$ f) $-9:3+(4\cdot 0{,}5)^2$ g) $2\cdot(-3)-8:2$ h) $\frac{60}{12-15}$

2. Berechne für $x=2$, für $x=\frac{1}{5}$ und für $x=-1$ den Wert des Terms.
a) $2x+0{,}5$ b) $(0{,}5-x)\cdot(-1)$ c) $(-1{,}5+x)^2\cdot x$ d) $x+x+x$ e) $x\cdot x\cdot x$ f) $\frac{1}{x}$

3. Übertrage die Tabelle in dein Heft und vervollständige sie.

a	$2a+7{,}5$	$-1+(a-0{,}5)^2$	$a+0{,}5$	$\frac{1}{a}$	$\lvert a-1\rvert+2$	$a-(a^2:3)\cdot 2$
−1,5	4,5	3	−1			
$\frac{3}{4}$	9	0,9375	1,25			

Terme vereinfachen

4. Fasse zusammen.
a) $x+x+2x$ b) $4+3x-7$ c) $2a+3-3a-5{,}5$
d) $b-2-2b+b$ e) $-4y+3+0{,}2y+0{,}5$ f) $-0{,}7-4x-x+2+3{,}5x$

5. Vereinfache.
a) $2a\cdot 4$ b) $6x\cdot(-2)$ c) $8x\cdot\frac{3}{4}$ d) $-6b\cdot(-2)$ e) $\frac{24a}{4}$ f) $-2x\cdot(-2x)$

6. Übertrage in dein Heft und ergänze sinnvoll.
a) $6a-3-\square=2a-3$ b) $5c\cdot\square=15c$ c) $3\cdot\square+\square=15c+3$

Flächeninhalt und Umfang von Figuren

7. Berechne den Umfang und den Flächeninhalt von einem
a) Rechteck mit den Seitenlängen a = 4 cm und b = 7 cm,
b) Quadrat mit der Seitenlänge a = 3 cm,
c) rechtwinkligen Dreieck mit den Seitenlängen a = 5 cm, b = 4 cm, c = 3 cm und $\alpha = 90°$.

8. Zeichne zwei verschiedene
a) Rechtecke mit einem Umfang von 16 cm,
b) rechtwinklige Dreiecke mit einem Flächeninhalt von 6 cm²,
c) Parallelogramme mit einem Flächeninhalt von 12 cm².

9. Übertrage die Figuren in dein Heft und ermittle
a) den Flächeninhalt der Figuren, b) den Umfang der Figuren.
Entnimm die erforderlichen Maße deiner Zeichnung.

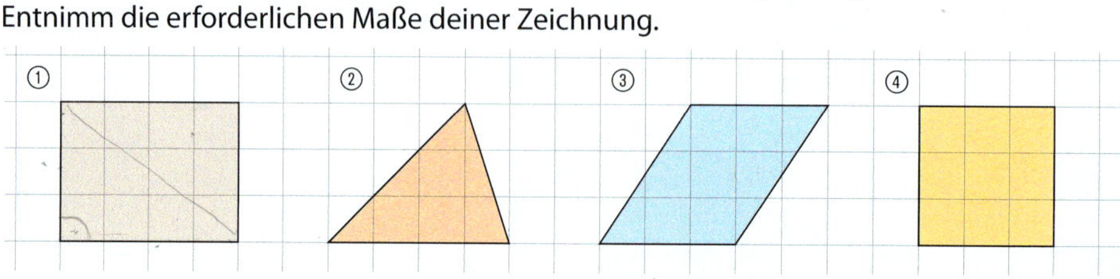

10. Berechne
a) den Flächeninhalt des Quadrats ABCD,
b) den Flächeninhalt jedes farbigen Vierecks im Quadrat.

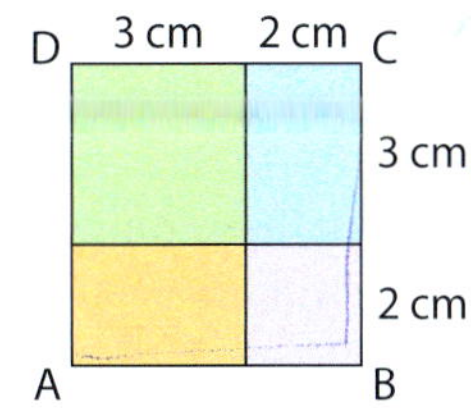

-> mit Andi

11. Das Quadrat ABEF hat einen Flächeninhalt von $16\,cm^2$.
a) Gib den Flächeninhalt des Parallelogramms ABCD an.
b) Gib den Flächeninhalt des Dreiecks ABD an.
c) Gib den Flächeninhalt des Dreiecks ABG an.

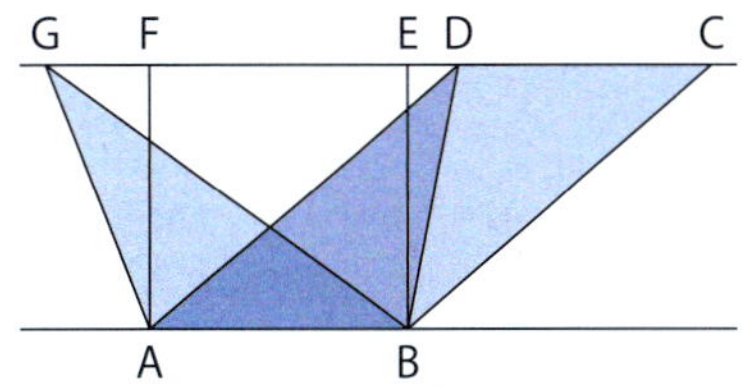

-> mit Andi

Vermischtes

12. Übertrage die Tabelle in dein Heft und vervollständige sie.

·	3,2 m		50 cm	$\frac{1}{4}$ m		
2 m	$6{,}4\,m^2$				$90\,cm^2$	$\frac{2}{5}\,m^2$
3 m		$900\,dm^2$				
0,5 m						

13. Gib einen Term an, mit dem man den Flächeninhalt des Rechtecks ermitteln kann.

a)
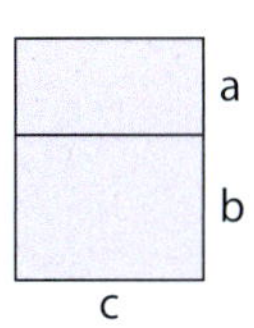

A: a·c + b·c oder A: (a+b)·c

b)
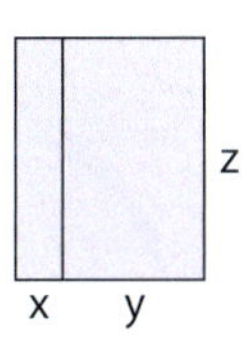

c)
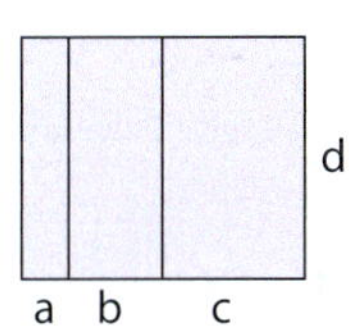

d)
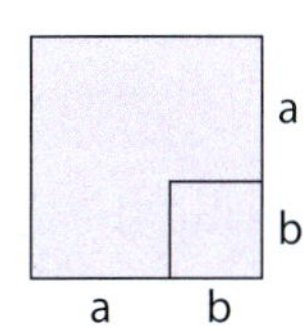

-> mit Andi

14. Gib zwei verschiedene Terme zur Berechnung des Flächeninhalts der Figur an.

a)
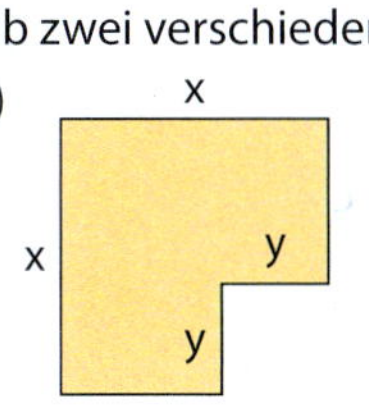

b)
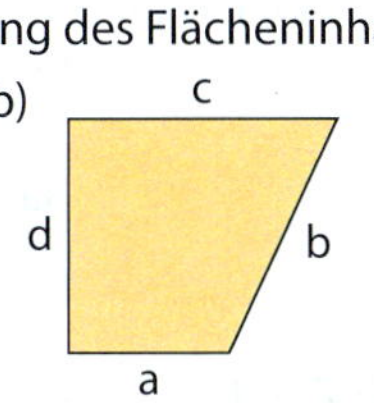

15. Gib den Flächeninhalt eines Rechtecks an, dessen eine Seite 7 cm lang ist und dessen Umfang 32 cm beträgt.

16. In einem Rechteck wird die Seite a auf das Vierfache verlängert. Wie muss die Seite b verändert werden, damit sich der Flächeninhalt des Rechtecks halbiert?

17. Übersetze den Text in einen Term und berechne den Termwert für $x = 2$.
a) Die Summe aus 3 und dem Vierfachen von x wird mit x multipliziert.
b) Der Quotient aus x und 4 wird zum Dreifachen von x addiert.
c) Die Summe aus dem Dreifachen von x und 4 wird durch 5 dividiert.

3.1 Terme vereinfachen

■ Von dem Haus soll ein Modell gebaut werden. Zur Berechnung der gesamten Kantenlänge wurde folgender Term mit den Variablen x, y, z aufgestellt: $4x + 4y + 4z$.
Erläutere, wie man auf den Term kommt. Wie lautet ein entsprechender Term zur Berechnung des Oberflächeninhalts des Modells? ■

Die Terme $4xy^2$ und $2xy^2$ unterscheiden sich nur durch die Zahl vor den Variablen xy^2. Solche Terme nennt man **gleichartig**. Gleichartige Terme kann man bei Addition oder Subtraktion zusammenfassen.
Es gilt $4xy^2 + 2xy^2 = 6xy^2$.

Hinweis:
$3 \cdot x = 3x$
$x = 1x$
$x + x = 2x$

Beispiel 1: Terme mit mehreren Variablen zusammenfassen
Fasse zusammen.
a) $2x + 5x - 3y$ b) $3ab - ab + 3$ c) $3xy - 2xy^2 + 2xy + 3xy^2$

Lösung:
a) 2x und 5x sind gleichartige Terme und können zusammengefasst werden. $2x + 5x - 3y = 7x - 3y$
b) Statt $3ab - ab$ kannst du dir auch $3ab - 1ab$ denken. 3ab und 1ab sind gleichartige Terme und können zusammengefasst werden.
$3ab - ab + 3 = 3ab - 1ab + 3$
$= 2ab + 3$
c) 3xy und 2xy sowie $2xy^2$ und $3xy^2$ sind gleichartige Terme und können zusammengefasst werden.
$3xy - 2xy^2 + 2xy + 3xy^2$
$= 3xy + 2xy - 2xy^2 + 3xy^2$
$= 5xy + xy^2$

Aufgabe 1: Fasse zusammen.
a) $3a + 5b + 2a - 2$ b) $x + y + x + y + x$ c) $3a + 4b - a + b$
d) $3u + 2v - u - v - v$ e) $2ab^2 + 2a^2b - 3ab^2$ f) $3 - 2x^2y + 7 + x^2y$

Hinweis:
Unterschiedliche Faktoren werden in alphabetischer Reihenfolge sortiert:
$4b \cdot 2a = 8ab$
Gleiche Faktoren werden als Potenz zusammengefasst:
$x \cdot x \cdot x = x^3$

Beispiel 2: Terme mit mehreren Variablen multiplizieren und dividieren
Vereinfache.
a) $2a \cdot 7b$ b) $2xy \cdot x \cdot 3xy$ c) $24xy^2 : 8x$

Lösung:
a) In einem Produkt kannst du alle Zahlen zusammenfassen.
$2a \cdot 7b = (2 \cdot 7)ab$
$= 14ab$
b) In einem Produkt mit mehreren Faktoren kannst du die Reihenfolge der Faktoren beliebig vertauschen. Ordne alle Variablen in alphabetischer Reihenfolge. Gleiche Faktoren kannst du als Potenz schreiben.
$2xy \cdot x \cdot 3xy = 2 \cdot x \cdot y \cdot x \cdot 3 \cdot x \cdot y$
$= 2 \cdot 3 \cdot x \cdot x \cdot x \cdot y \cdot y$
$= 6x^3y^2$

Hinweis:
Den Quotienten a : b mit $b \neq 0$ kann man als Bruchterm $\frac{a}{b}$ schreiben.

c) Einen Quotienten kannst du als Bruchterm schreiben. Dann kannst du mit 8 sowie mit x kürzen.
$24xy^2 : 8x = \frac{24xy^2}{8x}$
$= \frac{24xy^2}{8x}$
$= 3y^2$

Aufgabe 2: Vereinfache.

a) $13 \cdot (2a)$ b) $7a \cdot (\ 3)$ c) $2a \cdot 3 \cdot 4a$ d) $\frac{1}{4}x \cdot \frac{1}{2}z$ e) $-10x \cdot 0{,}2xy^2$
f) $6ab^2 : 3a$ g) $3a^2b : a^2$ h) $3x^2y : 6y$ i) $3uv^2 : v$ j) $6x^2y : 10y^2$

Beispiel 3: Termwerte mit mehreren Variablen berechnen

Berechne für $x = 3$ und $y = 2$ den Wert des Terms $6xy : 3y + 3xy \cdot 2x$.

Lösung:

Vereinfache den Term. $6xy : 3y + 3xy \cdot 2x = \frac{6xy}{3y} + 6x^2y$

$= 2x + 6x^2y$

Setze für die Variablen x und y die Zahlen $x = 3$ und $y = 2$ ein. $= 2 \cdot 3 + 6 \cdot 3^2 \cdot 2$

$= 6 + 108$

Berechne den Termwert. $= 114$

Erinnere dich:
$a + (b - c) = a + b - c$
$a - (b - c) = a - b + c$

Aufgabe 3: Berechne für $a = 5$ und $b = -2$ den Wert des Terms. Vereinfache – falls möglich – zuerst den Term.

a) $2a - b + a + b$ b) $a - (a + b)$ c) $3a \cdot 0{,}5b \cdot 2b$ d) $4ab : 2a$
e) $2ab - (ab - b)$ f) $2a^2b : ab$ g) $ab \cdot (-ab^2)$ h) $2a + b + 2 \cdot (-a)$

Wissen: Vereinfachen von Termen – Berechnen von Termwerten

Bei der Vereinfachung von Termen gilt Folgendes:
- In einer Summe (Differenz) dürfen nur **gleichartige Terme** zusammengefasst werden.
- Ein Produkt aus gleichen Faktoren kann man als **Potenz** schreiben.
- Einen Quotienten kann man als Bruchterm schreiben und durch **Kürzen** vereinfachen.

Beim Vereinfachen von Termen und bei der Berechnung von Termwerten gelten die bekannten **Rechengesetze** und **Vorrangregeln**:
- Was in Klammern steht, wird zuerst berechnet.
- Potenzieren geht vor Multiplizieren und Dividieren.
- Punktrechnung geht vor Strichrechnung.

Aufgaben

4. Fasse gleichartige Terme zusammen.
a) $a + b + c + 2a + 3c$ b) $2x - 3y - 2x - x - y$ c) $5u + 5v - 7{,}5v - 1{,}3u$
d) $8 - 9a^2 - 20a^2 - 3a$ e) $2x - x^2y^2 + x + 2x^2y^2$ f) $a^2 + 3b + 2a^2 - b$
g) $b - 8ab + 3ab - b$ h) $2b^2 - a - 3b^2 + 2a$ i) $-3a^2 - a - 2b + a$

5. Löse die Klammern auf und fasse zusammen.
a) $5u + (7v + 2u)$ b) $a + (-3a - b)$ c) $x - (2x + y)$ d) $5u - (6v + 3u)$
e) $-3x - (7y - 2x)$ f) $4a^2 - (a^2 + a)$ g) $2xy - (x + 2xy)$ h) $(a + b) - (2a - 2b)$

6. Bilde die Summe der beiden Terme und fasse zusammen.
a) $7 - 6x$ und $27 + 3x$ b) $y + 7{,}7$ und $-y - 7{,}7$ c) $2a + b$ und $7 - b$
d) $-c^2 + d$ und $d + c^2$ e) $a^2 + b^2$ und $-a^2 + b^2$ f) $-(x^2 - y^2)$ und $x^2 + y^2$

7. Übertrage in dein Heft und ersetze ▢ sinnvoll durch einen Term.
a) $6a + ▢ + 3b = 7a + 3b$ b) $a^2 + ab + ▢ + b^2 = a^2 + 2ab + b^2$
c) $a^2 + ▢ + ab + b^2 = a^2 - 2ab + b^2$ d) $a - (▢ + b) = -b$
e) $2ab - a \cdot ▢ = a^2 + 2ab$ f) $(0{,}1x + ▢) + (▢ - 2y) = 0$

Hinweis zu 7:
Hier findest du die Lösungen.

8. Schreibe mithilfe von Klammern und vereinfache.

a) Subtrahiere von $12a$ die Summe $3a + 5$.
b) Addiere zu $-5x$ die Summe $x + 3y^2$.
c) Subtrahiere von -11 den Term $x + 4$.
d) Subtrahiere von $-12ab^2$ den Term $2a^2 - 3ab^2$.

9. Vereinfache das Produkt so weit wie möglich.

a) $2ab \cdot 3a$ b) $4ab \cdot 0{,}5a$ c) $(-3t) \cdot 3t \cdot t$ d) $-2ab \cdot (-b)$ e) $2x \cdot 2x + y$
f) $xy \cdot (-x)$ g) $4xy \cdot \frac{1}{4}y$ h) $3uv^2 \cdot (-2uw)$ i) $0{,}1x \cdot 10xy^2$ j) $-x \cdot (-x) \cdot 2y$
k) $-1 \cdot (-2uv)$ l) $\frac{3}{5}x \cdot (-\frac{2}{3}xy)$ m) $0{,}5ab \cdot 2ab$ n) $-0{,}25a \cdot (-4)$ o) $-ab \cdot (-ab) \cdot (-ab)$

Hinweis zu 10:
$a^2 \cdot a^3 = a \cdot a \cdot a \cdot a \cdot a$
$= a^5$

10. Vereinfache.

a) $x^2 \cdot x^3$ b) $3a \cdot 4a^2$ c) $x^2y \cdot 3xy^2 \cdot (-2x)$ d) $(-a^3b^2c) \cdot (-ab^2)$ e) $x^2 \cdot 0{,}3x^3 \cdot 4x$
f) $xz \cdot 3yz^2 \cdot 2x^3y$ g) $5xy \cdot 5x^3y$ h) $2a \cdot (-2a) \cdot 2a^2$ i) $2 \cdot a^2b^3\,3^2ab$ j) $2^2ab^3 \cdot 3^2ab$

11. Übertrage in dein Heft und ersetze $\square$ sinnvoll durch einen Term.

a) $3ab \cdot \square = 3a^2b$ b) $-7x^2y \cdot \square = 14x^2y^2$ c) $\square \cdot 3u = -9u^2v$ d) $2abc \cdot \square = 6a^2bc$

12. Gib einen möglichst einfachen Term für den Umfang und den Flächeninhalt der folgenden Figuren an.

a)
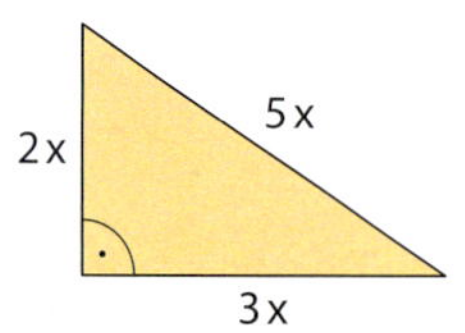

b)
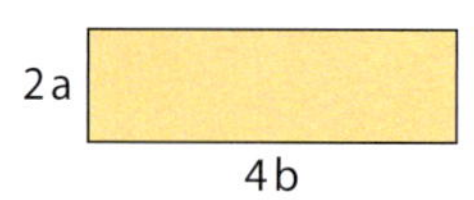

c)
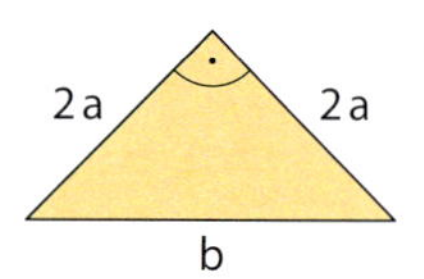

d)
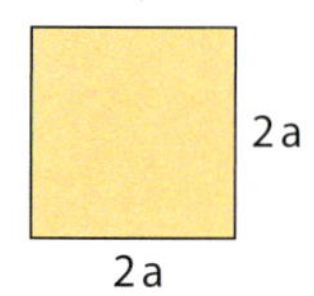

13. Schreibe den Quotienten als Bruchterm und kürze.

a) $6xy : 3$ b) $6xy : 3x$ c) $2uv : 4v$ d) $2ab : b$ e) $3a^2b : 9ab$
f) $(-4xy) : (-2x)$ g) $3ab : (-ab)$ h) $2{,}4xy : 0{,}6x$ i) $24a^2 : 12a^2$ j) $2{,}5a^2bc : 0{,}5ab$

Hinweis zu 14:
$a^4 : a^2 = \frac{a^4}{a^2}$
$= \frac{a \cdot a \cdot a \cdot a}{a \cdot a} = a^2$
$(a \neq 0)$

14. Vereinfache.

a) $x^3 : x^2$ b) $4u^3v : 2u^2v$ c) $0{,}5a^4 : \frac{1}{2}a^2$ d) $-4x^5y^3 : 4x^2y^2$ e) $2u^2 : 4u^3$
f) $6x^3y^2z : (-2x^3y^3)$ g) $\frac{1}{4}u^3 : 0{,}5u^2$ h) $(4x^3x^2) : (2^2x^4)$ i) $3^2a^3b^2 \cdot \frac{1}{3a}$ j) $x^2 : \frac{1}{x^2}$

15. Übertrage in dein Heft und ersetze $\square$ sinnvoll durch einen Term.

a) $\square : 4a = 2b$ b) $\square : x^2y = 2yz$ c) $u^3v : \square = u$ d) $4ab : \square = -\frac{1}{2}$ e) $-3u^2v^2w : \square = uv$

16. Welche Terme sind äquivalent?

$x - y$ | $x^2 - y$ | $-4xy$ | $(-2)(-2x)$ | $-2x + y - (x + 2y) + 4x$ | $8xy : 2y$ | $4x$ | $8x^2y : (-2x)$ | $2x^2 - (y + x^2)$ | $-x^2 - (2xy - x^2) - 2xy$

Hinweis zu 17:
Hier findest du die Lösungen zu a) bis h).

17. Vereinfache den Term und berechne den Termwert für $a = 2$, $b = 3$ und $c = -2$.

a) $a + b + c - 2a$ b) $a \cdot b \cdot c + 2abc$ c) $2a + 2b - b + a$ d) $2ac : 2a - c$
e) $2a - (a - abc)$ f) $0{,}5ab : \frac{1}{2} - (c - ab)$ g) $2 + ab : (-ab) - 2b$ h) $4a^2 - b - 3a^2 + b$
i) $b - (2a + b) - c$ j) $6a \cdot (-ab) - 3a^2b$ k) $a^2b : 2a^2c$ l) $a^3b^2c : a^2b^2$

18. Vereinfache – falls möglich.

a) $3st - ts$ b) $25a - 25b$ c) $2a^2b + 3ab^2$ d) $4xy + xy \cdot 2$ e) $x \cdot x - 7x^2$

f) $x + y + x$ g) $3a^2b : xy$ h) $a^2 - b^2 - c^2$ i) $3ab + (-3a) \cdot (-b)$ j) $3^2 a^3 : 9a^2$

○ **19. Durchblick:**

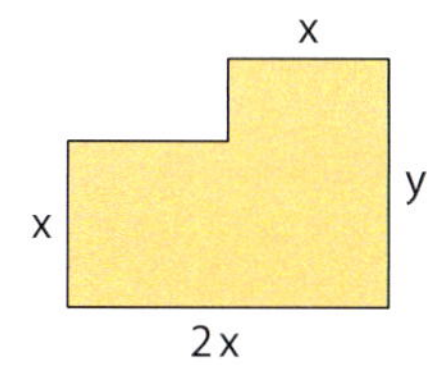

a) Gib einen Term zur Berechnung des Umfangs und des Flächeninhalts der Figur an. Vereinfache den Term so weit wie möglich.

b) Ermittle den Umfang und den Flächeninhalt für x = 2 cm und y = 3 cm.

Orientiere dich bei der Lösung der Aufgaben an den Beispielen 1, 2 und 3.

20. Berechne den Termwert für $x = 23{,}4$; $y = 17{,}8$ und $z = -49$ mit einem Taschenrechner. Runde das Ergebnis auf Zehntel. Prüfe das Ergebnis mit einem Überschlag.

a) $x \cdot y \cdot z$ b) $x^2 + y + z$ c) $x - y \cdot z^2$ d) $x - (y + z)$ e) $x^2 - 2{,}5xy$ f) $\frac{x+z}{y}$ g) $x^2 : 2xy$

21. Die Schüler der Klasse 8 a erhielten den Auftrag, den Wert des Terms $a - (b \cdot c + a)$ für $a = -2$, $b = 3$ und $c = 4$ zu berechnen. Prüfe die Lösungen und gib, falls sie fehlerhaft sind, jeweils an, wo der Fehler liegt.

Martin: $-2 - 3 \cdot 4 - 2 = -16$

Tanja: $-2 - 3 \cdot 4 + 2 = -5 \cdot 4 + 2 = -18$

Paul: $-2 - 3 \cdot 4 + 2 = -2 - 12 + 2 = -12$

Petra: $a - (b \cdot c + a) = -bc = -12$

22. Stolperstelle: Finde die Fehler, erkläre und korrigiere sie.

a) $9yz - 2z = 7y$ b) $8x + 8y = 8xy$ c) $a^2b - ab = a$

d) $4x + 6x^2 = 10x^3$ e) $5ax \cdot (-8ay) = -40axy$ f) $c^2 : 2 = c$

g) $12uv : 3uv = 4u^2v^2$ h) $v \cdot v \cdot (-w) = v^2 - w$ i) $5ab - 4ab \cdot (-3) = -3ab$

23. Welchen Wert darf man für x nicht einsetzen?

a) $\frac{2}{x}$ b) $\frac{4y}{2x}$ c) $\frac{1}{x+2}$ d) $\frac{xy}{2-x}$ e) $\frac{x}{x-1}$ f) $\frac{x}{x}$ g) $\frac{y^2}{1-x}$ h) $\frac{xy}{4-x^2}$ i) $\frac{2xy^2}{1-2x}$

24. Berechne den Termwert für $a = 8{,}97$; $b = 7{,}89$ und $c = -1{,}1$. Entscheide jeweils, ob zur Berechnung ein Taschenrechner wirklich erforderlich ist.

a) $a - c - a$ b) $b - 2b$ c) $3a^2 + c - 2a^2$ d) $\frac{ac}{a}$ e) $\frac{3ab}{3b}$ f) $a^2 : 2a^2$

25. Übertrage die Figuren in dein Heft.

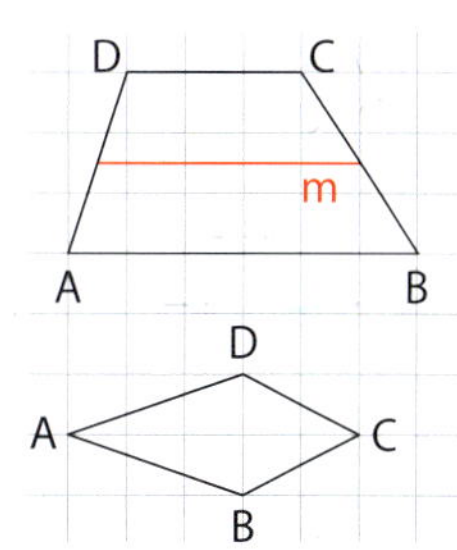

a) Berechne die Länge der Mittellinie m und den Flächeninhalt A des Trapezes mit den Formeln $m = \frac{1}{2} \cdot (a + c)$ und $A = m \cdot h$. a und c sind die parallelen Seiten des Trapezes, h ist seine Höhe.

b) Berechne den Flächeninhalt A des Drachenvierecks mit der Formel $A = \frac{1}{2} \cdot e \cdot f$. Dabei sind e und f die Diagonalen des Drachenvierecks.

Entnimm die erforderlichen Größen deiner Zeichnung.

26. Schreibe mithilfe der Variablen a und s einen Term auf, mit dem man die Gesamtlänge aller Kanten einer geraden quadratischen Pyramide ermitteln kann. Gib die Bedeutung der Variablen an. Du kannst dich in einer Formelsammlung oder im Internet informieren, was eine gerade quadratische Pyramide ist.

● **27. Ausblick:** Für unterschiedliche x-Werte und y-Werte wurde der Termwert berechnet. Wie lautet ein möglicher Term?

x	−1	0	1	3	3
y	−2	−1	1	2	4
Wert des Terms	−4	−1	3	8	10

3.2 Ausmultiplizieren und Ausklammern

■ Der Term $4 \cdot (a^2) + a \cdot c + 4 \cdot (a \cdot b) + b^2$ beschreibt den Flächeninhalt der hellgrauen Steine. Man kann den Flächeninhalt aber auch mit dem Term $a \cdot a + a \cdot c + a \cdot b + a \cdot b + a \cdot a + a \cdot a + b \cdot b + b \cdot a + b \cdot a + a \cdot a$ angeben. Stelle verschiedene Terme für den Flächeninhalt der dunkelgrauen Steine auf. ■

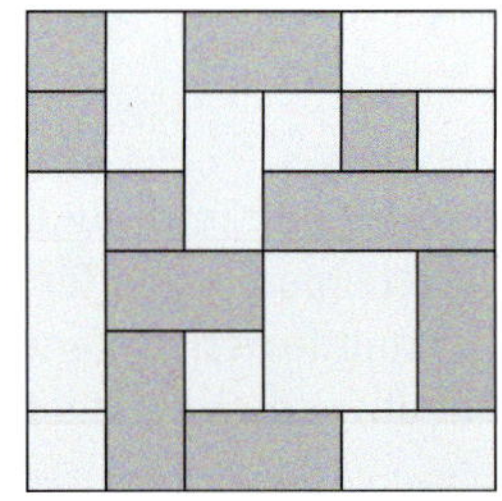

Flächeninhalte kann man durch Terme darstellen. Der Flächeninhalt eines Rechtecks lässt sich durch den Term $a \cdot b$ beschreiben. Auch für zusammengesetzte Flächen kann man den Flächeninhalt durch Terme darstellen. Dabei gibt es oft mehrere Möglichkeiten.

Seitenlängen addieren: $a \cdot (b + c)$

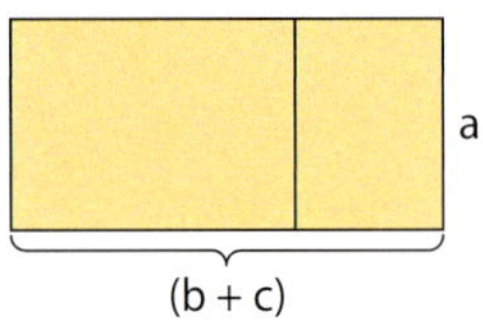

Teilflächen addieren: $a \cdot b + a \cdot c$

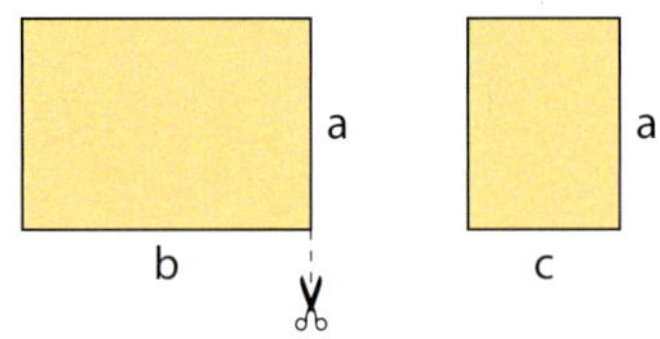

Seitenlängen addieren: $(a + b) \cdot (c + d)$

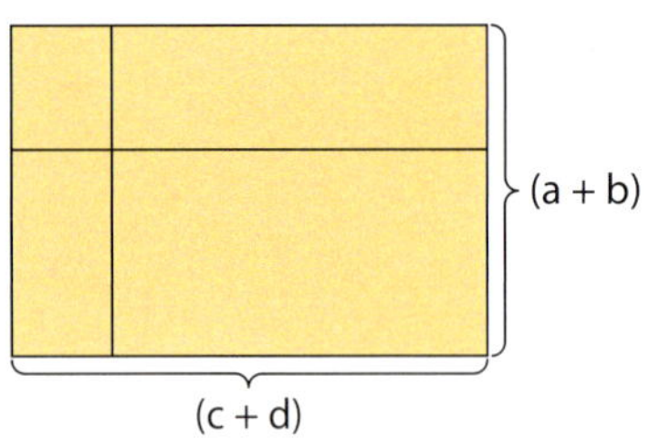

Teilflächen addieren: $a \cdot c + a \cdot d + b \cdot c + b \cdot d$

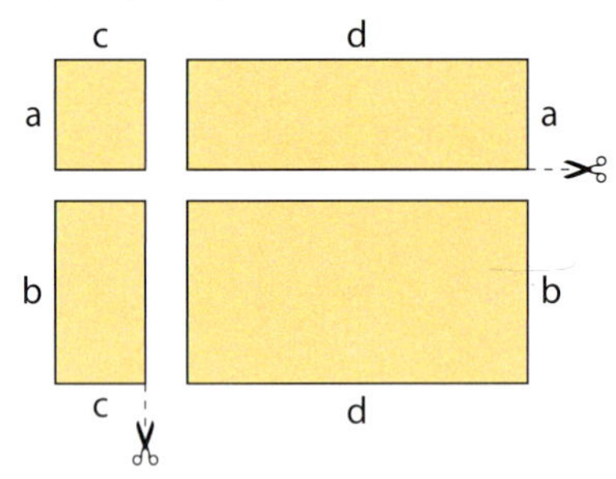

Wenn verschiedene Terme die gleiche Fläche beschreiben, dann sind diese Terme äquivalent. Das muss man aber nicht immer über Flächen nachweisen. Es lässt sich auch mathematisch über Termumformungen zeigen, dass die Terme äquivalent sind.

Wissen: Ausmultiplizieren und Ausklammern

Klammern kann man durch Ausmultiplizieren auflösen. Einen gemeinsamen Faktor aller Summanden kann man ausklammern.

Ausmultiplizieren →

(Produkt) $a \cdot (b + c) = ab + ac$ (Summe)

← Ausklammern

Auch Produkte von Summen kann man durch Ausmultiplizieren auflösen, indem man jeden Summanden der ersten Klammer mit jedem Summanden der zweiten Klammer multipliziert.

Ausmultiplizieren →

(Produkt) $(a + b) \cdot (c + d) = ac + ad + bc + bd$ (Summe)

Beispiel 1: Ausmultiplizieren

Gib den Term in Summenform an. Multipliziere dazu die Klammern aus.

a) $-2a \cdot (2a - 3b + c)$ b) $(4 + a) \cdot (y + 9)$

Lösung:

a) Multipliziere $-2a$ mit jedem Summanden in der Klammer. Achte dabei auf die Minuszeichen bei $-2a$ und $-3b$.

$-2a \cdot (2a - 3b + c)$
$= (-2a) \cdot 2a - (-2a) \cdot 3b + (-2a) \cdot c$
$= -4a^2 + 6ab - 2ac$

b) Multipliziere $4b$ und a aus der ersten Klammer jeweils mit der zweiten Klammer. Multipliziere dann die beiden Klammern wie in a) aus. Du hast nun jeden Summanden der ersten Klammer mit jedem Summanden der zweiten Klammer multipliziert.

$(4b + a) \cdot (y + 9)$
$= 4b \cdot (y + 9) + a \cdot (y + 9)$
$= 4b \cdot y + 4b \cdot 9 + a \cdot y + a \cdot 9$
$= 4by + 36b + ay + 9a$

Erinnere dich:
In Produkten kann man gleiche Variablen zu Potenzen zusammenfassen: $a \cdot a = a^2$

Aufgabe 1: Multipliziere die Klammern aus.

a) $4 \cdot (3x + 5y)$ b) $-5a \cdot (3b + 2c)$ c) $3x \cdot (3x - 2y + 2z)$
d) $(6 + 4s) \cdot (2t + 4)$ e) $(10b + 2a) \cdot (3 - b)$ f) $(-5x + 2y) \cdot (x - 3y)$

Beispiel 2: Ausklammern

Klammere gemeinsame Faktoren des Terms aus.

a) $6x + 4y$ b) $6xy - 9xz$ c) $8a^2 + 4a^2b - 20abc$

Lösung:

a) Ein gemeinsamer Faktor von $6x$ und $4y$ ist die 2, denn $6x = 2 \cdot 3x$ und $4y = 2 \cdot 2y$.

$6x + 4y = 2 \cdot 3x + 2 \cdot 2y$
$= 2 \cdot (3x + 2y)$

b) Suche Schritt für Schritt nach gemeinsamen Faktoren, die du ausklammern kannst. Hier kannst du $3x$ ausklammern.

$6xy - 9xz = 3 \cdot 2xy - 3 \cdot 3xz$
$= 3 \cdot (2xy - 3xz)$
$= 3 \cdot (x \cdot 2y - x \cdot 3z)$
$= 3x \cdot (2y - 3z)$

c) Du kannst gemeinsame Faktoren auch in einem Schritt ausklammern.

$8a^2 + 4a^2b - 20abc$
$= 4a \cdot 2a + 4a \cdot ab - 4a \cdot 5bc$
$= 4a \cdot (2a + ab - 5bc)$

Aufgabe 2: Klammere einen gemeinsamen Faktor aus.

a) $5a + 5b$ b) $5ab - 12ac$ c) $7uv - 14uw$
d) $x^2y + 2x$ e) $9uv - 3v + 6v$ f) $-12x^2yz + 16xz - 8xy^2$

Aufgaben

3. Multipliziere die Klammer aus.

a) $2 \cdot (a + b)$ b) $(x + 3) \cdot 8$ c) $18 \cdot (-2u + v)$ d) $(14r - 17s) \cdot 2$
e) $-10 \cdot (13a - b)$ f) $-9 \cdot (3c - 2b)$ g) $(0{,}3 + 3x) \cdot 6$ h) $-14 \cdot \left(\frac{3}{4}m - \frac{2}{7}\right)$

4. Löse die Klammer auf.

a) $r \cdot (4 + s)$ b) $x \cdot (2y - 18)$ c) $u \cdot (15v + 2w)$ d) $(23x - 12y) \cdot z$
e) $x(-54y + 120z)$ f) $-a(-86b + 28c)$ g) $-y(-61x + 39z)$ h) $(13s - 40r) \cdot (-t)$
i) $x(4x + 7y)$ j) $a(12b + a)$ k) $12a(7b - 5a)$ l) $-8s(7s + 6t)$

Hinweis:
Zwischen Variablen oder Klammern kann man die Malzeichen weglassen.

5. Hier sind zwei Klammern gegeben. Multipliziere sie aus.

a) $(a+8)\cdot(3+b)$ b) $(4-x)\cdot(y+8)$ c) $(2-p)\cdot(q-4)$
d) $(r+8s)\cdot(3t+6)$ e) $(-x-6z)\cdot(8y+3)$ f) $(a+6d)\cdot(-4b+9c)$

6. Multipliziere die Klammern aus und vereinfache so weit wie möglich.

a) $(x+y)\cdot(4y+x)$ b) $(-5m+7)\cdot(3n-9m)$ c) $(6u-v)\cdot(-12u-5v)$
d) $(12bc+4a)\cdot(6ab-2c)$ e) $(-8r-5t)\cdot(-11t-9s)$ f) $\left(\frac{2}{5}c+\frac{1}{4}a\right)\cdot\left(-\frac{1}{2}+2b\right)$

7. Multipliziere die Terme in der linken Spalte mit den Termen in der oberen Zeile. Übertrage die Tabelle ins Heft und trage die Ergebnisse ein.

·	$5x-6$	$-6+7a$	$-1-10x$	$0{,}5x-2{,}5y$
-1				
$4x$				
$2-y$				
$-6xy$				

8. Welche Terme sind äquivalent?

$5(7y+3z)$ $-63yz+108y^2$ $6xy+12x+15x^2$ $35y+15z$
$64xz-56xy$ $8x(8z-7y)$ $(-3x)\cdot(-2y-4-5x)$
$(-9y)\cdot(7z-12y)$ $65xy-91x^2y$ $(5-7x)\cdot 13xy$

9. Hier sind Klammern mit mehr als zwei Summanden gegeben. Löse die Klammern auf.

a) $2(12x-25y+17z)$ b) $3a(14a+3b-7c)$ c) $(-2x)\cdot(7x-12y+14)$
d) $(4r-5s+6t)\cdot 7t$ e) $(-13a+4b-12c)\cdot 5b$ f) $(-4x)\cdot(-14x^2+7y-9z)$
g) $\left(-\frac{1}{2}ab-\frac{2}{3}bc+\frac{3}{4}c\right)\cdot 6a$ h) $(a+b)\cdot(4+c+d)$ i) $(3-2b)\cdot(5a+4-3c)$
j) $(-4x+7y)\cdot(4z-9x-7y)$ k) $(2st-8t+4)\cdot(5t+8s)$ l) $\left(-\frac{2}{3}a+\frac{3}{5}b\right)\cdot(6a+10b)$

Hinweis zu 11 und 13:
Die Lösungen zu Aufgabe 11 findest du in der Lokomotive, zu Aufgabe 13 in der Rauchwolke.

10. Übersetze den Text in einen Term und multipliziere aus.

a) Multipliziere das Zweifache einer Zahl mit der Summe aus dem Sechsfachen dieser Zahl und Fünf.
b) Multipliziere die Differenz aus Fünfzehn und dem Vierfachen einer Zahl mit dem Fünffachen einer anderen Zahl.

11. Klammere die größtmögliche Zahl aus.

a) $2a+4$ b) $15t+55s$ c) $24n+54m$ d) $81u-9v$
e) $42x-35y$ f) $84r+108s$ g) $60a+75b$ h) $-54u+162v$

12. Finde einen Faktor und klammere ihn aus.

a) $8ab+7a$ b) $12s-17st$ c) $13uv-24u$ d) $9xy+14yz$
e) $23bc-51ac$ f) $-29rt-31rs$ g) $83a^2b+14ac$ h) $-47yz^2+88x^2z$

13. Klammere eine negative Zahl aus.

a) $-4a-6b$ b) $-2x+4$ c) $-14u+21t$ d) $-x^2+y^2$
e) $-6rt+14s$ f) $15n-12m$ g) $-2p^2-20$ h) $-2a+7b+9c$

14. Finde den größtmöglichen Faktor und klammere ihn aus. Kontrolliere dein Ergebnis, indem du es wieder ausmultiplizierst.

a) $5qp + 15q$ b) $6xy + 12y$ c) $24uv - 36vw$ d) $-69s^2t + 48st$
e) $54p^2 - 27pq^2$ f) $-21ab - 84b^2$ g) $9st + 3tr - 15t$ h) $3ab - 12ac + 15ab$

15. Übersetze den Text in einen Term und schreibe als Produkt.
a) Addiere das Zehnfache einer Zahl und das Achtfache einer anderen Zahl.
b) Subtrahiere das Sechsfache einer Zahl von dem Neunfachen einer anderen Zahl.

16. a) Welche Terme beschreiben den Flächeninhalt der farbigen Flächen? Ordne zu.
b) Einige Terme bleiben übrig. Zeichne zu diesen Termen eine passende Fläche.

① $(s + s) \cdot t$
② $(a \cdot b) + (c \cdot d)$
③ $2s \cdot t$
④ $(x - 2) \cdot 3$
⑤ $a \cdot d + a \cdot d + b \cdot d + c \cdot d$
⑥ $(a + a) \cdot (b + c + d)$
⑦ $(r + s) \cdot t$
⑧ $(a + a + b + c) \cdot d$
⑨ $(2a) \cdot (b + c + d)$
⑩ $a \cdot b + a \cdot b + c \cdot a + c \cdot a + d \cdot a + d \cdot a$
⑪ $s \cdot t + s \cdot t$
⑫ $2ab + 2ac + 2ad$
⑬ $t \cdot s + t \cdot r$
⑭ $t \cdot (t - 2s)$

○ **17. Durchblick:** Forme die Terme durch Ausmultiplizieren oder Ausklammern um. Orientiere dich dabei an Beispiel 1 und 2.

a) $2(3x - 5z)$ b) $24u + 16v$ c) $u(32v - 13w)$ d) $(-3) \cdot (12s + t)$
e) $-8s + 10t$ f) $49t - 14st$ g) $5b(4 + a)$ h) $(-2x) \cdot (-3x + y)$
i) $24bc + 36ab$ j) $(2a - 8)(-5a + 3)$ k) $(2y + 3)(4x - 5y)$ l) $56n^2 - 32mn$

18. Stolperstelle: Laura, Luisa und Leon haben noch Probleme beim Ausmultiplizieren. Jeder macht immer denselben Fehler. Erkläre, welche Fehler sie gemacht haben, und schreibe die richtige Lösung auf.

Laura

$-2(a + b) = -2a + b$
$3t(2s + 7) = 6st + 7$
$7(4x + 6y) = 28x + 6y$

Luisa

$(6a + 8)(4b - 9a) = 24ab - 72a$
$(4s - 3t)(2t + 7) = 8st - 21t$
$(12 + 4x)(2x + 8y) = 24x + 32xy$

Leon

$(4x + 5)(3y + 7) = 7xy + 11x + 8y + 12$
$(7a + 2b)(6a + 12) = 13a^2 + 19a + 8ab + 14b$
$9(4s + 8t) = 13s + 17t$

19. Jan sagt zu Kim: „Denk dir eine Zahl. Subtrahiere 3, multipliziere die Differenz mit 5 und addiere zu diesem Produkt 15. Sag mir dein Ergebnis und ich sag dir die Zahl, die du dir gedacht hast."
a) Wie kommt Jan auf die Zahl, die sich Kim gedacht hat?
b) Denke dir selbst solche Zahlenrätsel aus, bei denen du die gedachte Zahl bestimmen kannst, und lasse sie von deinem Nachbarn lösen.

Prüfe dein neues Fundament

1. Fasse zusammen.
a) $2a+b+a-5b$ b) $2m+n+m+n$ c) $10r^2+3s+r^2+s$ d) $4xy^2+x^2y-3xy^2$

2. Vereinfache.
a) $14\cdot(3x)$ b) $2r\cdot5\cdot3r$ c) $-4u\cdot(-4)$ d) $\frac{1}{2}x\cdot\frac{1}{4}y$
e) $-0{,}2xy^2\cdot10x$ f) $8st^2:4s$ g) $10x^2y:5xy$ h) $2\cdot(4a^2):a$

3. Berechne für $a=3$ und $b=2$ den Wert des Terms. Vereinfache zuerst den Term – falls möglich.
a) $3a+2b-a$ b) $4a-2b+a-b$ c) $b-(2a+2b)$ d) $5a\cdot\frac{1}{2}b\cdot b$
e) $2\cdot(-a)+b+b^2$ f) $2a\cdot a+2a-b$ g) $8ab:2a$ h) $3a^2b:ab$

4. Multipliziere die Klammern aus.
a) $3(2a-2b)$ b) $(5+4x)\cdot7$ c) $\frac{1}{2}(2a-10)$ d) $(3-x)\cdot(-1)$
e) $-2m(5m-2n)$ f) $2x(4x-2y+3z)$ g) $3a(0{,}2a-0{,}3b)$ h) $\left(\frac{2}{5}x-\frac{1}{3}y\right)\cdot15xy$

5. Multipliziere die Klammern aus und vereinfache so weit wie möglich.
a) $(x+1)(x+2)$ b) $(a+b)(4-b)$ c) $\left(-\frac{1}{2}-y\right)(8x+2)$ d) $(-2r+3s)(r-4)$

6. Klammere den größtmöglichen Faktor aus.
a) $6x+6y$ b) $2uv+16uw$ c) $9uvw-3vw$ d) $28m-7n$
e) $10ab-5b+10b$ f) $0{,}3a+1{,}5b+3{,}6c$ g) x^2y^2z+xy h) $x^2yz+xz-x^2y$

7. Stelle einen Term für den Flächeninhalt der Figur auf und vereinfache diesen.

a)
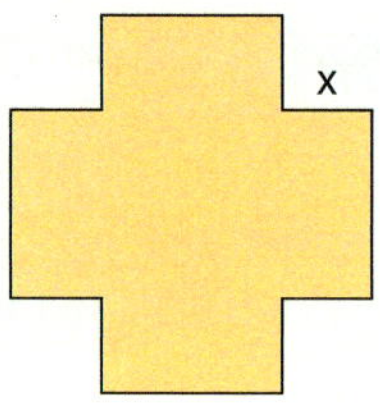

b)
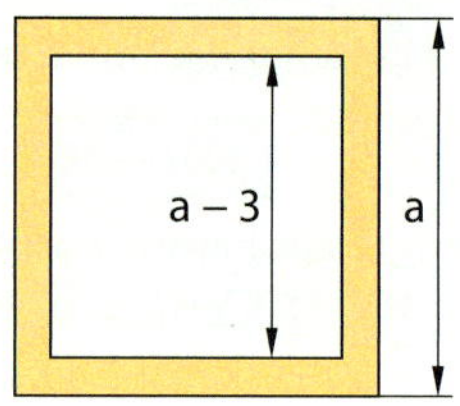

8. Wende die 1. binomische Formel an. Multipliziere aus oder schreibe als Produkt.
a) $(3+u)^2$ b) $(5a+1)^2$ c) $(3x+2y)^2$ d) $\left(\frac{1}{3}x+\frac{2}{5}y\right)^2$
e) $x^2+8x+16$ f) $25u^2+20uv+4v^2$ g) $\frac{1}{4}+y+y^2$ h) $\frac{1}{64}a^2+\frac{1}{12}ab+\frac{1}{9}b^2$

9. Wende die 2. binomische Formel an. Multipliziere aus oder schreibe als Produkt.
a) $(x-7)^2$ b) $(3b-1)^2$ c) $(-0{,}1u-0{,}5v)^2$ d) $\left(\frac{1}{4}x-\frac{1}{2}y\right)^2$
e) x^2-6x+9 f) $25a^2-10ab+b^2$ g) $\frac{1}{9}x^2-\frac{4}{3}x+4$ h) $\frac{1}{16}-\frac{9}{2}u+81u^2$

10. Wende die 3. binomische Formel an. Multipliziere aus oder schreibe als Produkt.
a) $(x+5)(x-5)$ b) $(2-3y)(2+3y)$ c) $\left(\frac{1}{3}a-\frac{3}{2}b\right)\left(\frac{1}{3}a+\frac{3}{2}b\right)$ d) $\left(-\frac{1}{4}+a\right)\left(\frac{1}{4}+a\right)$
e) a^2-9 f) $4x^2-y^2$ g) $-16x^2+100$ h) $-\frac{25}{9}a^2+\frac{16}{25}b^2$

11. Finde Terme, die zusammengehören. Einige Terme bleiben übrig.

$(a+2)^2$ | $5a^2$ | $2a\cdot(-2a)$ | a^2+5a | a^2+2a+4 | $(2+a^2+2a)\cdot2$ | $4+a^2+4a$ | $a(4+a+1)$ | $(1-2a)(1+2a)-1$

12. Löse alle Klammern auf und fasse so weit wie möglich zusammen.

a) $6(a + 2b) + 4a \cdot (-2)$

b) $2x(3x + 4y - 7) + (x + y - xy) \cdot 8$

c) $(u + 2v)^2 - (u^2 + 2v^2)$

d) $(x^2 - x + 5) \cdot x + (x + 1)^2$

e) $-a(3b - a) - (a + b)(a - b)$

f) $xy - 0{,}25y^2 + (\frac{1}{2}y - 2x)^2 + yx + x \cdot (-4x)$

13. Übertrage die Tabelle in dein Heft. Gib jeweils die fehlenden äquivalenten Terme sowie die verwendete binomische Formel an wie im Beispiel.

Produkt	Summe bzw. Differenz	verwendete binomische Formel
$(a + 2)^2$	$a^2 + 4a + 4$	1. binomische Formel
	$25d^2 - 36e^2$	
$(-x + y)^2$		
	$64r^2 + 112rs + 49s^2$	
	$-\frac{1}{5}uv + \frac{9}{4}u^2 - \frac{2}{5}uv + \frac{v^2}{25}$	
$(-m - n)^2$		

Wiederholungsaufgaben

1. Wenn es 5 Uhr ist, bilden der Stundenzeiger und der Minutenzeiger einen stumpfen Winkel.

a) Gib die Größe dieses Winkels in Grad an.

b) Gib ebenso die Winkel zwischen den beiden Zeigern zu den Uhrzeiten 3 Uhr, 8 Uhr und 11 Uhr an.

2. Zeichne ein Säulendiagramm für die Niederschlagsmenge (in mm gemessen) in Düsseldorf im Jahr 2013.

Jan.	Febr.	März	April	Mai	Juni	Juni	Aug.	Sept.	Okt.	Nov.	Dez.
39	41	33	18	100	61	21	28	75	68	62	61

3. Bei einer Tombola für ein Schulfest verkaufen zwei Klassen Lose. Dabei befinden sich unter den 400 Losen der Klasse 8a insgesamt 170 Gewinnlose, unter den 350 Losen der Klasse 8b insgesamt 140 Gewinnlose. Beide Klassen werben mit dem Spruch: „Bei uns gibt es mehr Gewinnlose!“
Was meinst du dazu?

4. Berechne

a) $126 \cdot 0{,}783$

b) $0{,}024 \cdot 405$

5. Konstruiere ein Dreieck mit den Maßen $a = 3\,cm$, $b = 5\,cm$ sowie $c = 4\,cm$ und miss anschließend die Größe der drei Innenwinkel.

Zusammenfassung

Terme mit mehreren Variablen

In einer Summe (Differenz) dürfen nur **gleichartige Terme** zusammengefasst werden.

$$2x + 2y - 4x + 3 + y = 2x - 4x + 2y + y + 3 = -2x + 3y + 3$$

Ein **Produkt aus gleichen Faktoren** kann man als **Potenz** schreiben.

$$a \cdot a \cdot a = a^3$$

(3: Exponent; a: Basis)

Bei **Produkten** kann man die Reihenfolge der Faktoren beliebig vertauschen und sie zusammenfassen.

$$4a \cdot 3b \cdot 2b = 4 \cdot 3 \cdot 2 \cdot a \cdot b \cdot b = 24ab^2$$

Einen **Quotienten** kann man als **Bruchterm** schreiben und durch Kürzen vereinfachen.

$$4xy : 2x = \frac{4xy}{2x} = 2y \quad (x \neq 0)$$

Ausmultiplizieren und Ausklammern

Klammern kann man durch **Ausmultiplizieren** auflösen, indem jeder Summand in der Klammer mit dem Faktor multipliziert wird.

$$a \cdot (2a + b) = a \cdot 2a + a \cdot b = 2a^2 + ab$$

Einen gemeinsamen Faktor aller Summanden kann man **ausklammern**.

$$6x + 3xy = 3x \cdot 2 + 3x \cdot y = 3x \cdot (2 + y)$$

Ausmultiplizieren →

(Produkt) $a \cdot (b + c) = ab + ac$ (Summe)

← Ausklammern

Beim **Multiplizieren von zwei Summen** wird jeder Summand der ersten Summe mit jedem Summanden der zweiten Summe multipliziert.

$$(3 + 2b) \cdot (b + c) = 3 \cdot (b + c) + 2b \cdot (b + c) = 3b + 3c + 2b \cdot b + 2b \cdot c = 2b^2 + 3b + 2bc + 3c$$

Binomische Formeln

Die binomischen Formeln sind Sonderfälle beim Multiplizieren von zwei Summen.

Einen zweigliedrigen Term wie $a + b$; $3x - 4y$; $a - b$ nennt man „Binom".

Die 1. binomische Formel

$$(a + b)^2 = (a + b) \cdot (a + b) = a^2 + 2ab + b^2$$

Term: $(x + 3y)^2$

Grundstruktur: $(a + b)^2$

Nach der 1. binomischen Formel gilt:

$$(x + 3y)^2 = x^2 + 2 \cdot x \cdot 3y + (3y)^2 = x^2 + 6xy + 9y^2$$

Die 2. binomische Formel

$$(a - b)^2 = (a - b) \cdot (a - b) = a^2 - 2ab + b^2$$

Term: $(5x - y)^2$

Grundstruktur: $(a - b)^2$

Nach der 2. binomischen Formel gilt:

$$(5x - y)^2 = (5x)^2 - 2 \cdot 5x \cdot y + y^2 = 25x^2 - 10xy + y^2$$

Die 3. binomische Formel

$$(a - b) \cdot (a + b) = a^2 - b^2$$

Term: $(2x - 3y) \cdot (2x + 3y)$

Grundstruktur: $(a - b) \cdot (a + b)$

Nach der 3. binomischen Formel gilt:

$$(2x - 3y) \cdot (2x + 3y) = (2x)^2 - (3y)^2 = 4x^2 - 9y^2$$

4. Zufall

Wie wahrscheinlich ist es, zweimal hintereinander eine Sechs zu würfeln?
Das Glück lässt sich nicht immer vorhersagen, Wahrscheinlichkeit aber schon.

Dein Fundament

Brüche und Dezimalzahlen, Prozentangaben

1. Gib den Bruch als Dezimalzahl sowie in Prozentschreibweise an.
a) $\frac{1}{4}$ b) $\frac{3}{50}$ c) $\frac{17}{100}$ d) $\frac{12}{40}$ e) $\frac{3}{4}$ f) $\frac{19}{20}$

2. Gib als Bruch an, kürze vollständig.
a) 0,1 b) 0,5 c) 0,125 d) 0,375 e) 0,73 f) 0,05

3. Gib die Prozentangabe als Bruch und Dezimalzahl an.
a) 1 % b) 40 % c) 5 % d) 75 % e) 22 % f) 30 %

4. Übertrage die Tabelle in dein Heft und vervollständige sie.

Prozentangabe	1 %				5 %		30 %		160 %
Bruch mit Nenner 100		$\frac{20}{100}$							
Bruch (gekürzt)				$\frac{4}{5}$				$\frac{5}{4}$	
Dezimalzahl			0,04			0,02			

5. Ordne der Größe nach. Beginne mit der kleinsten Zahl.
a) 0,5; 33 %; $\frac{7}{8}$; $\frac{7}{9}$ b) $\frac{1}{4}$; 0,7; 3 %; $\frac{4}{5}$; 1,01 c) $0{,}5^2$; 13 %; $\left(\frac{1}{2}\right)^3$; 10 %

Mit Brüchen und Dezimalzahlen rechnen

6. Berechne.
a) $\frac{1}{6} \cdot \frac{5}{6}$ b) $\frac{2}{3} \cdot \frac{1}{3} \cdot \frac{2}{3}$ c) $26 \cdot \frac{1}{48}$ d) $\frac{3}{8} \cdot \frac{2}{7}$ e) $\frac{3}{4} \cdot 0{,}5$
f) $0{,}25 \cdot \frac{2}{5}$ g) $0{,}5 \cdot 0{,}5$ h) $7 \cdot 0{,}9$ i) $0{,}8 \cdot 0{,}02$ j) $0{,}4 \cdot 0{,}5 \cdot 0{,}6$

7. Gib das Ergebnis als Bruch und als Dezimalzahl (gerundet auf Hundertstel) an.
a) $\frac{1}{3} + \frac{1}{4}$ b) $\frac{5}{8} - \frac{1}{4}$ c) $\frac{2}{3} + \frac{5}{9}$ d) $\frac{1}{20} + \frac{1}{10} + \frac{2}{5}$ e) $0{,}25 + \frac{3}{8} - \frac{1}{4}$

8. Berechne.
a) $\frac{3}{4} \cdot \frac{2}{3} + \frac{2}{3} \cdot \frac{3}{4}$ b) $\frac{3}{8} \cdot \frac{5}{7} + \frac{5}{8} \cdot \frac{3}{7}$ c) $\frac{2}{3} \cdot \frac{3}{4} + \frac{3}{4} \cdot \frac{2}{3}$ d) $\frac{1}{6} \cdot \frac{3}{5} + \frac{3}{5} \cdot \frac{5}{6}$ e) $\frac{4}{7} \cdot \frac{7}{8} + \frac{7}{8} \cdot \frac{3}{7}$

Häufigkeiten und Mittelwerte

9. Frank hat 12 Freunde nach ihren Lieblingssportarten befragt.
a) Übertrage die Tabelle in dein Heft und vervollständige sie.

Sportart	Anzahl	absolute Häufigkeit	relative Häufigkeit
Fußball	~~IIII~~ I	6	
Handball			
Tischtennis	IIII		

b) Stelle die absoluten Häufigkeiten in einem Säulendiagramm dar.

10. Noten in einem Mathematiktest: 1, 3, 3, 3, 2, 2, 3, 3, 4, 2, 1, 3, 4, 4, 3, 3, 3, 2, 2, 1, 3.
a) Gib den Notendurchschnitt an.
b) Ermittle den Median der erreichten Noten.
c) Berechne die relative Häufigkeit der Noten 1 bis 4. Zeichne dazu ein Kreisdiagramm.

11. Die Befragungsergebnisse nach dem Alter der 24 Schülerinnen und Schüler der Klasse 8 b wurden in einem Kreisdiagramm dargestellt.
   a) Gib das durchschnittliche Alter der Schüler der Klasse 8 b an.
   b) Ermittle, wie sich der Altersdurchschnitt der 8 b ändert, wenn zwei Schüler mit 13 Jahren die Klasse verlassen und ein 16-jähriger Schüler hinzukommt.

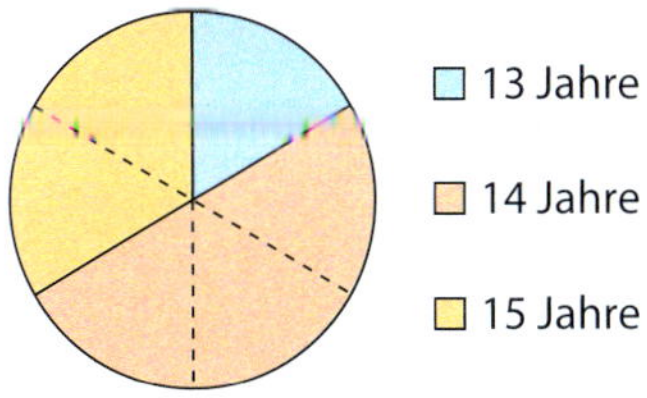

Vermischtes

12. Gib sechs Brüche an, die auf einem Zahlenstrahl zwischen $\frac{1}{8}$ und $\frac{5}{8}$ liegen.

13. Begründe, warum beim Würfeln mit zwei Würfeln die Summe 6 wesentlich häufiger gewürfelt wird als die Summe 2.

14. Berechne.
   a) 7 % von 500 €   b) 10 % von 30 kg   c) 15 % von 3 h   d) 110 % von 700 €

15. Aus der Urne kann man eine Zufallszahl ziehen, mit dem Würfel kann man eine Zahl würfeln und mit dem Glücksrad und dem Kreisel kann man auch zufällig eine Zahl erzeugen. Mit einem dieser „Zufallsgeräte" wurde 1000-mal ein und derselbe Versuch durchgeführt und dabei erhielt man 103-mal eine 2.

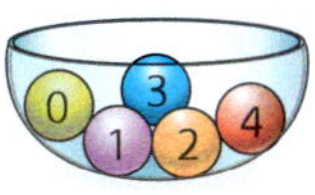

   a) Entscheide, mit welchem Gerät man wohl den Versuch durchgeführt hat. Begründe.
   b) Schätze, wie oft man vermutlich mit den anderen Geräten den jeweiligen Versuch durchführen müsste, um ungefähr 100-mal eine 2 zu erhalten.

16. Tom will zur Berechnung des Prozentwertes eine Tabellenkalkulation nutzen. Gib die Formel an, die in C4 einzutragen ist, und teste die Korrektheit mit drei Beispielen.

	A	B	C
1	Prozentwerte berechnen		
2	gegeben	gegeben	gesucht
3	Grundwert (in €)	Prozentsatz	Prozentwert (in €)
4	500	3 %	15

17. Ermittle, wie viele Möglichkeiten es gibt, von A-Dorf über den Aussichtsturm nach B-Dorf zu gelangen.

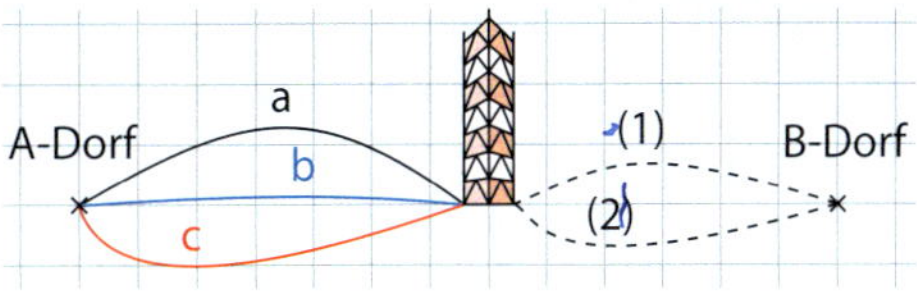

4.1 Zufallsexperimente und Wahrscheinlichkeit

■ Elias und Laura wollen per Zufall entscheiden, wer von beiden einen Film für das Wochenende aussuchen darf. Sie haben in der Spielekiste die abgebildeten Gegenstände gefunden. Welche Gegenstände könnten ihnen bei der Entscheidung helfen? ■

Das Werfen einer Münze ist ein **Zufallsexperiment**, denn man kann das Ergebnis Kopf oder Zahl nicht vorhersagen. Es hängt vom Zufall ab, auf welcher Seite die Münze liegen bleibt. Bei einer fairen Münze haben Kopf und Zahl die gleiche Chance. Man kann daher davon ausgehen, dass bei vielen Wiederholungen in etwa genauso häufig Kopf wie Zahl auftritt. Man spricht dann von einer **Wahrscheinlichkeit** von 50 % für das Ergebnis Kopf und das Ergebnis Zahl.

Im Gegensatz zu Zufallsexperimenten gibt es auch Experimente, Vorgänge oder Fragestellungen, die unter gleichen Bedingungen jedes Mal das gleiche oder sehr ähnliche Ergebnisse liefern. So ist ein Experiment, mit dem man untersuchen will, ob Wasser bei 0 °C gefriert, kein Zufallsexperiment, da dies unter gleichen Bedingungen immer der Fall ist.

Wissen: Zufallsexperiment und Wahrscheinlichkeit von Ergebnissen

Zufallsexperimente haben die folgenden Eigenschaften:
1. Man kann alle möglichen **Ergebnisse** bereits vor dem Experiment angeben.
2. Man kann nicht mit Sicherheit vorhersagen, welches Ergebnis eintritt. Es ist zufällig.
3. Man kann allen Ergebnissen aber **Wahrscheinlichkeiten** zwischen 0 und 1 (0 % und 100 %) zuordnen, mit denen diese eintreten. Für alle möglichen Ergebnisse ist die **Summe der Wahrscheinlichkeiten 1**.

Die Wahrscheinlichkeit gibt an, welche **relative Häufigkeit** für ein Ergebnis bei vielen Versuchswiederholungen zu erwarten ist.

Es gibt zwei Möglichkeiten, wie man die Wahrscheinlichkeiten für bestimmte Ergebnisse eines Zufallsexperiments bestimmen kann.

Beispiel 1: Wahrscheinlichkeiten über geometrische Überlegungen bestimmen

Bestimme die Wahrscheinlichkeit, mit der beim Drehen der Zeiger auf der Farbe Rot (Blau; Grün; Gelb) stehen bleibt.

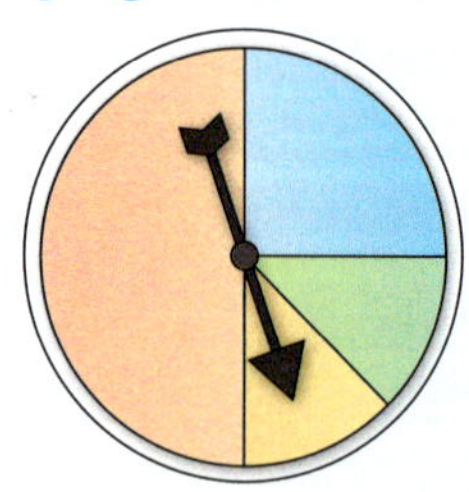

Lösung:

Beim Drehen sind die Farben Rot, Blau, Grün und Gelb nicht gleich wahrscheinlich. Rot ist wahrscheinlicher als Blau. Grün und Gelb sind am unwahrscheinlichsten.
Aufgrund der farblichen Aufteilung kannst du davon ausgehen, dass die Wahrscheinlichkeit von Rot 50 % ist. Im Vergleich dazu ist Blau nur halb so wahrscheinlich. Blau hat eine Wahrscheinlichkeit von 25 %. Grün und Gelb sind wiederum halb so wahrscheinlich wie Blau. Also haben Grün und Gelb eine Wahrscheinlichkeit von 12,5 %.

Aufgabe 1: Wie groß ist die Wahrscheinlichkeit dafür, dass das Glücksrad auf der Farbe Gelb (Rot; Grün; Blau) zum Stehen kommt?

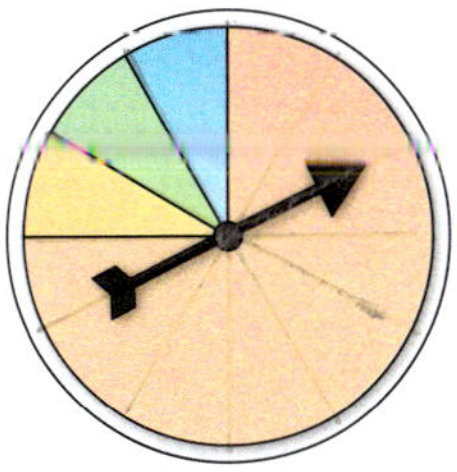

Wissen: Relative Häufigkeit als Schätzwert für die Wahrscheinlichkeit
Wird ein Zufallsexperiment ausreichend oft wiederholt, so kann der ermittelte Wert für die relative Häufigkeit eines Ergebnisses als Schätzwert für die Wahrscheinlichkeit dieses Ergebnisses angesehen werden.

Beispiel 2: Wahrscheinlichkeiten über die relative Häufigkeit schätzen
Eine Reißzwecke fällt auf den Tisch.
a) Gib die möglichen Ergebnisse an.
b) Wie groß ist die Wahrscheinlichkeit dafür, dass sie auf dem Rücken liegen bleibt?

Lösung:
a) Die möglichen Ergebnisse sind:
   1. Reißzwecke liegt auf dem Rücken, bzw.
   2. Reißzwecke liegt nicht auf dem Rücken.
b) Da sich aus der geometrischen Beschaffenheit einer Reißzwecke keine Vermutung über die gesuchte Wahrscheinlichkeit herleiten lässt, muss man eine oder mehrere längere Versuchsreihen durchführen.
Im Bild ist ein Versuch dargestellt. 12 von 30 Reißzwecken landeten auf dem Rücken. Nach diesem ersten Versuch würde man als Schätzung für die Wahrscheinlichkeit $\frac{12}{30} = \frac{4}{10} = 40\,\%$ annehmen.

Aufgabe 2: Ein Kronkorken wird auf den Boden geworfen.
a) Gib die möglichen Ergebnisse an.
b) Wirf einen Kronkorken mindestens 50-mal. Schätze damit die Wahrscheinlichkeit für die Ergebnisse.

Aufgaben

3. Liegt ein Zufallsexperiment vor oder nicht? Gib bei allen Zufallsexperimenten die möglichen Ergebnisse an oder erkläre, warum es sich nicht um ein Zufallsexperiment handelt.
   a) Lea spielt das Lottospiel 6 aus 49.
   b) Der nächste Sonntag ist schulfrei.
   c) Bernd zieht aus einem Kartenspiel eine Karte.
   d) Ein Glas wird aus dem 10. Stock eines Hochhauses auf die Straße fallen gelassen.
   e) Ein Toastbrot fällt mit der Marmeladenseite oder der anderen Seite auf den Boden.
   f) Bayern München spielt nächstes Wochenende gegen Schalke 04.
   g) Nenne weitere Beispiele für Zufallsexperimente und nicht zufällige Experimente.

4. Ein Tetraeder bleibt beim Werfen auf einer der Ziffern von 1 bis 4 liegen. Wie groß ist die Wahrscheinlichkeit dafür, dass der Tetraeder wie im Bild auf der Ziffer 1 liegen bleibt? Gib alle möglichen Ergebnisse und deren Wahrscheinlichkeiten an.

5. Zeichne Glücksräder mit den Farben Rot, Grün und Gelb, bei denen der Zeiger mit der Wahrscheinlichkeit von
   a) 25 % auf Rot, 25 % auf Gelb und 50 % auf Grün stehen bleibt,
   b) 80 % nicht auf Rot stehen bleibt,
   c) 70 % auf Rot oder Grün und mit der Wahrscheinlichkeit von 50 % auf Grün oder Gelb stehen bleibt.

Tipp zu 5 c:
Überlege zunächst, welcher Anteil des Glücksrads rot sein muss.

6. **Stolperstelle:** Miriam würfelt mit zwei Würfeln. Sie behauptet: „Mit einer Wahrscheinlichkeit von 50 % erhält man einen Pasch, da es nur die beiden Ergebnisse Pasch und Nicht-Pasch gibt." Was sagst du dazu?

Pasch: 2 gleiche Augenzahlen

7. Zeichne das Netz eines Würfels, auf dem sich nur die Ziffern 1, 2 oder 3 befinden dürfen so, dass sich folgende Wahrscheinlichkeiten ergeben.
   a) Die Wahrscheinlichkeit für das Würfeln einer 1 ist $\frac{1}{3}$.
   b) Die Wahrscheinlichkeit für das Würfeln von 1 oder 3 ist $\frac{1}{2}$.
   c) Die Wahrscheinlichkeit für das Würfeln einer 3 ist 0.
   d) Die Wahrscheinlichkeit für das Würfeln einer 2 ist 1.

○ 8. **Durchblick:** Mit einem der drei abgebildeten Glücksräder wurde ein Zufallsexperiment durchgeführt. Die Farben Rot, Blau, Grün und Gelb traten mit folgenden Häufigkeiten auf:

Rot	Blau	Grün	Gelb
46	22	50	24

   a) Berechne die relative Häufigkeit für jede Farbe wie in Beispiel 2.
   b) Welche der abgebildeten Scheiben könnte zu diesem Zufallsexperiment gehören? Begründe deine Vermutung, indem du die Wahrscheinlichkeiten wie in Beispiel 1 bestimmst.

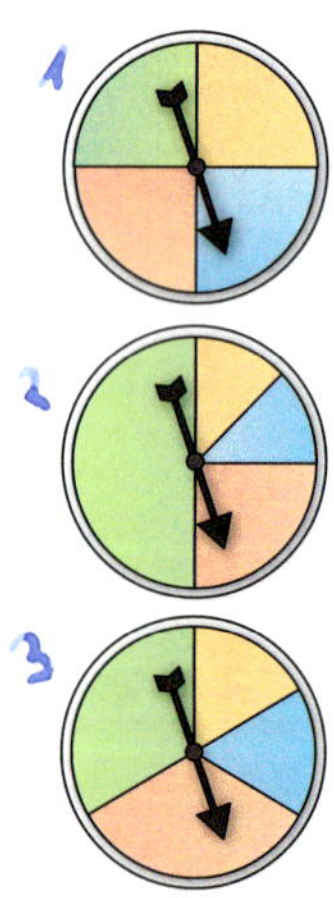

9. Beim Werfen des Glücksschweins gibt es vier Möglichkeiten: Das Schwein steht auf allen vier Beinen, es steht auf der Schnauze, es liegt auf der Seite oder es liegt auf dem Rücken.
Georg hat das Experiment mehrfach durchgeführt. Es ergaben sich folgende Häufigkeiten:

Schwein steht auf vier Beinen	Schwein steht auf der Schnauze	Schwein liegt auf dem Rücken	Schwein liegt auf der Seite
35	6	19	64

Schätze die Wahrscheinlichkeiten für jede der vier Möglichkeiten.

10. Tara und Florian wollen herausfinden, wie groß die Wahrscheinlichkeit ist, dass das Haus beim Werfen richtig zum Stehen kommt. Tara wirft das Haus 300-mal und es kommt 27-mal zum Stehen. Bei den 90 Würfen von Florian ist dies 12-mal der Fall.

a) Welche Wahrscheinlichkeit schätzt jeder der beiden aufgrund ihrer eigenen Ergebnisse?
b) Welche Schätzung ist deiner Meinung nach besser?
c) Wie würdest du die Wahrscheinlichkeit schätzen, wenn du die Ergebnisse von Tara und Florian zusammen berücksichtigst?

11. Beim Werfen des abgebildeten Körpers kann die grüne oder die rote Seite oben liegen oder er kommt zum Stehen. Die Schüler der Klasse 8c sollten vor dem Werfen die Wahrscheinlichkeiten für jedes der drei möglichen Ergebnisse schätzen.

	grün oben	rot oben	steht
Miriam	45 %	45 %	30 %
Sven	0,5	0,35	0,15
Christina	0,25	0,25	0,5
Sophie	40 %	40 %	20 %
Yannick	$\frac{1}{3}$	$\frac{1}{3}$	$\frac{1}{3}$

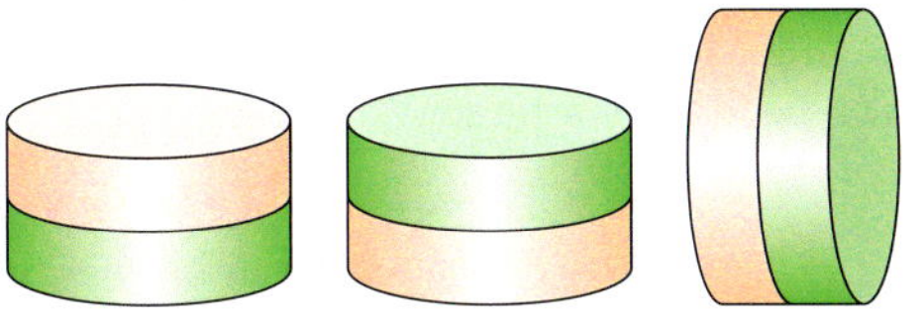

a) Beurteile die Schätzungen von Miriam, Sven, Christina, Sophie und Yannick.
b) Beim 50-maligen Werfen des Körpers lag 20-mal die rote Seite, 22-mal die grüne Seite oben und 8-mal blieb er stehen. Welcher der Schätzungen passt am besten zu diesem Ergebnis?
c) Wie würdest du die Wahrscheinlichkeiten schätzen, wenn du das Ergebnis des 50-maligen Werfens aus b) berücksichtigst?

12. In einem Beutel sind grüne, blaue, rote und gelbe Murmeln. Es wurde immer zufällig eine Murmel gezogen und wieder in den Beutel zurückgelegt. Grüne, blaue, rote und gelbe Murmeln wurden dabei mit den folgenden Häufigkeiten gezogen.

Grün	Blau	Rot	Gelb
26	18	40	16

a) Berechne die relative Häufigkeit für jede Farbe.
b) Wie viele Murmeln von jeder Farbe könnten im Beutel sein, wenn man weiß, dass insgesamt 30 Murmeln im Beutel liegen?

● 13. **Ausblick:** Pia, Marie und Erik sind mitten in einem „Mensch ärgere Dich nicht"-Spiel und plötzlich ist der Würfel verschwunden. Jeder schlägt vor, ein anderes Zufallsgerät als Ersatzwürfel zu verwenden:
① Pia möchte drei Buchstabenplättchen mit den Buchstaben O, P und A in ein Säckchen legen und diese drei nacheinander herausziehen.
② Marie hat zwei unterschiedliche Münzen in der Tasche und will diese werfen.
③ Erik hat einen quaderförmigen USB-Stick in der Hosentasche und meint, dies sei der ideale Ersatz für den Würfel.

Untersuche für alle drei Fälle, ob es möglich ist, mithilfe der genannten „Zufallsgeräte" einen Würfel zu simulieren, d. h. ein Zufallsgerät zu erzeugen, bei dem es sechs gleich wahrscheinliche Fälle gibt.

4.2 Lange Versuchsreihen

■ Stell dir vor: Janek wirft eine Münze. Bereits zum fünften Mal ist Kopf gefallen. Ina sagt: „Das ist ja die ideale Münze zum Wetten – hier fällt nie Zahl. Aber eigentlich ist das ja unfair." Beschreibe, wie man untersuchen könnte, ob die Münze fair ist. ■

Manchmal kommt es vor, dass man beim Würfeln sechsmal hintereinander eine Sechs würfelt oder dass beim Roulette 12-mal hintereinander die Kugel auf einem roten Feld zum Liegen kommt. Diese Regelmäßigkeit beim Würfeln oder beim Roulette scheint dem Zufallsprinzip zu widersprechen, denn die Zahlen 1 bis 6 oder die Farben Rot und Schwarz sollten ungefähr mit gleicher Häufigkeit auftreten. Je häufiger man das Zufallsexperiment jedoch wiederholt, desto weniger ändert sich die relative Häufigkeit der Ergebnisse. Die relative Häufigkeit **stabilisiert** sich bei der erwarteten Wahrscheinlichkeit.

Beispiel 1: Lange Versuchsreihen durchführen und die Ergebnisse darstellen

10 Schüler haben jeweils zehnmal mit einem Würfel gewürfelt und gezählt, wie oft eine 1 gewürfelt wurde.

Name	Inga	Ken	Paul	Sophie	Janne	Katrin	Jassin	Nele	Raphael	Philip
Häufigkeit	6	0	2	1	4	1	2	0	1	1

Berechne die relativen Häufigkeiten für jeden einzelnen Schüler und dann für alle Schüler zusammen. Beurteile die Ergebnisse.

Lösung:

Die relative Häufigkeit berechnet sich, indem die absolute Häufigkeit durch 10 geteilt wird:

Name	Inga	Ken	Paul	Sophie	Janne	Katrin	Jassin	Nele	Raphael	Philip
Rel. Häufigkeit	$\frac{6}{10}$ = 60 %	0 = 0 %	$\frac{2}{10}$ = 20 %	$\frac{1}{10}$ = 10 %	$\frac{4}{10}$ = 4 %	$\frac{1}{10}$ = 10 %	$\frac{2}{10}$ = 20 %	0 = 0 %	$\frac{1}{10}$ = 10 %	$\frac{1}{10}$ = 10 %

Erinnere dich:
Bei einem Würfel hat jede Zahl die Wahrscheinlichkeit $\frac{1}{6} \approx 16{,}67\,\%$.

Die relative Häufigkeit weicht bei den Schülern zum Teil deutlich vom erwarteten Wert $\frac{1}{6} \approx 16{,}67\,\%$ ab. Inga hat zum Beispiel eine sehr hohe relative Häufigkeit von 60 %.

Berechnet man die relative Häufigkeit für 20, 30, 40, 50, 60, 80 und 100 Würfe und erstellt mit den Werten ein Liniendiagramm, dann sieht man Folgendes:

Inga + Ken: $\frac{6+0}{20} = \frac{6}{20} = 30\,\%$

Inga + Ken + Paul: $\frac{6+0+2}{30} = \frac{8}{30} \approx 26{,}67\,\%$

4 Schüler: $\frac{6+0+2+1}{40} = \frac{9}{40} = 22{,}5\,\%$

5 Schüler: $\frac{6+0+2+1+4}{50} = 26\,\%$

6 Schüler: $\frac{6+0+2+1+4+1}{60} = \frac{14}{60} \approx 23{,}33\,\%$

8 Schüler: $\frac{6+0+2+1+4+1+2+0}{80} = \frac{16}{80} = 20\,\%$

10 Schüler: $\frac{6+0+2+1+4+1+2+0+1+1}{100} = \frac{18}{100} = 18\,\%$

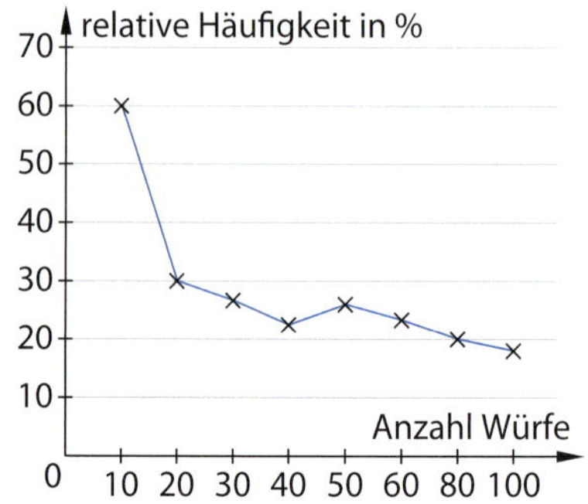

Umso öfter man würfelt, desto sicherer kann man sein, dass die relative Häufigkeit eines Ergebnisses nah an der Wahrscheinlichkeit $\frac{1}{6} \approx 16{,}67\,\%$ des Ergebnisses ist.

Aufgabe 1: Wirf eine Münze 100-mal und zähle nach jeweils 20 Würfen die Anzahl für Kopf bzw. Zahl. Berechne die relative Häufigkeit für 20, 40, 60, 80 und 100 Würfe und stelle die Ergebnisse in einem Liniendiagramm dar. Beurteile deine Ergebnisse.

Manche Zufallsversuche kann man mit einer Tabellenkalkulation simulieren. Dies ist nützlich, wenn man lange Versuchsreihen durchführen möchte.

Beispiel 2: Lange Versuchsreihen mit einer Tabellenkalkulation simulieren

a) Simuliere den tausendfachen Wurf einer Münze mit einer Tabellenkalkulation.

b) Stelle die relative Häufigkeit für die Ergebnisse „Kopf" und „Zahl" nach 10, 100, 200, 500 und 1000 Versuchen in einem Diagramm dar.

Lösung:

a) In einer Tabellenkalkulation kannst du das Experiment folgendermaßen simulieren: Die Zufallszahl 1 steht für das Ergebnis „Kopf" und die Zufallszahl 0 steht für das Ergebnis „Zahl". Der Befehl `=ZUFALLSBEREICH(von;bis)` erzeugt eine ganzzahlige Zufallszahl zwischen zwei Zahlen. Nutze `=ZUFALLSBEREICH(0;1)`, um 1000-mal zufällig eine 0 oder eine 1 zu erzeugen.

A1 fx =ZUFALLSBEREICH(0;1)

	A	B	C
1	1		
2	1		
3	1		
4	1		
5	0		
6	1		
7	1		
8	0		
9	1		
10	0		

b) Bestimme die Häufigkeit, mit der die 1 oder die 0 in einem gewählten Bereich vorkommen. Nutze dazu `=ZÄHLENWENN(Bereich;1)` und `=ZÄHLENWENN(Bereich;0)`. Teile die Häufigkeit direkt durch die Anzahl der Versuche, um die die relative Häufigkeit zu bestimmen.

C1007 fx =ZÄHLENWENN(A1:A1000;0)/1000

	A	B	C	D
1002	Anzahl Versuche	relative Häufigkeit 1	relative Häufigkeit 0	
1003	10	70%	30%	
1004	100	53%	47%	
1005	200	51,5%	48,5%	
1006	500	51,3%	48,7%	
1007	1000	50,8%	49,2%	

In der graphischen Darstellung der Ergebnisse ist zu erkennen, dass sich mit zunehmender Versuchsanzahl die relativen Häufigkeiten für das Ergebnis 0 und 1 bei 50 % stabilisieren.

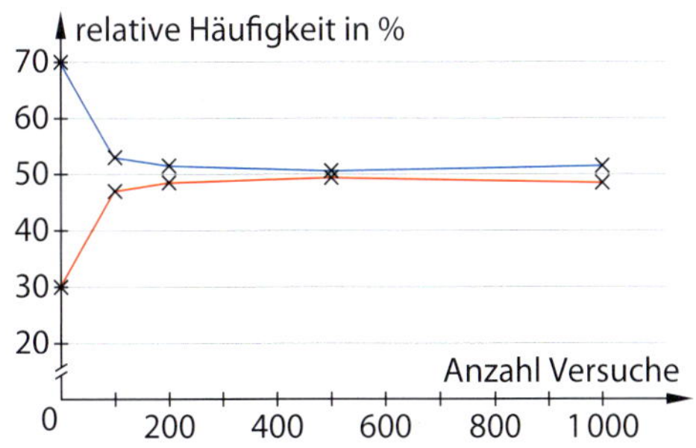

Hinweis:
Hinweis:
Bei einigen Taschenrechnern kann man mit dem Befehl randint (0,1,1000) 1000 Zufallszahlen mit dem Wert 0 oder 1 erzeugen.

Aufgabe 2:

a) Simuliere den tausendfachen Wurf eines Würfels mit einer Tabellenkalkulation.

b) Berechne nach 10, 100, 200, 500 und 1000 Versuchen die bis dahin zutreffende relative Häufigkeit für das Ergebnis 6 und stelle die Ergebnisse in einem Liniendiagramm dar.

Wissen: Empirisches Gesetz der großen Zahlen
Wird ein Zufallsexperiment sehr oft durchgeführt, so stabilisieren sich die relativen Häufigkeiten der Ergebnisse in der Nähe ihrer Wahrscheinlichkeit.

Mit einer Tabellenkalkulation kann man Zufallsversuche simulieren und mit sehr vielen Versuchen die Wahrscheinlichkeit für ein Ergebnis mit der relativen Häufigkeit annähernd bestimmen.

Aufgaben

Hinweis zu 3 a:
Hier findest du die gerundeten Lösungen.

3. Eine Reißzwecke wird 200-mal geworfen. In der Tabelle siehst du, wie häufig die Reißzwecke auf dem Rücken gelandet ist.

Anzahl der Würfe	20	40	60	80	100	120	140	160	180	200
Reißzwecke auf Rücken	8	12	15	22	31	41	52	56	61	68
Relative Häufigkeit										

a) Berechne die relativen Häufigkeiten und stelle sie in einem Liniendiagramm dar.
b) Schätze die Wahrscheinlichkeit, dass die Reißzwecke auf dem Rücken landet.

4. Es werden zwei Münzen gleichzeitig geworfen. Gesucht ist die Wahrscheinlichkeit für zweimal Kopf. Arbeitet zu zweit.
a) Gebt eine Vermutung über die gesuchte Wahrscheinlichkeit ab.
b) Führt diesen Vorgang mit zwei Münzen 50-mal durch und ermittelt einen Schätzwert für die gesuchte Wahrscheinlichkeit.
c) Simuliert das Zufallsexperiment mithilfe einer Tabellenkalkulation und ermittelt einen Schätzwert für die gesuchte Wahrscheinlichkeit.

5. **Durchblick:** Das Glücksrad wird 400-mal gedreht. Beim goldenen Feld gibt es einen Gewinn. Nach jeweils 50 Versuchen wird notiert, wie häufig es bis dahin einen Gewinn gab.

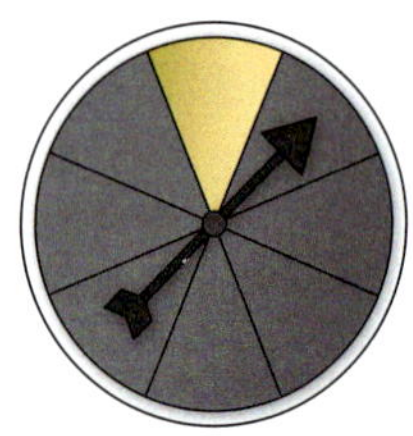

Anzahl der Versuche	50	100	150	200	250	300	350	400
Häufigkeit Gewinn	9	14	18	21	24	35	42	48

a) Berechne jeweils die relativen Häufigkeiten und stelle sie in einem Liniendiagramm dar.
b) Jens meint: „Die relative Häufigkeit stabilisiert sich bei 12 %, also ist die Wahrscheinlichkeit für einen Gewinn genau 12 %." Susi erwidert: „Das stimmt nicht unbedingt, bei weiteren Versuchen könnte sich die relative Häufigkeit noch etwas ändern." Nimm dazu Stellung.
c) Begründe, dass die Wahrscheinlichkeit für einen Gewinn $\frac{1}{8} = 12{,}5\,\%$ beträgt.
d) Simuliere das 1000-malige Drehen des Glücksrades mit einer Tabellenkalkulation.

6. Wie groß ist die Wahrscheinlichkeit, dass von sechs Schülern mindestens zwei im gleichen Monat Geburtstag haben? Betrachte die Tabellenkalkulation rechts. Erläutere, wie in dem Tabellenblatt das Geburtstagsproblem simuliert wird. Erstelle selbst eine Tabellenkalkulation mit 25 Versuchen. Erläutere, wie man damit einen Näherungswert für die gesuchte Wahrscheinlichkeit finden kann.

B1 fx =ZUFALLSBEREICH(1;12)

	A	B	C	D	E	F	G
1	1. Versuch	11	7	6	8	3	8
2	2. Versuch	9	4	2	7	12	11
3	3. Versuch	6	4	12	7	4	2
4	4. Versuch	8	2	3	3	4	2

7. Bei einem Spiel muss man mit einem Oktaeder würfeln, um zufällig eine der Zahlen von 1 bis 8 zu erhalten. Leider ist der Oktaeder nicht mehr zu finden. Es sind aber zehn verschiedene Spielsteine, ein Kartenspiel und zwei Tetraeder mit Zahlen von 1 bis 4 vorhanden. Beschreibe, wie man mit diesen Gegenständen das Würfeln mit dem Oktaeder simulieren kann.

8. **Stolperstelle:** Vergleiche die Wahrscheinlichkeiten der angegebenen Münzwurfserien.
① Kopf; Kopf; Kopf; Kopf; Kopf; Zahl; Zahl; Zahl; Zahl; Zahl
② Kopf; Zahl; Kopf; Zahl; Kopf; Zahl; Kopf; Zahl; Kopf; Zahl
③ Zahl; Kopf; Zahl; Zahl; Zahl; Kopf; Zahl; Kopf; Kopf; Zahl

9. Ein Würfel soll solange geworfen werden, bis eine Eins kommt.
a) Schätze, wie oft man im Durchschnitt würfeln muss, bis dies eintritt.
b) Führe den Versuch 20-mal durch und ermittle hiermit einen Schätzwert für die durchschnittliche Anzahl der benötigten Würfe.
c) Simuliere das Zufallsexperiment mit Hilfe einer Tabellenkalkulation und ermittle einen Schätzwert für die gesuchte Anzahl.

10. Ein Automobilclub hat ermittelt, dass bei einer Panne mit einer Wahrscheinlichkeit von ca. 38 % die Fahrzeugelektrik ausgefallen ist und mit einer Wahrscheinlichkeit von ca. 13 % ein Fehler der Zündanlage vorliegt. Im Jahr leistet der Club etwa 220 000-mal Pannenhilfe.
a) Berechne, bei wie vielen Pannen im nächsten Jahr die Fahrzeugelektrik voraussichtlich die Ursache sein wird.
b) Wie viele Pannen pro Woche mit einem Fehler der Zündanlage sind zu erwarten?

Hinweis:
Mithilfe der Wahrscheinlichkeit kann man angeben, wie häufig ein Ergebnis bei sehr vielen Versuchen zu erwarten ist.

11. Die besten Elfmeterschützen bei Blau-Weiß Herford sind Christian und Daniel. Christian trifft bei einem Elfmeter mit einer Wahrscheinlichkeit von 70 %, Daniel mit einer Wahrscheinlichkeit von 67 %.
a) Wie könnte man zu diesen Werten gekommen sein?
b) Beim Elfmetertraining schießt jeder 30 Elfmeter. Stelle eine Vermutung auf, wie oft Christian und Daniel dabei treffen.
c) In den Ligaspielen hat Christian die letzten beiden Elfmeter verschossen. Wer sollte deiner Meinung nach den nächsten Elfmeter schießen? Begründe.

12. Was ist wahrscheinlicher?
① Beim zehnfachen Werfen einer Münze erhält man 7-mal Kopf.
② Beim hundertfachen Werfen einer Münze erhält man 70-mal Kopf.
③ Beim tausendfachen Werfen einer Münze erhält man 700-mal Kopf.
Begründe deine Aussage mit dem empirischen Gesetz der großen Zahlen.

● 13. **Ausblick:** Beim Würfeln mit zwei Würfeln gibt es für die Augensummen 9 und 10 die beiden Möglichkeiten $4 + 5 = 9$ und $3 + 6 = 9$ sowie $6 + 4 = 10$ und $5 + 5 = 10$. Miriam hat 100-mal gewürfelt und vermutet, dass die Augensumme 9 wahrscheinlicher ist.
a) Führe dieses Zufallsexperiment selbst durch und simuliere dann 1000 Versuche mit einer Tabellenkalkulation. Vergleiche deine Ergebnisse mit Miriams Vermutung.
b) Begründe, dass die Augensumme 9 eine höhere Wahrscheinlichkeit hat als die Augensumme 10.

4.3 Laplace-Wahrscheinlichkeit

■ Jonas bestimmt die Wahrscheinlichkeit für das Würfelergebnis 1 über eine Versuchsreihe. Dazu würfelt er immer mit 10 Würfeln gleichzeitig. Beim ersten Wurf notiert er: 3, 3, 1, 5, 3, 4, 5, 5, 3, 3
Leon sagt: „Jede Zahl ist doch gleich wahrscheinlich, da brauchst du keine Versuchsreihe."
Wie groß ist die Wahrscheinlichkeit für das Ergebnis 1 beim Würfeln? ■

Bei Zufallsexperimenten, in denen alle Ergebnisse gleich wahrscheinlich sind, ist es besonders einfach die Wahrscheinlichkeiten anzugeben. Dies ist zum Beispiel beim Werfen einer Münze oder beim Würfeln mit einem Spielwürfel der Fall. Zufallsexperimente dieser Art werden zu Ehren des französischen Mathematikers Pierre Simon de Laplace (1749–1827) als sogenannte Laplace-Experimente bezeichnet.

Wissen: Laplace-Experiment und Summenregel
Ein Zufallsexperiment, bei dem alle Ergebnisse gleich wahrscheinlich sind, nennt man **Laplace-Experiment.**

Bei n Ergebnissen ist die **Wahrscheinlichkeit in einem Laplace-Experiment** für jedes Ergebnis $\frac{1}{n}$.

Die Wahrscheinlichkeit von mehreren Ergebnissen ergibt sich durch Addition der Wahrscheinlichkeit von jedem einzelnen Ergebnis (**Summenregel**).

Hinweis:
Jeden Samstag werden bei der Ziehung 6 aus 49 sechs Gewinnzahlen gezogen.

Beispiel 1: Laplace-Experimente erkennen
Handelt es sich um ein Laplace-Experiment? Begründe deine Entscheidung und bestimme die Wahrscheinlichkeiten in den Laplace-Experimenten.

a) Beim Lotto wird eine Kugel aus 49 Kugeln gezogen.

b) Der abgebildete Quader wird geworfen.

Lösung:

a) Die Ergebnisse 1, 2, 3, … 47, 48, 49 sind alle gleich wahrscheinlich, da die Kugeln alle dieselbe Größe und Beschaffenheit haben. Es handelt sich also um ein Laplace Experiment. Die Wahrscheinlichkeit für jede einzelne Zahl ist $\frac{1}{49}$.

b) Bei diesem „falschen Würfel" sind die Flächen unterschiedlich groß. Die Seite, die mit der 1 beschriftet ist, hat eine größere Fläche als die Seite, die mit der 5 beschriftet ist. Die Wahrscheinlichkeit eine 1 zu würfeln ist daher größer als die Wahrscheinlichkeit eine 5 zu würfeln. Da die Wahrscheinlichkeiten für zwei mögliche Ergebnisse unterschiedlich sind, handelt es sich nicht um ein Laplace-Experiment.

Erinnere dich:
Die Wahrscheinlichkeiten für jede Zahl des „falschen Würfels" kannst du über die relativen Häufigkeiten in einer langen Versuchsreihe annähernd bestimmen.

Aufgabe 1: Handelt es sich hier um ein Laplace-Experiment? Entscheide, ob bei den folgenden Zufallsversuchen alle möglichen Ergebnisse gleich wahrscheinlich sind bzw. ob auch gewisse Zusatzannahmen notwendig sind. Gib zunächst die möglichen Ergebnisse an.

a) Es wird eine Münze geworfen.
b) Levan tritt zum Elfmeterschießen an.
c) Eine zufällig ausgewählte Person wird nach ihrer Geschwisteranzahl gefragt.
d) Ein Glücksrad mit 10 gleich großen Sektoren wird einmal gedreht.

Beispiel 2: Summenregel anwenden

Aus einer Urne mit 20 gleichartigen Kugeln, die von 1 bis 20 nummeriert sind, wird genau eine Kugel gezogen. Berechne die Wahrscheinlichkeit für folgende Fälle:

a) Die Zahl auf der Kugel ist durch 3 teilbar.
b) Die Zahl auf der Kugel ist nicht durch 5 teilbar.

Lösung:

Da alle Kugeln die gleiche Chance haben, gezogen zu werden, kann die Laplace-Regel angewendet werden. Die Wahrscheinlichkeit für jedes Ergebnis beträgt daher $\frac{1}{20} = 5\,\%$.

a) Unter den Zahlen von 1 bis 20 sind die Zahlen 3, 6, 9, 12, 15 und 18 durch 3 teilbar. Diese 6 Zahlen haben alle eine Wahrscheinlichkeit von $\frac{1}{20}$. Die Wahrscheinlichkeit, dass die Zahl auf der Kugel durch 3 teilbar ist, beträgt daher $\frac{1}{20} + \frac{1}{20} + \frac{1}{20} + \frac{1}{20} + \frac{1}{20} + \frac{1}{20} = 6 \cdot \frac{1}{20} = 30\,\%$.

b) Man kann hier geschickt vorgehen, indem man die Anzahl der Zahlen bestimmt, die durch 5 teilbar sind. Dies sind die 5, 10, 15 und 20. Damit sind 4 von 20 der Zahlen durch 5 teilbar, also müssen 16 von 20 der Zahlen nicht durch 5 teilbar sein. Man erhält für die gesuchte Wahrscheinlichkeit $\frac{16}{20} = 80\,\%$.

Aufgabe 2: Bei einem Skatkartenspiel gibt es 12 Bildkarten. Es gibt 4 Buben, 4 Damen und 4 Könige. Karo und Herz werden auch „rote Karten“ genannt, Pik und Kreuz werden auch „schwarze Karten“ genannt. Berechne die Wahrscheinlichkeit, mit der du die angegebene Karte aus den 32 Spielkarten ziehst.

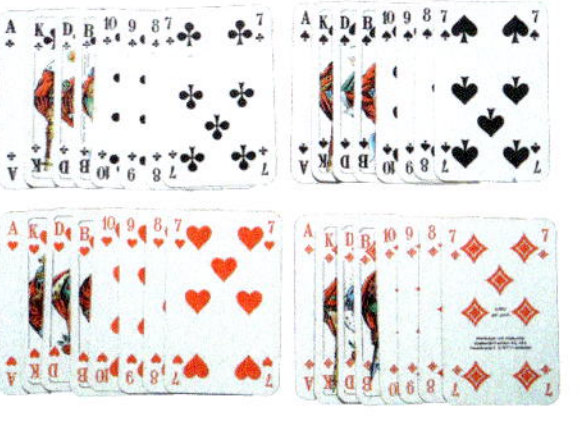

a) Dame
b) Kreuz-Karte
c) schwarze Karte
d) Kreuz-König

Aufgaben

3. Handelt es sich um ein Laplace-Experiment? Begründe deine Entscheidung und bestimme die Wahrscheinlichkeiten in den Laplace-Experimenten.

a) Ziehung aus einer Lostrommel mit 200 Losen
b) Werfen eines Lego-Steins
c) Drehen des oberen Glücksrades
d) Drehen des unteren Glücksrades
e) Geburt eines Jungen oder eines Mädchens
f) Finde weitere Beispiele.

4. a) Bestimme die Wahrscheinlichkeit, bei einem Würfel das Ergebnis 4 zu erhalten.
b) Bestimme die Gegenwahrscheinlichkeit, mit der dieses Ergebnis nicht eintritt.
c) Stelle eine Regel für Wahrscheinlichkeit und Gegenwahrscheinlichkeit auf.

Hinweis zu 4:
Die Gegenwahrscheinlichkeit eines Ergebnisses ist die Wahrscheinlichkeit, mit der dieses Ergebnis nicht eintritt.

5. Stolperstelle: Aus einer Tüte mit 5 roten, 3 gelben und 2 grünen Gummibärchen wird zufällig ein Gummibärchen ausgewählt. Wie groß ist die Wahrscheinlichkeit, ein grünes Gummibärchen auszuwählen?
Peer: „Das ist doch kein Laplace-Experiment, da die Wahrscheinlichkeit für ein rotes Gummibärchen viel größer ist als für ein grünes. Das muss man mit Versuchen bestimmen."
Was sagst du dazu?

6. Aus der Schale wird zufällig eine der Kugeln gezogen.

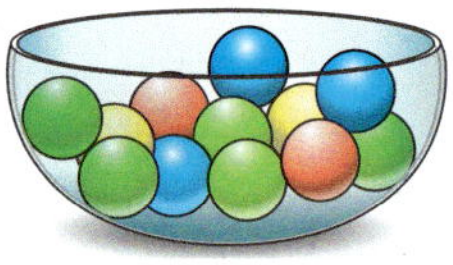

a) Wie groß ist die Wahrscheinlichkeit, dass die Kugel blau ist?
b) Wie groß ist die Wahrscheinlichkeit, dass die Kugel grün ist?
c) Wie groß ist die Wahrscheinlichkeit, dass die Kugel schwarz ist?
d) In einer größeren Schale befinden sich doppelt so viele Kugeln, und zwar von jeder Farbe die doppelte Anzahl. Wie ändern sich die Wahrscheinlichkeiten aus a) bis c), wenn aus dieser Schale zufällig eine Kugel gezogen wird?

○ **7. Durchblick:** Bestimme für das abgebildete Glücksrad die Wahrscheinlichkeit, dass Folgendes eintritt. Das Glücksrad bleibt

a) auf einer ungeraden Zahl stehen,
b) auf einem gelben Feld stehen,
c) auf einer durch 3 teilbaren Zahl stehen,
d) nicht auf einem blauen Feld stehen,
e) auf einem blauen oder einem grünen Feld stehen.
Orientiere dich an Beispiel 2. Erläutere deine Vorgehensweise.

Hinweis zu 8:
Hier findest du die gerundeten Lösungen.

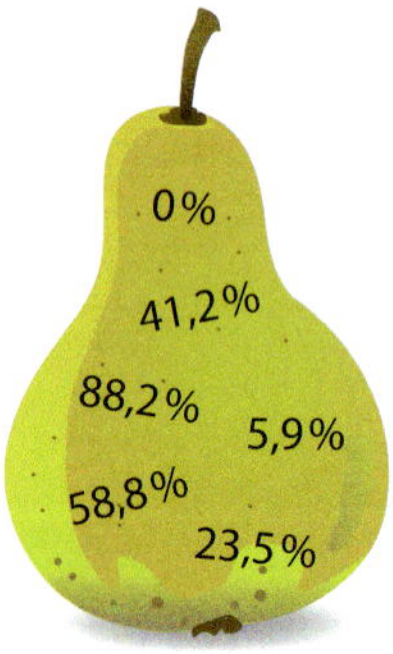

8. Aus allen Buchstaben des Wortes L A P L A C E E X P E R I M E N T wird zufällig einer ausgewählt. Berechne die Wahrscheinlichkeit.
a) Es wird ein C gewählt.
b) Es wird ein E gewählt.
c) Es wird ein Vokal gewählt.
d) Es wird ein Konsonant gewählt.
e) Es wird ein U gewählt.
f) Es wird kein A gewählt.

9. Roulettetische findet man in jedem Spielcasino. Auf den roten und schwarzen Feldern befinden sich die Zahlen von 1 bis 36, die Zahl 0 ist auf einem grünen Feld. In jeder Runde wird per Zufall eine dieser Zahlen bestimmt. Vorher können die Spieler ihr Geld einsetzen, welche Zahl bei der nächsten Runde kommen wird. Berechne die Wahrscheinlichkeit, dass man eine Zahl mit folgenden Eigenschaften erhält.

a) Die Zahl befindet sich auf einem roten Feld.
b) Die Zahl ist ungerade.
c) Die Zahl ist größer als 18.
d) Die Zahl befindet sich in der linken Zahlenreihe.

10. Der einfache Sicherheitscode vieler Handys umfasst vier Ziffern, d. h. es kann eine der Zahlen von 0000 bis 9999 als Sicherheitscode vorkommen.
a) Begründe, dass es sich beim zufälligen Eintippen von vier Ziffern um ein Laplace-Experiment handelt und gib die Wahrscheinlichkeit an, dass man den Code zufällig trifft.
b) Friederike weiß, dass ihr Sicherheitscode drei Fünfen und eine Eins enthielt, sie hat allerdings vergessen, an welcher Stelle die Eins stand. Wie groß ist ihre Chance den Code mit einem Versuch zu finden?

11. Paula und Nele spielen „Mensch ärgere Dich nicht". Paula hat die gelbe Spielfigur. Nele sagt: „Deine Chance in dein Haus zu kommen ist beim nächsten Wurf viel größer als meine."
a) Was meinst du zu Neles Bemerkung?
b) Ändert sich etwas an Neles Behauptung, wenn beide einmal an der Reihe waren, aber nicht ins Haus setzen konnten?

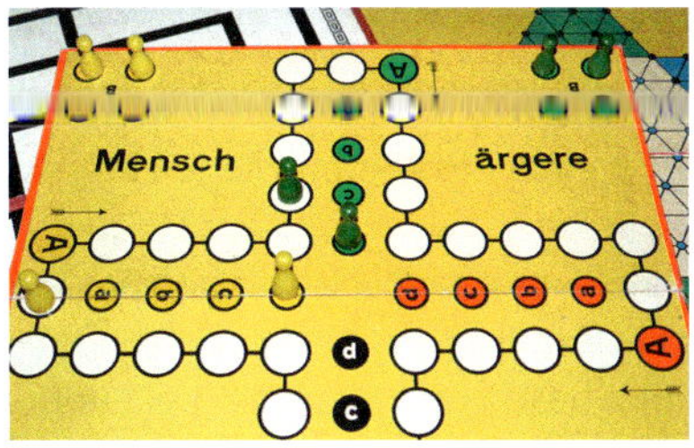

12. Beschreibe, wie ein Experiment mit einem Würfel aussehen könnte, das
a) ein Laplace-Experiment mit 3 möglichen Ergebnissen ist,
b) ein Laplace-Experiment mit 2 möglichen Ergebnissen ist,
c) kein Laplace-Experiment ist.

13. Die Klasse 8c hat eine Tabelle erstellt, wie früh die Schüler morgens aufstehen müssen, um pünktlich zur ersten Stunde in der Schule zu sein.

Zeit	6:00–6:30 Uhr	6:30–7:00 Uhr	7:00–7:30 Uhr
Häufigkeit	6	18	2

a) Erstelle zu den absoluten Häufigkeiten in der Tabelle ein Kreisdiagramm.
b) Wie groß ist die Wahrscheinlichkeit für einen zufällig bestimmten Schüler dieser Klasse, dass er vor halb sieben aufstehen muss?
c) Kann man auch eine Aussage darüber machen kann, wie groß die Wahrscheinlichkeit ist, dass ein beliebiger Schüler der Schule vor halb sieben aufstehen muss?

14. Lennox, sein Freund Joshua und fünf weitere Jungen bilden ein Volleyballteam. Da bei einem Volleyballspiel nur sechs Spieler auf dem Feld stehen dürfen, wird gelost, wer mitspielen darf.
a) Wie groß ist die Wahrscheinlichkeit, dass Lennox mitspielen darf?
b) Wie groß ist die Wahrscheinlichkeit, dass Lennox und Joshua dabei sind?

15. Aus den Ziffern 1, 2, 3 und 4 soll zufällig eine vierstellige Zahl gebildet werden, bei der jede Ziffer genau einmal vorkommt.
a) Beschreibe ein Zufallsexperiment, mit dem diese Zahl zufällig erzeugt werden kann.
b) Wie viele verschiedene Ergebnisse sind möglich?
c) Bestimme die Wahrscheinlichkeiten für folgende Fälle:
① Die Zahl enthält eine 3. ② Die Zahl ist ungerade.
③ Die Zahl endet auf eine 4. ④ Die Zahl ist größer als 1400.

● **16. Ausblick:** Auf dem Tisch liegen zwei Würfel.
Würfel A hat die Zahlen: 1; 7; 17; 21; 25; 29
Würfel B hat die Zahlen: 5; 11; 15; 19; 23; 27
Judith darf einen Würfel wählen, Alex erhält den anderen Würfel. Beide würfeln einmal. Gewinner ist, wer die höhere Zahl gewürfelt hat.
a) Begründe, dass das Werfen beider Würfel ein Laplace-Experiment ist. Welches sind die möglichen Ergebnisse?
b) Welchen Würfel sollte Judith wählen? Begründe.
c) Mit welchen Zahlen müsste ein Würfel C beschriftet werden, der besser ist als einer der beiden vorhandenen Würfel, aber schlechter als der andere? Die Summe der Zahlen bei Würfel C soll ebenfalls 100 betragen!

4.4 Mehrstufige Zufallsexperimente und Pfadregeln

■ In einer Lostrommel liegen noch 5 Lose.
Chris, Mia, Loreen, Paula und Karl dürfen ziehen und alle wissen, dass noch genau 2 Gewinne enthalten sind. Chris und Mia ziehen zuerst und haben beide ein Gewinnlos.
Jetzt beschweren sich die drei anderen und sagen: „Wir hatten ja gar keine Chance, den Gewinn zu ziehen."
Was sagst du dazu? ■

Ein Zufallsexperiment, bei dem aus einer Lostrommel nacheinander mehrere Lose gezogen werden oder bei dem mehrfach gewürfelt wird, nennt man ein **mehrstufiges Zufallsexperiment**. Die Ergebnisse dieser Zufallsexperimente sind **zusammengesetzte Ergebnisse**, zum Beispiel beim Ziehen von 5 Losen (Gewinn; Niete; Gewinn; Niete; Niete) oder beim zweifachen Würfeln (3; 5).

Hinweis:
Den Weg zu einem zusammengesetzten Ergebnis bezeichnet man als Pfad.

Hinweis:
Die Wahrscheinlichkeiten der zusammengesetzten Ergebnisse am Ende der Pfade addieren sich zu 1 (100 %).

Besonders übersichtlich lassen sich **mehrstufige Zufallsexperimente in einem Baumdiagramm** darstellen. So kann man beispielsweise das zweifache Werfen einer Münze durch das folgende Baumdiagramm darstellen.

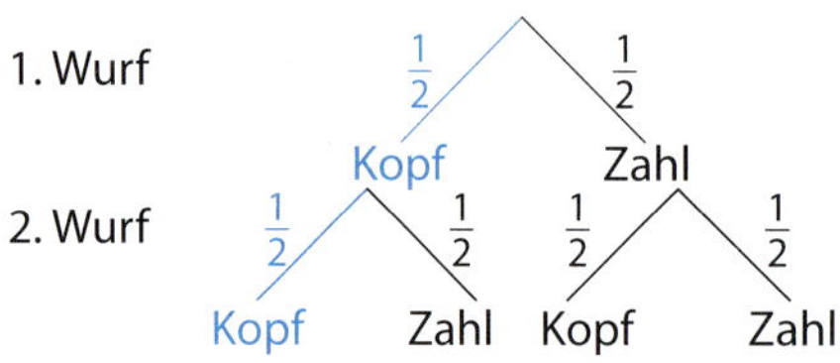

Ergebnis	Wahrscheinlichkeit
(Kopf; Kopf)	$\frac{1}{2} \cdot \frac{1}{2} = \frac{1}{4} = 25\,\%$
(Kopf; Zahl)	$\frac{1}{2} \cdot \frac{1}{2} = \frac{1}{4} = 25\,\%$
(Zahl; Kopf)	$\frac{1}{2} \cdot \frac{1}{2} = \frac{1}{4} = 25\,\%$
(Zahl; Zahl)	$\frac{1}{2} \cdot \frac{1}{2} = \frac{1}{4} = 25\,\%$

Beim 1. Wurf der Münze sind die Ergebnisse Kopf oder Zahl möglich. Beide haben eine Wahrscheinlichkeit von $50\,\% = \frac{1}{2}$. Beim 2. Wurf sind wieder die Ergebnisse Kopf oder Zahl mit einer Wahrscheinlichkeit von $50\,\% = \frac{1}{2}$ möglich. Die Wahrscheinlichkeit für das zusammengesetzte Ergebnis, dass man im 1. Wurf Kopf und im 2. Wurf noch mal Kopf erhält, beträgt daher 50 % von 50 % = 25 %, also $\frac{1}{2} \cdot \frac{1}{2} = \frac{1}{4} = 25\,\%$.

Beispiel 1: Wahrscheinlichkeit eines Pfads bestimmen (zusammengesetztes Ergebnis)
Wie groß ist die Wahrscheinlichkeit, beim zweimaligen Werfen eines Würfels zwei Sechsen zu erhalten? Erstelle ein Baumdiagramm und berechne die gesuchte Wahrscheinlichkeit.

Lösung:
Es ist nicht nötig, im Baumdiagramm Pfade für alle Ergebnisse 1 bis 6 anzugeben, da nur das Ergebnis 6 interessiert. Es reicht die beiden Fälle zu unterscheiden: Wahrscheinlichkeit $\frac{1}{6}$ für das Ergebnis 6 oder Wahrscheinlichkeit $\frac{5}{6}$ für das Ergebnis keine 6.

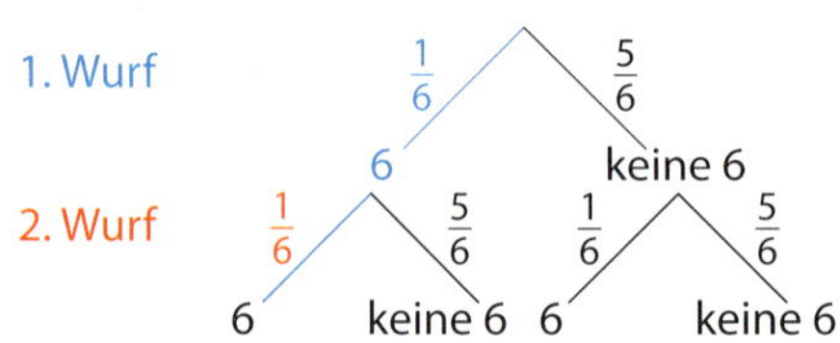

Wahrscheinlichkeit für zweimal 6:
$\frac{1}{6} \cdot \frac{1}{6} = \frac{1}{36} \approx 2{,}8\,\%$

Die Wahrscheinlichkeit für eine 6 beträgt $\frac{1}{6}$ im 1. Wurf und $\frac{1}{6}$ im 2. Wurf. Die Wahrscheinlichkeit für zwei Sechsen ist dann $\frac{1}{6}$ von $\frac{1}{6}$.

Aufgabe 1: Das Glücksrad wird zweimal gedreht. Erstelle ein Baumdiagramm und berechne die Wahrscheinlichkeit dafür, dass man zweimal Rot erhält.

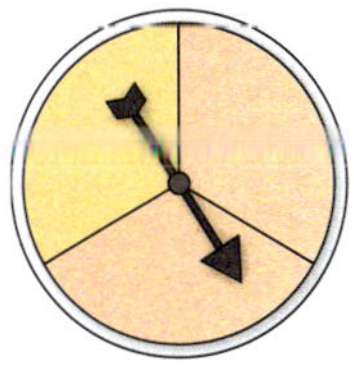

Wissen: Pfadmultiplikationsregel
Die **Wahrscheinlichkeit für ein zusammengesetztes Ergebnis** erhält man, indem man die Einzelwahrscheinlichkeiten längs des zugehörigen Pfades multipliziert.

Beim Baumdiagramm des zweifachen Münzwurfes sieht man, dass die Kombination aus Kopf und Zahl auf zwei Pfaden erreicht werden kann. Entweder es wurde zuerst Kopf und dann Zahl geworfen (Kopf; Zahl) oder umgekehrt (Zahl; Kopf). Wenn mehrere Pfade zusammengefasst werden, spricht man von einem **Ereignis**. Ein Ereignis besteht also aus mehreren Ergebnissen.

Die Wahrscheinlichkeit, erst Kopf und dann Zahl zu werfen bzw. erst Zahl und dann Kopf, beträgt 25 % für (Kopf; Zahl) plus 25 % für (Zahl; Kopf), also insgesamt 50 %.

Beispiel 2: Wahrscheinlichkeit für mehrere Pfade bestimmen (Ereignis)
In einer Kiste liegen 8 Tennisbälle. 5 Tennisbälle sind neu und 3 schon gebraucht. Aus der Kiste werden nacheinander zufällig zwei Bälle herausgenommen. Wie groß ist die Wahrscheinlichkeit, dass es ein gebrauchter und ein neuer Ball sind?
Zeichne zunächst ein Baumdiagramm.

Lösung:
Du musst beim 2. Zug berücksichtigen, dass der Ball, den man schon herausgenommen hat, nicht wieder zurückgelegt wird.

Für den Fall, dass ein gebrauchter Ball genommen wurde, sind unter den 7 Bällen nur noch 2 gebrauchte und 5 neue. Die Wahrscheinlichkeit beträgt dann für einen gebrauchten Ball $\frac{2}{7}$ und für einen neuen Ball $\frac{5}{7}$. Für den Fall, dass ein neuer Ball genommen wurde, sind unter den 7 Bällen 3 gebrauchte und nur noch 4 neue. Die Wahrscheinlichkeit beträgt dann für einen gebrauchten Ball $\frac{3}{7}$ und für einen neuen Ball $\frac{4}{7}$.

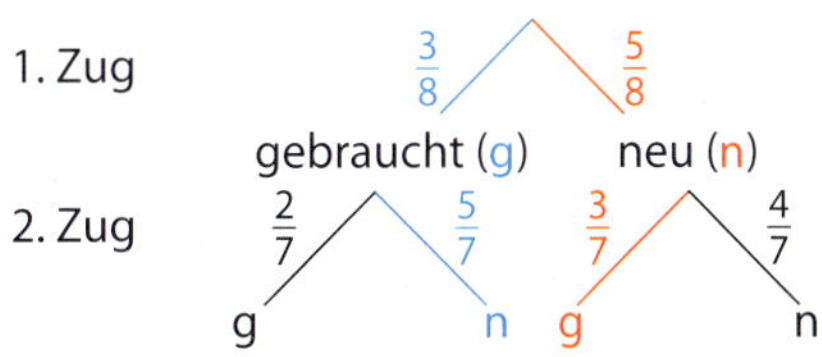

Ergebnis	Wahrscheinlichkeit
(g; n)	$\frac{3}{8} \cdot \frac{5}{7} = \frac{15}{56}$
(n; g)	$\frac{5}{8} \cdot \frac{3}{7} = \frac{15}{56}$

Hinweis:
Die Summe der Wahrscheinlichkeiten unter jeder Verzweigung ist 1.

Aus dem Baumdiagramm kannst du nun mit den Pfadregeln die gesuchte Wahrscheinlichkeit berechnen.

Wahrscheinlichkeit für einen gebrauchten und einen neuen Ball:
$\frac{3}{8} \cdot \frac{5}{7} + \frac{5}{8} \cdot \frac{3}{7} = \frac{15}{56} + \frac{15}{56} = \frac{30}{56} \approx 54\,\%$

Aufgabe 2: In der Klasse 8c sind 12 Jungen und 13 Mädchen. Zwei Schüler sollen aus der Klasse zufällig ausgewählt werden. Berechne die Wahrscheinlichkeit, dass man einen Jungen und ein Mädchen wählt.

Beispiel 3: Wahrscheinlichkeit über die Wahrscheinlichkeit des Gegenereignisses bestimmen

Bestimme die Wahrscheinlichkeit, mit der beim dreifachen Wurf mit einem Spielewürfel mindestens eine 6 gewürfelt wird.

Lösung:

Du kannst dir hier viel Arbeit sparen, indem du zunächst die Wahrscheinlichkeit für das Gegenereignis bestimmst, also die Wahrscheinlichkeit dafür, dreimal hintereinander keine 6 zu würfeln.

Im Baumdiagramm brauchst du nur den Pfad für das Gegenereignis zu zeichnen. Bei allen anderen Pfaden wird mindestens eine 6 gewürfelt.

Da die Summe von Ereignis und Gegenereignis 100 % ist, kannst du nun die Wahrscheinlichkeit für das Ereignis, das mindestens eine 6 gewürfelt wird, aus der Wahrscheinlichkeit für das Gegenereignis berechnen.

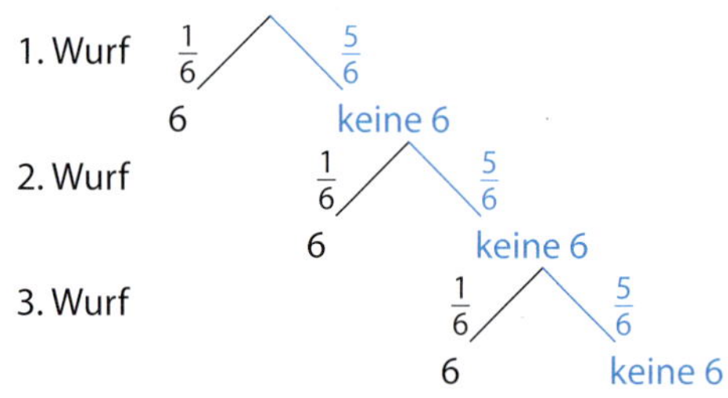

Wahrscheinlichkeit für das Gegenereignis „keine 6“: $\frac{5}{6} \cdot \frac{5}{6} \cdot \frac{5}{6} = \frac{125}{216} \approx 58\,\%$

Wahrscheinlichkeit für das Ereignis „mindestens eine 6“: $100\,\% - 58\,\% = 42\,\%$

Aufgabe 3: Eine Münze wird viermal geworfen. Bestimme die Wahrscheinlichkeit, dass man mindestens einmal Zahl erhält.

Wissen: Pfadadditionsregel

Die **Wahrscheinlichkeit für ein Ereignis** erhält man, indem man die Wahrscheinlichkeiten der zugehörigen Pfade addiert.

Die Summe der Wahrscheinlichkeit für ein **Ereignis** und das zugehörige **Gegenereignis** beträgt 1 (100 %).

Aufgaben

4. Das Glücksrad wird zweimal gedreht.
   a) Zeichne den zugehörigen Baum und trage die Wahrscheinlichkeiten an den Pfaden ein.
   b) Welche zusammengesetzten Ergebnisse sind möglich? Bestimme jeweils die Wahrscheinlichkeit.
   c) Kontrolliere deine Rechnung, indem du prüfst, ob die Summe aller Wahrscheinlichkeiten 1 (100 %) ergibt.

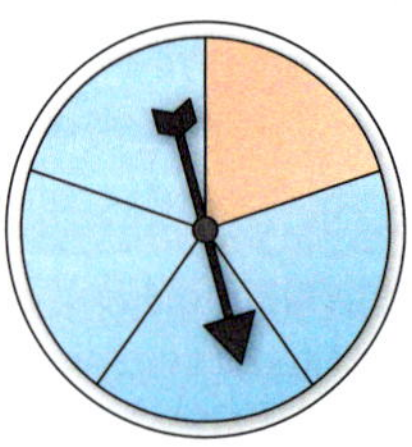

5. In einem Behälter liegen 12 Glühlampen, darunter sind 3 defekte Glühlampen. Man entnimmt dem Behälter zwei Glühlampen. Zeichne ein Baumdiagramm und berechne die folgenden Wahrscheinlichkeiten.
   a) Beide Glühlampen sind defekt.
   b) Genau eine der beiden entnommenen Glühlampen ist defekt.
   c) Beide Glühlampen funktionieren.

6. In einem Gefäß befinden sich vier Kugeln mit den Zahlen 1 bis 4. Es wird zweimal eine Kugel zufällig gezogen und wieder zurückgelegt. Die Schüler der Klasse 8a sollen berechnen, wie groß die Wahrscheinlichkeit ist, erst eine gerade und dann eine ungerade Zahl zu ziehen. Beurteile die Lösungen von Simon und Emma. Sind sie richtig? Worin unterscheiden sie sich?

Simon

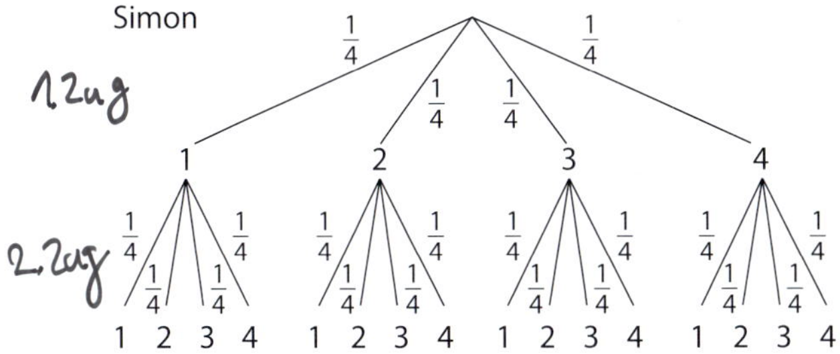

Wahrscheinlichkeit für (2; 1), (2; 3), (4; 1), (4; 3):

$\frac{1}{4}\cdot\frac{1}{4}+\frac{1}{4}\cdot\frac{1}{4}+\frac{1}{4}\cdot\frac{1}{4}+\frac{1}{4}\cdot\frac{1}{4}=4\cdot\frac{1}{16}=\frac{1}{4}$

Emma

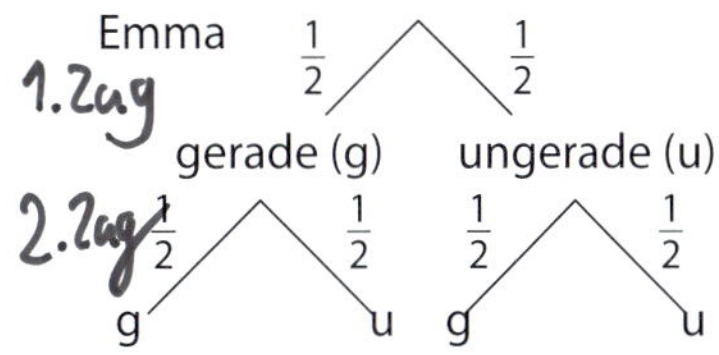

Wahrscheinlichkeit für (g; u):

$\frac{1}{2}\cdot\frac{1}{2}=\frac{1}{4}$

7. Durchblick: Drei Karten werden gemischt, sie enthalten die Ziffern 2, 3 und 7. Eine Karte wird gezogen und auf den Tisch gelegt. Danach wird eine zweite Karte gezogen und hinter die erste Karte gelegt, sodass eine zweistellige Zahl entsteht.

a) Zeichne ein Baumdiagramm. Welche zweistelligen Zahlen können entstehen? Wie groß ist die Wahrscheinlichkeit, dass die Zahl 37 zu sehen ist? Orientiere dich an Beispiel 1.

b) Berechne wie in Beispiel 2 die Wahrscheinlichkeit dafür, dass die Zahl durch 9 teilbar ist.

c) Berechne die Wahrscheinlichkeit dafür, dass die Zahl größer ist als 25. Nutze wie in Beispiel 3 die Wahrscheinlichkeit des Gegenereignisses.

8. Ein Glücksrad mit den Farben Blau und Rot wird zweimal gedreht. Die zusammengesetzten Ergebnisse aus Blau und Rot haben folgende Wahrscheinlichkeiten:

Ergebnis	(Blau; Blau)	(Rot; Blau)	(Blau; Rot)	(Rot; Rot)
Wahrscheinlichkeit	$\frac{1}{16}$	$\frac{3}{16}$	$\frac{3}{16}$	$\frac{9}{16}$

a) Erstelle das zugehörige Baumdiagramm.

b) Zeichne das Glücksrad.

9. Die Wahrscheinlichkeit für eine Jungengeburt beträgt ca. 51,3 %. Mit welcher Wahrscheinlichkeit hat eine Familie mit 3 Kindern genau 2 Söhne? Zeichne zunächst ein Baumdiagramm.

10. In einer Lostrommel liegen 200 Lose, 50 davon sind Gewinnlose. Nicole kauft 4 Lose. Wie groß ist die Wahrscheinlichkeit

a) kein Gewinnlos, b) genau ein Gewinnlos, c) mindestens ein Gewinnlos zu haben?

11. In einer Schale liegen vier Kugeln, die mit N, N, I, A beschriftet sind. Mit welcher Wahrscheinlichkeit zeigen die Kugeln in der gezogenen Reihenfolge ihren Namen, wenn Ina genau dreimal zufällig zieht und

a) die Kugeln nach dem Ziehen zurücklegt,

b) die Kugeln nach dem Ziehen nicht zurücklegt?

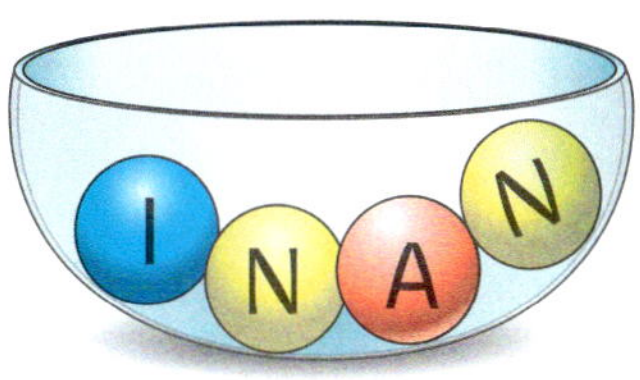

12. Bei der Produktion von Handyakkus sind durchschnittlich 2 % defekt. In einer Packung werden vier Akkus geliefert. Berechne die Wahrscheinlichkeit, dass in der Packung mindestens ein defekter Akku ist.

Hinweis zu 13:
Hier findest du die Lösungen.

13. Ein Multiple-Choice-Test hat drei Fragen. Pro Frage muss man richtig oder falsch ankreuzen. Eine Person, die die Antworten nicht weiß und deshalb rät, füllt den Test aus. Bestimme die Wahrscheinlichkeiten für die folgenden Ereignisse.

a) alle Antworten richtig
b) mindestens eine Antwort falsch
c) höchstens eine Antwort falsch
d) richtige Antwort bei der ersten Frage
e) nur die erste Frage falsch
f) häufiger falsch als richtig geraten
g) die zweite Frage falsch
h) nicht nur falsch geraten
i) genauso oft richtig wie falsch geraten
j) häufiger richtig als falsch geraten

14. **Stolperstelle:** Stimmen die Behauptungen von Karim und Cansu? Begründe deine Entscheidung mithilfe eines geeigneten Baumdiagramms.

a) Beim Spiel „Mensch ärgere Dich nicht" möchte Karim eine Figur einsetzen. Er überlegt, wie groß die Wahrscheinlichkeit ist, bei dreimal Würfeln mindestens eine Sechs zu werfen, und sagt: „Wenn ich einmal werfe, ist die Wahrscheinlichkeit für eine Sechs $\frac{1}{6}$, also bei drei Würfen $3 \cdot \frac{1}{6} = \frac{1}{2}$".

b) In einer Lostrommel befinden sich vier Lose, ein Gewinnlos und drei Nieten. Vier Kinder dürfen nacheinander je ein Los ziehen. Cansu behauptet: „Das erste Kind hat eine höhere Gewinnchance als alle anderen Kinder."

15. a) Ergänze im Baumdiagramm die fehlenden Wahrscheinlichkeiten.

b) Erfinde zum Baumdiagramm eine passende Aufgabenstellung und berechne die Lösung.

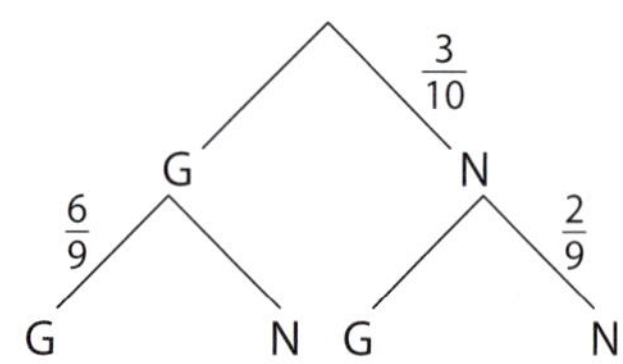

16. Elias behauptet, dass auch der dreifache Münzwurf ein Laplace-Experiment ist. Überprüfe seine Behauptung, indem du ein Baumdiagramm zeichnest und für jedes zusammengesetzte Ergebnis die Wahrscheinlichkeit berechnest.

Hinweis zu 17:
Das gleichzeitige Würfeln kann auch stufenweise im Baumdiagramm dargestellt werden, als ob die Würfel einzeln nacheinander geworfen werden.

17. Zwei Würfel werden geworfen.

a) Berechne die Wahrscheinlichkeit, dass die Augensumme 7 ist. Zeichne dazu ein zweistufiges Baumdiagramm.

b) In der Tabelle sind alle möglichen Kombinationen dargestellt, die beim Werfen zweier Würfel vorkommen können. Zum Beispiel zeigt das grüne Feld das Ergebnis 5 und 3, das blaue Feld zeigt das Ergebnis 4 und 6. Beschreibe, wie man hiermit auch die Wahrscheinlichkeit für die Augensumme 7 berechnen könnte.

c) Berechne mithilfe der Tabelle die Wahrscheinlichkeit für die Augensumme 11.

	1	2	3	4	5	6
1						
2						
3						
4						
5						
6						

18. Ein Sportschütze trifft beim ersten Schuss mit einer Wahrscheinlichkeit von 0,8. War der erste Versuch ein Treffer, so trifft der Schütze beim zweiten Versuch mit der gleichen Wahrscheinlichkeit. Geht der erste Schuss daneben, dann verringert sich die Treffsicherheit beim zweiten Versuch um 10 % des ursprünglichen Wertes. Der Schütze schießt zweimal. Berechne die Wahrscheinlichkeit des folgenden Ereignisses: „Es wurde genau ein Treffer erzielt."

19. Bei einem Glücksrad mit zwei unterschiedlich gefärbten Sektoren A und B beträgt die Größe des Winkels $\alpha = 140°$. Berechne die Wahrscheinlichkeit, dass bei zweimaligem Drehen unterschiedliche Sektoren angezeigt werden.

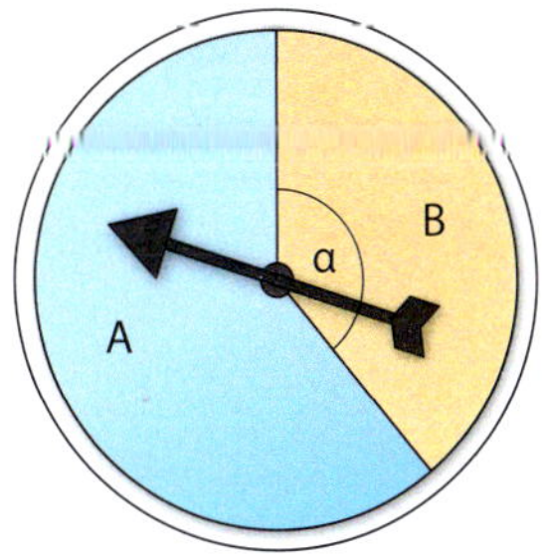

20. Galtonbretter sind Nagelbretter, bei denen kleine Kugeln an mehreren gleichartigen Nägeln nach links (L) bzw. rechts (R) abgelenkt werden. Beim einfachen Galtonbrett ist die Wahrscheinlichkeit für eine Links- bzw. Rechtsablenkung gleich. Berechne die folgenden Wahrscheinlichkeiten.

a) Die Kugel fällt nach ganz links.
b) Die Kugel fällt in das zweite Fach von rechts.
c) Wo landen Kugeln, deren Weg sich beschreiben lässt mit LRRL bzw. RRLL?
d) Halte eine Präsentation über Galtonbretter. Informiere dich dazu im Internet. Präsentiere dabei auch die Aufgabe und deinen Lösungsweg.

Hinweis zu 20 d:
Tipps zu Präsentationen findest du auf der Methodenkarte 8F (S. 200).

21. Nach dem Wetterbericht beträgt die Wahrscheinlichkeit für Regen am Samstag 70 % und am Sonntag 60 %. Berechne die Wahrscheinlichkeit, dass es wenigstens an einem der beiden Tage trocken bleibt.

22. Erik hat beim Mini-Biathlon eine Trefferquote von 90 % beim Liegend- und 75 % beim Stehendschießen. Es wird jeweils dreimal geschossen. Für jeden Fehlschuss muss man eine Strafrunde laufen. Bestimme die Wahrscheinlichkeit dafür, dass Erik
a) nach dem Liegendschießen keine Strafrunde laufen muss,
b) nach dem Stehendschießen zwei Strafrunden zu absolvieren hat,
c) in beiden Schießdurchgängen keinen Fehler macht.

23. Aus der der Vergangenheit ist bekannt, dass ein Schüler in Saschas Klasse zu etwa 1 % zu spät zum Unterricht kommt.
a) Sascha überlegt: „Wenn ich am nächsten Tag mit einer Wahrscheinlichkeit von 1 % zu spät komme, dann verspäte ich mich am nächsten und übernächsten Tag nur mit einer Wahrscheinlichkeit von 0,01 %." Wie kommt Sascha darauf? Zeichne ein Baumdiagramm.
b) Sascha hat am Dienstag eine wichtige Prüfung, bei der er auf jeden Fall pünktlich sein möchte. Er denkt sich: „Am besten gehe ich am Montag 30 Minuten später los, sodass ich mich verspäte. Dann ist die Wahrscheinlichkeit, dass ich am Dienstag auch zu spät komme, mit 0,01 % äußerst gering." Was meinst du dazu?

24. **Ausblick:** Bei einem Tennisturnier wird über drei Gewinnsätze gespielt. Bei einem Spiel gewinnt derjenige Spieler, der zuerst drei Sätze gewinnt.
a) Beim Endspiel der Herren kann man davon ausgehen, dass der Favorit jeden Satz mit einer Wahrscheinlichkeit von 60 % gewinnt. Wie groß ist die Wahrscheinlichkeit, dass der vermeintlich schwächere Spieler beim Endspiel siegt.
b) Beim Herren-Doppel treffen im Finale zwei gleichstarke Teams aufeinander. Beim Stand von 2:1 muss die Partie abgebrochen werden und kann wegen schlechten Wetters nicht beendet werden. Wie soll die Siegprämie von 200 000 € aufgeteilt werden? Begründe deine Entscheidung, indem du die Gewinnwahrscheinlichkeiten betrachtest.

Bananensuche

Bei diesem Spiel kannst du für den hungrigen Affen Bananen „erwürfeln". Das Spielfeld findest du auf der Rückseite deines Buches.

Wissen: Spielregeln

Spielt zu zweit oder zu dritt.
Jeder Spieler benötigt 12 Bananen, dafür könnt ihr Chips oder Münzen oder Papierbananen verwenden.
Jeder Spieler verwendet sein eigenes Spielfeld und versteckt dort für seinen Affen alle 12 Bananen: entweder gleichmäßig auf die sechs Inseln verteilt oder alle auf einer einzigen Insel platziert oder auf irgendeine andere Art verteilt.

Anschließend würfelt der erste Spieler mit zwei Würfeln und berechnet die Differenz aus der größeren und der kleineren Augenzahl. Auf der Insel mit der entsprechenden Nummer kann der Affe eine Banane finden: Sie wird von dieser Insel entfernt. Falls auf dieser Insel keine Banane liegt, hat der Affe Pech gehabt.

Anschließend ist der nächste Spieler an der Reihe. Er würfelt mit zwei Würfeln, berechnet die Differenz und gibt seinem Affen eine Banane der entsprechenden Insel, falls dort eine platziert war.

Gewonnen hat der Spieler, dessen Affe als erster alle Bananen gefunden hat.

Spielvariante 1: Merkwürdige Würfel
Zum Würfeln werden verwendet
a) zwei Tetraeder,
b) ein Tetraeder und ein Würfel,
c) zwei Quader mit den Zahlen von 1 bis 6

Spielvariante 2: Würfelsumme
Beim Werfen zweier Würfel wird nicht die Differenz, sondern die Summe gebildet.

Beispiel 1: Zwei Strategien vergleichen

Rechts siehst du, wie zwei Spieler ihre Chips gesetzt haben.
Welcher Spieler hat bessere Chancen, das Spiel zu gewinnen?

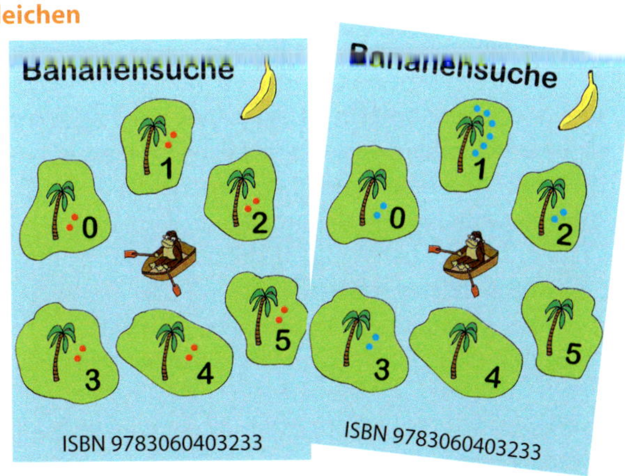

Lösung:

Beide Spieler können das Spiel gewinnen. Aber Spieler 1 muss darauf warten, dass zweimal die Differenz 5 gewürfelt wird - und das passiert nur dann, wenn mit dem ersten Würfel eine 1 und mit dem zweiten Würfel eine 6 gewürfelt wird oder umgekehrt.

Spieler 1: auf jeder Insel zwei Bananen gleichmäßig verteilt

Spieler 2 hat aus diesem Grund keine Bananen auf den Inseln platziert, deren Zahl eher selten gewürfelt wird. Obwohl er darauf vertrauen muss, dass sechsmal die Differenz 1 gewürfelt wird, hat Spieler 2 die besseren Chancen: Er weiß, dass die Würfeldifferenz 1 sehr häufig auftritt.

Spieler 2: keine Banane auf den Inseln 4 und 5, jeweils zwei Bananen auf den Inseln 0, 2 und 3, sechs Bananen auf Insel 1.

Aufgabe 1: Untersucht zunächst die Wahrscheinlichkeiten der einzelnen Würfeldifferenzen.

a) Würfelt 50-mal und notiert die zugehörigen Würfeldifferenzen. Vergleicht euer Ergebnis mit eurem Nachbarn.

b) Ermittelt (zum Beispiel mithilfe eines Baumdiagramms) die Wahrscheinlichkeiten für die unterschiedlichen Differenzen.

Aufgaben

2. Betrachtet weiter die ursprünglichen Spielregeln.
   a) Begründet, dass die Strategie, alle Chips gleichmäßig zu verteilen, nicht die optimale Strategie ist.
   b) Beurteilt, welche Strategie besser ist: alle Chips auf die wahrscheinlichste Differenz zu setzen oder die Chips entsprechend den Wahrscheinlichkeiten zu verteilen.

3. Testet die Variante „Merkwürdige Würfel" und vergleicht sie mit dem ursprünglichen Spiel.

4. Entwerft für die Variante „Würfelsumme" ein passendes Spielfeld. Testet sie anschließend.

1. Begründe, ob es sich um ein Ereignis eines Zufallsexperiments handelt, und berechne gegebenenfalls die Wahrscheinlichkeit.
   a) In den nächsten zwei Wochen scheint jeden Tag die Sonne.
   b) Claudia zieht unter 100 Losen einen der 10 Gewinne.
   c) Peter schreibt in der Mathematikarbeit eine „6".
   d) Marcel ist morgen und übermorgen krank.
   e) Jana hat am 6. Juni Geburtstag.
   f) Der Kandidat bei „Wer wird Millionär?" wählt unter den vier gegebenen Antwortmöglichkeiten die korrekte Antwort.
   g) Jasper gewinnt beim Pokerspiel gegen Ben.
   h) Beim Werfen einer Münze fällt zweimal hintereinander „Kopf".

2. Younes hat einen komischen Würfel, mit dem er 25-mal geworfen hat.
   Er erhielt folgendes Ergebnis:
   ESSEN, ESSEN, ESSEN, SCHLAFEN, BADEN, BADEN, ESSEN, ESSEN, ESSEN, SCHLAFEN, SCHLAFEN, ESSEN, SCHLAFEN, ESSEN, ESSEN, ESSEN, ESSEN, SCHLAFEN, ESSEN, ESSEN, SCHLAFEN, SCHLAFEN, BADEN, ESSEN, ESSEN

   a) Bestimme die relative Häufigkeit für die einzelnen Ergebnisse.
   b) Stelle eine Vermutung auf, wie die nicht sichtbaren Seiten des Würfels beschriftet sein könnten.

3. Welchen Körper würdest du wählen, um mit größtmöglicher Wahrscheinlichkeit zu gewinnen?

   a) Beim Werfen erscheint eine gerade Zahl.
   b) Beim Werfen erscheint keine Primzahl.
   c) Bei zwei Würfen kommt dieselbe Zahl.
   d) Bei zwei Würfen kommt keine 1.

4. Bei einem Zufallsexperiment beträgt die Wahrscheinlichkeit für ein Ereignis $\frac{5}{8}$.
   a) Gib ein Beispiel für ein einstufiges Zufallsexperiment mit einem solchen Ereignis an.
   b) Gib ein Beispiel für ein zweistufiges Zufallsexperiment mit einem solchen Ereignis an.

5. Wie könnte man überprüfen, ob eine Münze gezinkt ist oder nicht? Beschreibt dazu ein mögliches Experiment und führt dieses anschließend mit einer Münze durch.

6. Eine Münze wird dreimal hintereinander geworfen.
   a) Zeichne für das Ereignis „Zahl erscheint höchstens einmal" ein Baumdiagramm.
   b) Berechne die Wahrscheinlichkeit für das Ereignis.
   c) Simuliere das Experiment mit einer Tabellenkalkulation, indem du drei Zufallszahlen 0 oder 1 erzeugst. Wiederhole die Simulation 100-mal und vergleiche deine Ergebnisse mit der in b) berechneten Wahrscheinlichkeit.

7. Bestimme die Wahrscheinlichkeiten für folgende Ereignisse beim Roulette.

a) Die Kugel bleibt auf einer einstelligen Zahl liegen.
b) Die Kugel bleibt auf der Zahl 4 oder einem Vielfachen von 4 liegen.
c) Die Kugel bleibt auf einer Quadratzahl liegen.
d) Die Kugel bleibt auf der Zahl „40" liegen.
e) Die Kugel bleibt bei zwei Runden jeweils auf einem schwarzen Feld liegen.
f) Die Kugel bleibt bei vier Runden erst zweimal auf Schwarz und dann zweimal auf Rot liegen.
g) Die Kugel bleibt bei zehn Runden niemals auf dem grünen Feld liegen.

Hinweis zu 7 c:
Zähle die Null nicht zu den Quadratzahlen.

8. Einen Körper, der aus vier gleichseitigen Dreiecken besteht, nennt man Tetraeder. Beim Würfeln mit einem Tetraeder bleibt stets eine Spitze oben liegen. Die Augenzahlen auf einem solchen Spielwürfel sind deshalb in den Ecken angeordnet, sodass die Zahl, die in der oben liegenden Spitze zu sehen ist, die gewürfelte Augenzahl darstellt.

Wie wahrscheinlich ist es, bei zweimaligem Würfeln jeweils eine gerade Augenzahl zu werfen? Zeichne ein Baumdiagramm und berechne die Wahrscheinlichkeit.

Die Wahrscheinlichkeit für ein Ereignis beträgt $\frac{3}{16}$. Welches Ereignis könnte dieser Wahrscheinlichkeit zugrunde liegen?

Wie wahrscheinlich ist es, dass die Augensumme beim zweimaligen Würfeln durch 3 teilbar ist?

Das Ergebnis eines Wurfes mit zwei Tetraedern ist die Differenz der Augenzahlen. Hierbei gilt stets: größere minus kleinere Augenzahl. Stelle die möglichen Ergebnisse strukturiert (z. B. mithilfe einer Tabelle) dar und gib an, welche Differenz die größte Wahrscheinlichkeit hat.

9. Henri tippt beim Pferderennen den Sieger und den Zweitplatzierten. Da die zehn Pferde etwa gleich schnell sind, kann man annehmen, dass sie in zufälliger Reihenfolge ins Ziel kommen. Bestimme die Wahrscheinlichkeiten für folgende Ereignisse.

a) Henri tippt den Sieger und den Zweitplatzierten richtig.
b) Henri tippt nur den Sieger richtig.
c) Henri tippt nur den Zweitplatzierten richtig.

10. Alina hört die Playlist mit ihren vier Lieblingssongs. Da sie die Zufallswiedergabe eingestellt hat, werden die vier Titel in zufälliger Reihenfolge abgespielt.

a) Wie groß ist die Wahrscheinlichkeit, dass die Reihenfolge der Titel die gleiche ist wie beim Mal davor?
b) Wie ändert sich diese Wahrscheinlichkeit, wenn die Playlist nicht vier, sondern neun Titel enthält?

Prüfe dein neues Fundament

1. Bestimme für jede Farbe des Glücksrads die Wahrscheinlichkeit, mit der der Zeiger beim Drehen auf dieser Farbe stehen bleibt.

a) 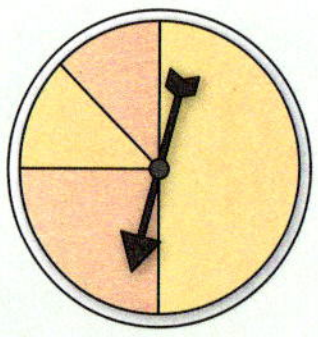

b) 

c) 

2. Bente und Svenja drehen das Glücksrad. Bente gewinnt, wenn eine Zahl gedreht wird, die größer als 5 ist, und Svenja gewinnt, wenn eine Zahl gedreht wird, die kleiner als 5 ist. Wer hat die größeren Gewinnchancen? Begründe deine Antwort.

3. Ein gewölbter Knopf wird auf den Boden geworfen.
a) Gib die möglichen Ergebnisse an.
b) Wirf einen gewölbten Knopf mindestens 50-mal und schätze damit die Wahrscheinlichkeit für die Ergebnisse.

4. Paul wirft eine 2-Euro-Münze. In drei aufeinander folgenden Würfen landet die Münze jedes Mal so, dass „Zahl" oben ist. Welche der folgenden vier Aussagen trifft für den vierten Wurf zu? Begründe deine Antwort.
a) Es ist wahrscheinlicher, dass „Adler" oben liegt.
b) Es ist wahrscheinlicher, dass „Zahl" oben liegt.
c) Es ist gleich wahrscheinlich, dass „Zahl" oder „Adler" oben liegen.
d) Um die Frage zu beantworten, braucht man noch mehr Informationen.

5. Wirf einen Würfel 100-mal. Zähle nach jeweils 10 Würfen, wie oft eine 6 gewürfelt wurde. Berechne die relativen Häufigkeiten für 10, 20, 30, 40, 50, 60, 70, 80, 90 und 100 Würfe. Stelle die Ergebnisse in einem Liniendiagramm dar und beurteile sie.

6. Bei einem Glücksspiel wird ein Rad mit drei gleich großen Flächen in den Farben Rot, Grün und Blau 1000-mal gedreht.
a) Erläutere, wie man bei der Simulation des tausendfachen Drehens dieses Glücksrads mithilfe einer Tabellenkalkulation vorgehen kann, um die relativen Häufigkeiten für die Ergebnisse Rot, Grün und Blau nach 100, 200, 500 und 1000 Versuchen darzustellen.
b) Kathrin hat das Experiment mit einer Tabellenkalkulation simuliert. Gib an, welche Formel jeweils in Zelle `A1` und in Zelle `D3` verwendet werden muss.

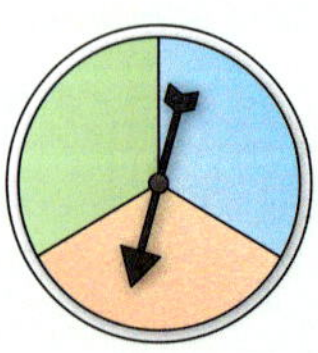

	A	B	C	D	E	F	G
1	3		Anzahl Versuche		relative Häufigkeit		
2	3			für Rot	für Grün	für Blau	
3	3		100	38%	25%	37%	
4	2		200	36%	28%	36%	
5	2		500	34,50%	29,70%	35,80%	
6	1		1000	33,10%	32,20%	34,70%	
7	1						
8	3						
9	1						
10	3						

c) Stelle die relativen Häufigkeiten in einem Diagramm dar.

7. Handelt es sich hier um ein Laplace-Experiment? Begründe deine Entscheidung und bestimme bei den Laplace-Experimenten die möglichen Ergebnisse und Wahrscheinlichkeiten.

a) Es wird eine Karte aus einem Skat-Kartenspiel mit 32 Karten gezogen.
b) Eine Reißzwecke wird 1000-mal geworfen.
c) Es wird eine Kugel aus einer Kiste mit 3 weißen und 7 grünen Kugeln gezogen.

8. In einem Beutel sind 30 gleichartige Kugeln, die von 1 bis 30 nummeriert sind. Es wird genau eine Kugel gezogen. Berechne die Wahrscheinlichkeit für die folgenden Ereignisse.

a) Die Zahl auf der Kugel ist durch 7 teilbar.
b) Die Zahl auf der Kugel ist nicht durch 3 teilbar.
c) Die Zahl auf der Kugel ist durch 2 und 3 teilbar.

9. Eine Münze wird dreimal geworfen. Berechne die Wahrscheinlichkeiten für die folgenden Ereignisse. Erläutere, wie du vorgegangen bist.

a) Man erhält mehr als zweimal Zahl.
b) Man erhält mindestens einmal Zahl.
c) Man erhält höchstens zweimal Kopf.
d) Man erhält genau einmal Kopf.

10. Das Glücksrad wird mehrmals gedreht. Erstelle ein Baumdiagramm und berechne die Wahrscheinlichkeit dafür, dass der Zeiger spätestens beim dritten Drehen auf Blau stehen bleibt.

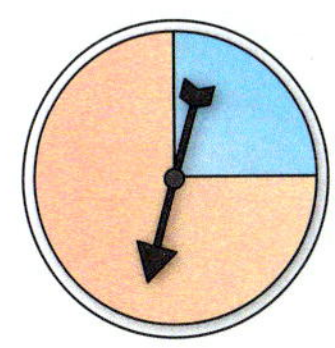

Wiederholungsaufgaben

1. Bestimme die Lösung der Gleichung $4 \cdot (x+1) - 2 \cdot (x-1) = 4$.

2. Gib die Funktionsgleichungen zu den Funktionsgraphen an.

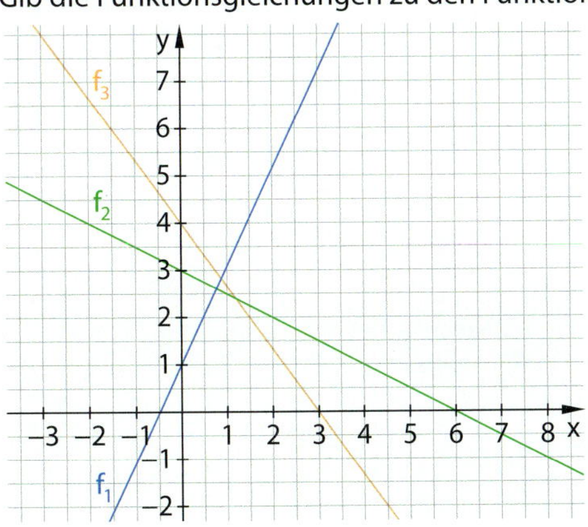

3. Peter erzählt seinem Freund: „In meiner Klasse sind 40 % Mädchen und 15 Jungen." Berechne, wie viele Mädchen in seiner Klasse sind.

4. Zeichne ein Rechteck mit den Seitenlängen 2 cm und 5 cm und schraffiere darin

a) 60 % der Fläche,
b) $\frac{1}{4}$ der Fläche.

5. Finde die Fehler bei den folgenden Rechnungen und verbessere sie.

a) $\frac{2}{7} + \frac{3}{8} = \frac{5}{15}$
b) $\frac{4}{5} - \frac{1}{4} = \frac{3}{20}$
c) $\frac{8}{9} : \frac{2}{9} = \frac{4}{9}$
d) $5 \cdot \frac{2}{9} = \frac{10}{45}$

Zufallsexperimente und Wahrscheinlichkeiten

Zufallsexperimente sind Experimente mit folgenden Eigenschaften:
- Bereits vor dem Experiment lassen sich alle möglichen Ergebnisse angeben.
- Welches von den Ergebnissen eintritt, kann man nicht mit Sicherheit vorhersagen. Es ist zufällig.

Bei einem Zufallsexperiment kann man für jedes Ergebnis eine ganz bestimmte **Wahrscheinlichkeit** angeben. Das ist eine Zahl zwischen 0 und 1 (0 % und 100 %). Die Summe der Wahrscheinlichkeiten aller möglichen Ergebnisse ist 1.

Die Wahrscheinlichkeit gibt an, welche **relative Häufigkeit** für ein Ergebnis bei vielen Versuchswiederholungen zu erwarten ist.
Wird ein Zufallsexperiment ausreichend oft wiederholt, so kann der ermittelte Wert für die relative Häufigkeit eines Ergebnisses als Schätzwert für die Wahrscheinlichkeit dieses Ergebnisses angesehen werden.

Das Würfeln mit einem Würfel ist ein Zufallsexperiment.

Mögliche Ergebnisse: 1; 2; 3; 4; 5; 6

Ob man eine 1, 2, 3, 4, 5 oder 6 würfelt, kann nicht vorausgesagt werden.

Die Wahrscheinlichkeit, eine 1 zu würfeln, beträgt $\frac{1}{6} \approx 16{,}67\,\%$

Kommt bei 150 Wiederholungen des Würfelns 27-mal eine 1, gilt:

Absolute Häufigkeit des Ergebnisses	Relative Häufigkeit des Ergebnisses
27	$\frac{27}{150} = 0{,}18 = 18\,\%$

Laplace-Experimente

Ein Zufallsexperiment, bei dem alle Ergebnisse gleich wahrscheinlich sind, nennt man **Laplace-Experiment.** In einem Laplace-Experiment mit n Ergebnissen ist die **Wahrscheinlichkeit für ein Ergebnis $\frac{1}{n}$**.
Die Wahrscheinlichkeit von mehreren Ergebnissen ergibt sich durch Addition der Wahrscheinlichkeit von jedem einzelnen Ergebnis (**Summenregel**).

Das Würfeln mit einem Würfel ist ein Laplace-Experiment, da die Wahrscheinlichkeit für eine 1, 2, 3, 4, 5 oder 6 jeweils $\frac{1}{6}$ ist .

Die Wahrscheinlichkeit, dass beim Würfeln das **Ereignis** „gerade Zahl" (eins der **Ergebnisse** 2 oder 4 oder 6) eintritt, ist:
$\frac{1}{6} + \frac{1}{6} + \frac{1}{6} = \frac{1}{2} = 50\,\%$

Mehrstufige Zufallsexperimente, Baumdiagramme, Pfadregeln

Setzt sich ein Zufallsexperiment aus mehreren Teilexperimenten zusammen, so nennt man es **mehrstufiges Zufallsexperiment**.
Mehrstufige Zufallsexperimente kann man übersichtlich in einem **Baumdiagramm** darstellen. Zu jedem **Pfad** in einem Baumdiagramm gehört **genau ein Ergebnis**, das sich aus den Ergebnissen der Teilexperimente zusammensetzt.

Pfadmultiplikationsregel

Die Wahrscheinlichkeit eines Ergebnisses erhält man aus dem Produkt der Wahrscheinlichkeiten längs des zugehörigen Pfades.

Pfadadditionsregel

Die Wahrscheinlichkeit eines **Ereignisses** erhält man, indem man die Wahrscheinlichkeiten der zugehörigen Pfade addiert.

Aus einer Urne mit drei schwarzen und zwei roten Kugeln werden nacheinander zwei Kugeln gezogen:

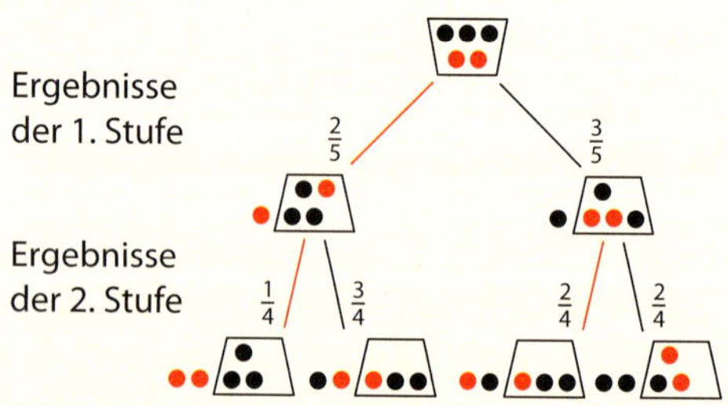

Die Wahrscheinlichkeit für 2 rote Kugeln ist:
$\frac{2}{5} \cdot \frac{1}{4} = \frac{1}{10} = 0{,}1 = 10\,\%$

Die Wahrscheinlichkeit für eine rote und eine schwarze Kugel (unabhängig von der Reihenfolge) ist:
$\frac{2}{5} \cdot \frac{3}{4} + \frac{3}{5} \cdot \frac{2}{4} = \frac{3}{10} + \frac{3}{10} = \frac{6}{10} = 60\,\%$

5. Quadratwurzeln – reelle Zahlen

Egal, wie eng zwei Zahlen beieinander liegen – es gibt stets eine rationale Zahl dazwischen. Trotzdem kann man nicht einmal die genaue Seitenlänge eines Quadrates angeben, das 2 m^2 als Flächeninhalt hat. Hier braucht man neue Zahlen.

Zehnerpotenzen

1. Schreibe als Zehnerpotenz.
a) Zehntausend b) Hunderttausend c) 1 Milliarde d) 10 Millionen

2. Übertrage die Tabelle in dein Heft und vervollständige sie.

Produkt mit 10 als Faktoren	$10 \cdot 10 \cdot 10$				
Potenzschreibweise (Basis 10)			10^5		10^8
In Worten		eine Million		einhundert	

3. Berechne. Gib das Ergebnis – falls möglich – als Zehnerpotenz an.
a) $10^2 \cdot 10$ b) $10^3 \cdot 10^2$ c) $10^2 : 100$ d) $0{,}1 \cdot 10^3$ e) $\frac{10^4}{10}$ f) $\frac{10^4}{10^2}$ g) $10^3 - 10^2$

4. Setze für ▪ eines der Zeichen >, < oder = richtig ein.
a) $10^2 \cdot 10^3$ ▪ 10^5 b) $10^3 : 10^2$ ▪ 10 c) $10^3 + 10^2$ ▪ 10^5 d) $10^4 - 10^2$ ▪ 10^2

5. Schreibe den Zahlenwert der angegebenen Größen mit Zehnerpotenzen:
Die Internationale Raumstation umkreist die Erde mit einer Geschwindigkeit von 28 000 km/h. Sie hat einen Abstand zur Erde von 400 000 m und eine Masse von 450 000 kg. Im Vergleich dazu beträgt der Abstand Erde–Mond etwa 384 000 000 m und der Abstand Erde–Sonne etwa 149 600 000 000 m. Die Erde hat eine Masse von etwa 5 970 000 000 000 000 000 000 t.

Mit Potenzen rechnen

6. Berechne. Schreibe zunächst die Potenzen als Produkte.
a) 7^2 b) $(-10)^3$ c) $0{,}2^3$ d) $(3+5)^2$ e) $(-1)^2 + (-1)^3$
f) $\left(\frac{1}{2}\right)^2$ g) $5^2 \cdot 5^2$ h) $\left(\frac{2}{3}\right)^2 \cdot \frac{2}{3}$ i) $3^4 : 3^2$ j) $\frac{5^2}{125}$

7. Vereinfache den Term und ermittle den Wert des Terms für $x = 2$, $y = -2$ und $z = 3$.
a) $2x^2yz : 2y$ b) $0{,}5x \cdot 2x^2 + z^2 - x^3$ c) $\frac{4y^2}{2y^2 \cdot z}$ d) $\frac{4x^2}{2x + 2y^2}$ e) $8x^3y : (2x)^3$

8. Berechne mit dem Taschenrechner. Gib zunächst einen Überschlag an.
a) $1{,}54^2$ b) $(-0{,}27)^2$ c) $0{,}19^3$ d) $8{,}005^2$ e) $0{,}029^2$

9. Berechne mit dem Taschenrechner. Was stellst du fest?
a) $2 - x^2$ für $x = 1{,}3$ (1,4; 1,41;1414; 1,4142) b) $5 - x^2$ für 2,1 (2,2; 2,23; 2,236; 2,23606)

10. Ordne den Potenzen ihre Endziffern zu.

Endziffer 9 | $1{,}8^3$ | Endziffer 3 | $0{,}3^5$ | Endziffer 1 | $232{,}5^2$ | 2327^2
$1{,}9^2$ | Endziffer 5 | 134^4 | Endziffer 6 | 15^4 | Endziffer 2 | 14^2

11. Ordne die Zahlen der Größe nach. Beginne mit der kleinsten Zahl.
a) $0{,}5^2$; 5^2; $0{,}1^3$; $1{,}5^2$; $(-1)^2$ b) $\left(\frac{1}{2}\right)^3$; $\frac{3}{3^2}$; $0{,}5^2$; $(-1)^3$; $(-2)^2$ c) $(-0{,}2)^3$; $\frac{1}{5}$; $0{,}9^2$; $(-3)^3$; $(-4)^2$

Flächeninhalt von Quadraten – Volumen von Würfeln

12. Ermittle den Flächeninhalt eines Quadrats mit der angegebenen Seitenlänge.
a) 3 cm b) 0,5 m c) 1,2 km d) 1 m e) 1,1 dm

13. Ermittle das Volumen eines Würfels mit der angegebenen Kantenlänge.
a) 2 cm b) 4 cm c) 0,2 dm d) 1 m e) 0,3 cm

14. Gib die Seitenlänge eines Quadrats mit dem gegebenen Flächeninhalt an.
a) $A = 25\,cm^2$ b) $A = 100\,m^2$ c) $A = 0{,}04\,km^2$ d) $A = 144\,dm^2$ e) $A = 1\,ha$

15. Gib die Kantenlänge eines Würfels mit dem gegebenen Volumen an.
a) $V = 27\,cm^3$ b) $V = 0{,}064\,m^3$ c) $V = 1000\,m^3$ d) $V = 125\,dm^3$ e) $V = 0{,}001\,m^3$

16. Die farbige Figur besteht aus Quadraten.
Der Flächeninhalt des blauen Quadrats beträgt $1\,cm^2$, der des gelben $25\,cm^2$. Welchen Flächeninhalt hat das grüne Quadrat?
(Zeichnung nicht maßgenau)

17. Gib das Volumen eines Würfels an, dessen Seitenfläche einen Flächeninhalt von $9\,cm^2$ hat.

18. Ermittle durch Probieren die Seitenlängen eines Rechtecks, dessen eine Seite 3 cm länger als die andere ist und dessen Flächeninhalt $40\,cm^2$ beträgt.

Vermischtes

19. Fasse so weit wie möglich zusammen.
a) $x \cdot x + y \cdot y \cdot y$ b) $a \cdot b \cdot a \cdot b \cdot a \cdot b$ c) $s \cdot s \cdot s + t + t$ d) $a \cdot b \cdot 7 \cdot b \cdot a \cdot 7 \cdot b$

20. Überprüfe, ob die in Klammern angegebenen Zahlen Lösungen der Gleichung sind.
a) $x^2 = 81$ (9; −9) b) $x^3 - 8 = 0$ (2; −2)
c) $(x - 4) \cdot 7 = 0$ (4; 0; −4) d) $x^3 + 25 = -2$ (3; −3)

21. Ein Quader ist 2 cm lang, 4 cm breit und 8 cm hoch. Welche Kantenlänge hat ein Würfel mit dem gleichen Volumen?

22. Gib drei natürliche Zahlen an, die nicht durch 4 teilbar sind, aber deren Quadrat durch 4 teilbar ist.

23. Paul behauptet: „60 ist durch alle natürlichen Zahlen von 1 bis 12 teilbar, denn es gilt 60 : 1 = 60; 60 : 2 = 30; 60 : 3 = 20; 60 : 4 = 15…" Überprüfe Pauls Behauptung.

24. Gib – falls möglich – zwei Zahlen an, für die die Aussage zutrifft (nicht zutrifft).
a) $a^2 > a$ b) $a^2 = a$ c) $a^2 < a$ d) $a^3 = a$ e) $a^3 = a^2$ f) $a^3 < a^2$

25. Welche der Zahlen −3; −1,7; −1; $-\frac{2}{3}$; 0,5; $\frac{5}{8}$; 2; $3{,}\overline{3}$; 4; 5; 5,123123… sind
a) natürliche Zahlen, b) ganze Zahlen,
c) Primzahlen, d) rationale Zahlen?

5.3 Irrationale Zahlen und Intervallschachtelung

■ Das rote Quadrat hat einen Flächeninhalt von 4 cm^2. Verbindet man die Mittelpunkte der Seiten des roten Quadrats, entsteht wieder ein Quadrat. Begründe, warum dieses blaue Quadrat einen Flächeninhalt von 2 cm^2 hat. Wie lang sind die Seiten des roten und des blauen Quadrats? ■

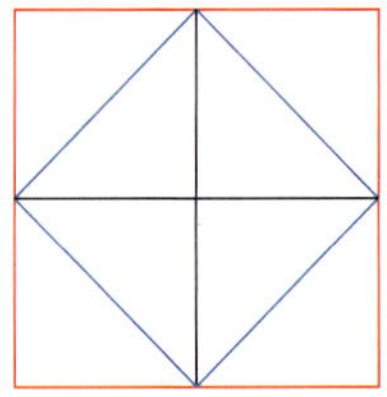

Die Menge der rationalen Zahlen umfasst alle Zahlen, die sich als Bruch schreiben lassen. Bei der Umwandlung von Bruchzahlen in Dezimalzahlen gibt es zwei Fälle:

1. Fall: Ein Bruch entspricht einer abbrechenden Dezimalzahl, zum Beispiel $\frac{1}{10} = 1 : 10 = 0{,}1$.

2. Fall: Ein Bruch entspricht einer nicht abbrechenden periodischen Dezimalzahl, zum Beispiel $\frac{2}{3} = 2 : 3 = 0{,}666\ldots = 0{,}\overline{6}$.

Hinweis:
Das lateinische Wort *ratio* entspricht in der Philosophie oft dem deutschen Wort „Vernunft". In der Mathematik bedeutet es „Verhältnis". Man spricht von „irrationalen Zahlen", da sie kein Verhältnis von ganzen Zahlen sind, wie es bei den rationalen Zahlen der Fall ist.

In diesem Abschnitt lernst du Zahlen kennen, die nicht zu den rationalen Zahlen gehören. Diese Zahlen sind **Dezimalzahlen,** die **nicht abbrechen** und **nicht periodisch** sind. Man kann diese Zahlen also nicht vollständig aufschreiben. Sie heißen **irrationale Zahlen.**

Füge bei $0{,}\overline{6} = 0{,}666\ldots$ Nullen nach folgendem Muster ein: Nach der ersten Nachkommastelle eine Null, nach der zweiten Nachkommastelle zwei Nullen, …

$$0{,}606006000\ldots$$

Die Zahl, die nach diesem Muster entsteht, ist eine irrationale Zahl.

Wissen: Beziehungen zwischen Zahlbereichen

Die **Menge der irrationalen Zahlen** besteht aus allen positiven und negativen Dezimalzahlen, die nicht abrechen und nicht periodisch sind.

Die Menge der rationalen Zahlen und die Menge der irrationalen Zahl bilden zusammen die **Menge der reellen Zahlen.**

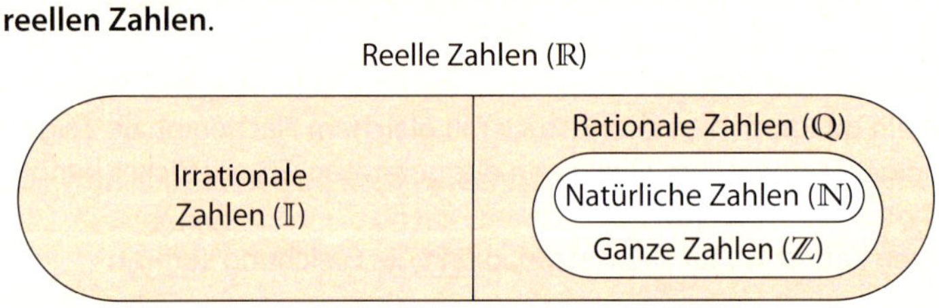

Zur Menge der irrationalen Zahlen gehört $\sqrt{2}$. Den Wert für $\sqrt{2}$ kann man auf einem Taschenrechner nicht genau anzeigen lassen. Auf dem Display werden nur die ersten 8 oder 10 Nachkommastellen angezeigt. An der letzten Nachkommastelle wird der Wert gerundet.

$$1{,}41421356$$

Hinweis:
Ein Intervall ist die Menge aller Zahlen, die zwischen zwei verschiedenen reellen Zahlen liegt. Subtrahiert man die kleinere Zahl von der größeren, so bezeichnet man die Differenz als die „Intervalllänge".

Mit dem Verfahren der **Intervallschachtelung** kann man $\sqrt{2}$ aber beliebig genau durch eine Dezimalzahl annähern. Gesucht ist eine Zahl a, für die gelten soll $a^2 = 2$. Da $1^2 = 1$ und $2^2 = 4$ ist, muss $\sqrt{2}$ zwischen den beiden Zahlen 1 und 2 liegen.

$$1 < \sqrt{2} < 2$$

Man sagt, $\sqrt{2}$ liegt im **Intervall** zwischen 1 und 2. Nun wird in diesem Intervall nach einem „kleineren" Intervall gesucht, in dem $\sqrt{2}$ liegt. Dazu bestimmt man in jedem Schritt Zahlen mit ein, zwei, drei … Nachkommastellen, zwischen denen $\sqrt{2}$ liegt. Prüfe dazu, ob das Quadrat der kleineren Zahl kleiner als $\sqrt{2}^2 = 2$ und das Quadrat der größeren Zahl größer als $\sqrt{2}^2 = 2$ ist.

Beispiel 1: Eine Quadratwurzel mit einer Intervallschachtelung bestimmen

Berechne näherungsweise $\sqrt{2}$. Runde auf die dritte Nachkommastelle.

Lösung:

Bestimme zwei aufeinanderfolgende ganze Zahlen, zwischen denen $\sqrt{2}$ liegt.

Es ist: $1 < \sqrt{2} < 2$

Denn: $1^2 = 1 < \sqrt{2}^2 = 2 < 2^2 = 4$

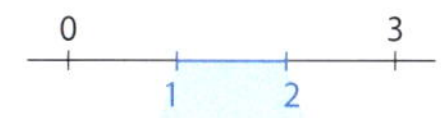

Bestimme zwei Zahlen zwischen 1 und 2 mit einer Nachkommastelle, zwischen denen $\sqrt{2}$ liegt. Prüfe systematisch, zwischen welchen Quadraten $1{,}1^2$, $1{,}2^2$, $1{,}3^2$, ... $1{,}9^2$ der Wert $\sqrt{2}^2 = 2$ liegt.

1. Schritt:

x	1,1	1,2	1,3	1,4	1,5
x^2	1,21	1,44	1,69	1,96	2,25

Es ist: $1{,}4 < \sqrt{2} < 1{,}5$

Denn: $1{,}4^2 = 1{,}96 < \sqrt{2}^2 = 2 < 1{,}5^2 = 2{,}25$

Bestimme zwei Zahlen zwischen 1,4 und 1,5 mit zwei Nachkommastellen, zwischen denen $\sqrt{2}$ liegt.

2. Schritt:

x	1,41	1,42
x^2	1,98881	2,0164

Es ist: $1{,}41 < \sqrt{2} < 1{,}42$

Bestimme zwei Zahlen zwischen 1,41 und 1,42 mit drei Nachkommastellen, zwischen denen $\sqrt{2}$ liegt.

3. Schritt:

x	…	1,413	1,414	1,415
x^2	…	1,996569	1,999396	2,002225

Es ist: $1{,}414 < \sqrt{2} < 1{,}415$

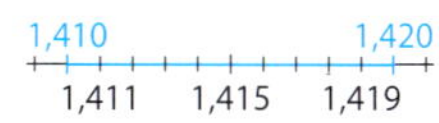

$\sqrt{2}$ liegt zwischen 1,4142 und 1,4143. Beide Zahlen ergeben gerundet an der dritten Nachkommastelle den Wert 1,414.

4. Schritt:

Es ist: $1{,}4142 < \sqrt{2} < 1{,}4143$

Gerundet ergibt sich: $\sqrt{2} \approx 1{,}414$

Aufgabe 1: Berechne näherungsweise mit einer Intervallschachtelung. Runde auf die dritte Nachkommastelle.

a) $\sqrt{3}$ b) $\sqrt{5}$ c) $\sqrt{7}$ d) $\sqrt{10}$ e) $\sqrt{111}$

Beispiel 2: Rationale Zahlen und irrationale Zahlen erkennen

Ist die Zahl rational oder irrational? Begründe deine Entscheidung.

a) $1{,}\overline{234}$ b) 5,123456789101112… c) $\frac{1}{3}$ d) $\sqrt{121}$ e) −23,666

Lösung:

a) $1{,}\overline{234}$ ist rational, denn die Dezimalzahl ist periodisch.
b) Wenn die Nachkommastellen von 5,123456789101112… sich nach dem Muster 1, 2, 3, 4, 5, 6, 7, 8, 9, 10, 11, 12, … fortsetzen, ist die Zahl irrational. Die Dezimalzahl ist nicht periodisch und bricht nicht ab.
c) $\frac{1}{3} = 0{,}\overline{3}$. Die Zahl $\frac{1}{3}$ ist rational, denn $0{,}\overline{3}$ ist eine periodische Dezimalzahl.
d) $\sqrt{121} = 11$. Die Zahl $\sqrt{121}$ ist rational, denn 11 ist eine natürliche Zahl und die natürlichen Zahlen sind eine Teilmenge der rationalen Zahlen.
e) −23,666 ist rational, denn −23,666 bricht nach der dritten Nachkommastelle ab.

Hinweis:
Es gibt auch Quadratwurzeln, die zu den natürlichen Zahlen ($\sqrt{4} = 2$) oder zu den rationalen Zahlen $\left(\sqrt{\frac{16}{25}} = \frac{4}{5}\right)$ gehören.

Aufgabe 2: Ist die Zahl rational oder irrational? Begründe deine Entscheidung.

a) $-12{,}\overline{12}$ b) $\sqrt{169}$ c) 1,01011011101111… d) −20 e) 0,555

Aufgaben

3. Zwischen welchen benachbarten natürlichen Zahlen liegt die angegebene Zahl?
a) $\sqrt{14}$ b) $\sqrt{20}$ c) $\sqrt{37}$ d) $\sqrt{135}$ e) $\sqrt{200}$ f) $\sqrt{999}$

4. Berechne näherungsweise mit einer Intervallschachtelung. Runde sinnvoll.
a) $\sqrt{12}$ b) $\sqrt{24}$ c) $\sqrt{55}$ d) $\sqrt{99}$ e) $\sqrt{111}$ f) $\sqrt{1001}$

5. Übertrage die Tabelle in dein Heft. Mache jeweils ein Kreuz, wenn die Zahl zum Zahlenbereich gehört. Begründe deine Entscheidung.

	0,175	$2,\overline{5}$	$\sqrt{21+4}$	0,373737…	$9,10\overline{4}$	$-\sqrt{169}$	0,202002…	$\sqrt{\frac{1}{9}}$
Natürliche Zahlen								
Ganze Zahlen								
Rationale Zahlen								
Irrationale Zahlen								
Reelle Zahlen								

○ **6. Durchblick:**
a) Berechne den Wert von $\sqrt{8}$ näherungsweise mit einer Intervallschachtelung wie in Beispiel 1. Runde auf die fünfte Nachkommastelle.
b) Isa sagt: „Mein Taschenrechner gibt bei $\sqrt{8}$ einen Wert mit neun Nachkommastellen an. Das ist viel genauer als die Intervallschachtelung." Was meinst du dazu?

7. Stolperstelle: Mario begründet in seiner Hausaufgabe, dass einige Zahlen irrational sind. Korrigiere – falls nötig – und erkläre, worin mögliche Fehler liegen.

a) 0,32423453245 ist irrational, weil hinter dem Komma so viele Zahlen sind.
b) $\sqrt{9}$ ist irrational, weil es eine Quadratwurzel ist.
c) 92,2134231323232… ist irrational, weil die Zahlen hinter dem Komma ohne Periode immer weiter gehen.
d) $3,\overline{34}$ ist irrational; weil es eine nicht abbrechende Dezimalzahl ist.

8. Setze die Zahlen so zu einer nicht abbrechenden Dezimalzahl fort, dass eine rationale (irrationale) Zahl entsteht. Erkläre, wie du bei der Konstruktion der Zahlen vorgegangen bist.
a) 2,1717… b) 3,494499… c) 0,2468… d) 0,1491625…

9. Frank behauptet, dass 1,414213562 der genaue Wert von $\sqrt{2}$ ist, denn sein Taschenrechner zeigt diesen Wert ja an. Nadine meint, dass das nicht stimmen kann, denn die Endziffer von $1{,}414213562^2$ ist ja 4 und nicht 0. Wer hat Recht? Begründe.

10. Begründe: Die Wurzel aus einer Primzahl kann keine natürliche Zahl sein.

11. Schätze näherungsweise. Kontrolliere das Ergebnis anschließend mit dem Taschenrechner. Runde.
a) $\sqrt{7}$ b) $\sqrt{40}$ c) $\sqrt{60}$ d) $\sqrt{110}$ e) $\sqrt{209}$ f) $\sqrt{\frac{1}{15}}$ g) $\sqrt{\frac{29}{51}}$

12. Berechne mit dem Taschenrechner. Runde auf zwei Nachkommastellen.
a) $3+\sqrt{3}$ b) $3\cdot\sqrt{3}$ c) $3:\sqrt{3}$ d) $3-\sqrt{3}$
e) Wie kann man in d) $3-\sqrt{3}$ ohne Taschenrechner bestimmen, wenn man bereits $3+\sqrt{3}$ aus a) kennt?

13. Hier findest du den Beweis, dass $\sqrt{2}$ keine rationale Zahl ist.*

Dieser Beweis wird indirekt geführt: Man geht davon aus, dass die Behauptung falsch ist, nutzt die Aussagen, die sich daraus ergeben, und zeigt, dass sich dann ein Widerspruch ergibt.	*Formulierung der Behauptung* $\sqrt{2}$ kann man nicht als Bruch $\frac{p}{q}$ schreiben. *Beweisargumentation* ① Angenommen, es gibt doch einen vollständig gekürzten Bruch $\frac{p}{q} = \sqrt{2}$ (p und q sind also teilerfremd), dann gilt $\left(\frac{p}{q}\right)^2 = 2$.
Stelle die Gleichung $\left(\frac{p}{q}\right)^2 = 2$ nach p^2 um.	② Durch Umformungen erhält man: $p^2 = 2q^2$
Schlussfolgerung aus der Gleichung $p^2 = q^2 \cdot 2$	③ Aus ② folgt, dass p^2 eine gerade Zahl ist. Daher ist auch p eine gerade Zahl. Man kann also p als 2n schreiben mit $n \in \mathbb{N}$.
Setze $p = 2n$ ein und stelle nach q^2 um.	④ Setzt man $p = 2n$ in $p^2 = 2q^2$ ein, so erhält man $(2n)^2 = 2q^2$; $4n^2 = 2q^2 \quad \vert :2$; $2n^2 = q^2$
Schlussfolgerungen aus der Gleichung $q^2 = 2n^2$	⑤ Aus ④ folgt, dass auch q^2 eine gerade Zahl ist. Daher ist auch q eine gerade Zahl. ⑥ Aus ③ und ⑤ folgt, dass sowohl p als auch q gerade Zahlen sind, also durch 2 teilbar sind.
Es ergibt sich ein Widerspruch zur Annahme.	*Feststellung des Widerspruchs:* Die Aussage in ⑥ ist ein Widerspruch zu der in ① formulierten Annahme, dass p und q teilerfremd sind. Die Annahme muss also falsch sein. Es gibt keine rationale Zahl, deren Quadrat 2 ist. Somit ist $\sqrt{2}$ keine rationale Zahl.

a) Lies den Beweis und übersetze ihn in eigene Worte.
b) In ③ wird folgende Aussage genutzt: Wenn p^2 gerade ist, dann ist auch p gerade. Setze für p verschiedene Zahlen ein und prüfe die Aussage. Zeige die Aussage durch Widerspruch, indem du annimmst, dass p ungerade ist. Was würde für p^2 gelten, wenn p ungerade ist?
c) Beweise, dass $\sqrt{3}$ nicht rational ist.
d) Untersuche den Beweis auch für $\sqrt{4}$ und begründe, warum er nicht funktioniert.

Hinweis:
Bei einem **indirekten Beweis** geht man davon aus, dass die Behauptung falsch ist, und zeigt, dass sich dann ein Widerspruch ergibt.

14. Ausblick: Die Abbildung rechts zeigt eine Möglichkeit, einige irrationale Zahlen geometrisch zu konstruieren.
a) Begründe, dass der Kreis die horizontale Achse bei $\sqrt{2}$ schneidet.
b) Beschreibe, wie der Kreis konstruiert werden kann.
c) Konstruiere $\sqrt{8}$ und $3 \cdot \sqrt{2}$.
d) Begründe, dass in einem Quadrat mit der Seitenlänge a eine Diagonale die Länge $\sqrt{2 \cdot a^2}$ hat. Erkläre dann, warum $\sqrt{15}$ nicht auf diese Weise konstruierbar ist.

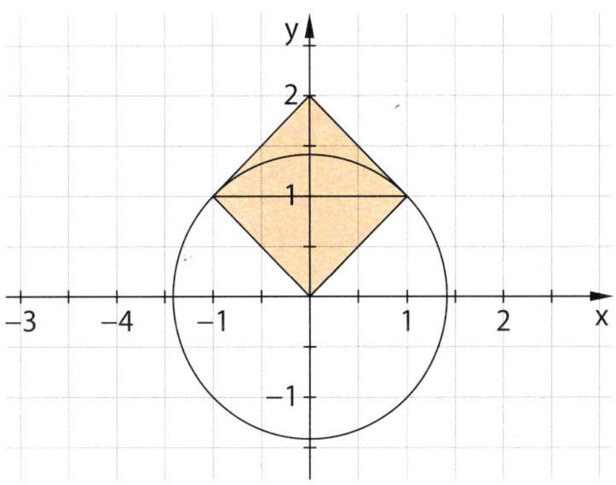

* Aufgabe 13 bezieht sich auf einen fakultativen Inhalt.

Streifzug: Heron-Verfahren

Herr Marx hat sich für die letzte Stunde vor den Weihnachtsferien etwas Besonderes ausgedacht: Eine Mathe-Olympiade. Eine Disziplin heißt „Quadrat-umkehren". Die Schüler dürfen dabei nur einen sehr alten Taschenrechner benutzen. Karin und Simon sind an der Station. Ihre Aufgabe: Löst die Gleichung $x^2 = 5$ so genau wie es geht.

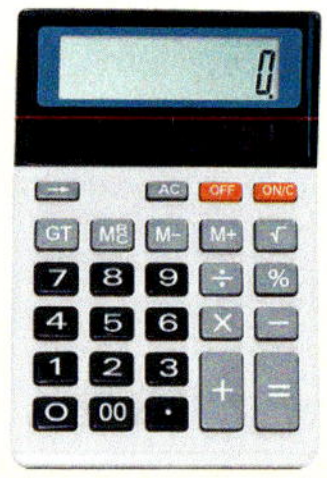

Neben dem Intervallschachtelungsverfahren kann man Quadratwurzeln auch mit dem „Heron-Verfahren" ermitteln: Hier nutzt man aus, dass bei einem Quadrat die Seitenlänge die Wurzel aus seinem Flächeninhalt A ist. Die Idee des Heronverfahrens ist es, ein Rechteck mit dem Flächeninhalt A zu konstruieren und die Seitenlängen des Rechtecks so zu verändern, dass näherungsweise ein Quadrat entsteht. Die Seitenlängen sind in jedem Schritt ein besserer Näherungswert für $\sqrt{A}$.

Beispiel 1: Eine Quadratwurzel mit dem Heron-Verfahren bestimmen

Berechne $\sqrt{3}$ nach dem Heronverfahren. Runde auf die dritte Nachkommastelle.

Lösung:

Wähle die Seitenlängen a und b eines Rechtecks so, dass sich der Flächeninhalt 3 ergibt.

$a = 3$ und $b = 1$

$A = a \cdot b = 3 \cdot 1 = 3$

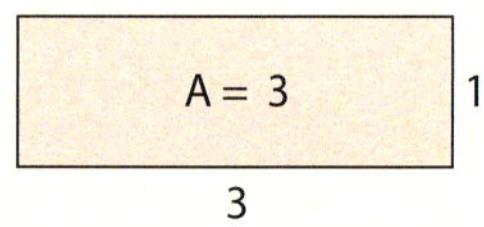

Bilde nun den Mittelwert von a und b. Der Mittelwert ist die Länge der neuen Seite a.

1. Veränderung der Seitenlänge a:

$\frac{a+b}{2} = \frac{3+1}{2} = \frac{4}{2} = 2$

Die Seite b muss so angepasst werden, dass der Flächeninhalt dabei weiterhin den Wert 3 annimmt. Für die neuen Seitenlängen von a und b muss also weiterhin gelten: $a \cdot b = 3$ und somit $b = \frac{3}{a}$

Mit der veränderten Seitenlänge a = 2 erhält man für die Seitenlänge b:

$\frac{3}{a} = \frac{3}{2} = 1{,}5$

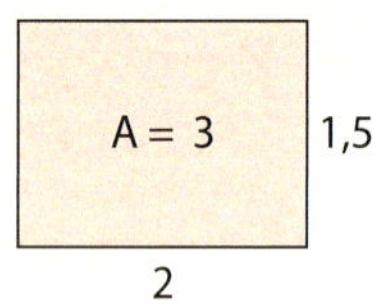

Wiederhole das Vorgehen mit den neuen Seitenlängen. Je öfter du es wiederholst, desto mehr nähern sich die Seitenlängen von a und b an und desto mehr nähert sich die Rechteckform einem Quadrat an.

2. Veränderung der Seitenlängen a und b:

$\frac{2+1{,}5}{2} = \frac{3{,}5}{2} = 1{,}75$

$\frac{3}{a} = \frac{3}{1{,}75} \approx 1{,}714$

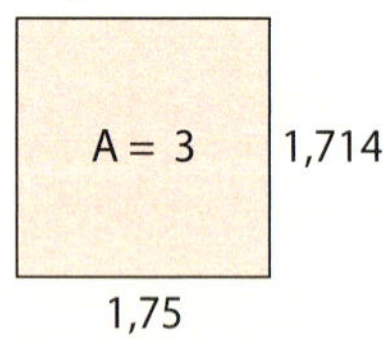

Nach dem dritten Schritt sind die Längen der beiden Seiten gerundet an der dritten Nachkommastelle gleich: $\sqrt{3} = 1{,}732\ldots$

Mit diesem Verfahren kannst du den Wert für $\sqrt{3}$ beliebig genau annähern.

3. Veränderung der Seitenlängen a und b:

$\frac{1{,}75+1{,}714}{2} = \frac{3{,}464}{2} = 1{,}732$

$\frac{3}{a} = \frac{3}{1{,}732} \approx 1{,}732\,101$

$\sqrt{3} = 1{,}732\ldots$

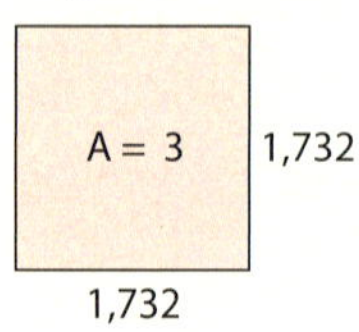

Aufgabe 1: Berechne näherungsweise mit dem Heron-Verfahren. Runde auf die dritte Nachkommastelle.

a) $\sqrt{6}$ b) $\sqrt{12}$ c) $\sqrt{21}$ d) $\sqrt{11}$

Aufgaben

2. a) Berechne $\sqrt{8}$ ($\sqrt{15}$; $\sqrt{24}$; $\sqrt{63}$) näherungsweise mit dem Intervallschachtelungs- und mit dem Heron-Verfahren. Runde auf die dritte Nachkommastelle.
   b) Vergleiche beide Verfahren. Beurteile, für welches du dich entscheiden würdest, wenn du „von Hand" Wurzeln berechnen müsstest.

3. Du kannst auch mit einer Tabellenkalkulation Quadratwurzeln nach dem Heronverfahren bestimmen.
   a) Übertrage den Bildschirmausschnitt in Form einer Tabelle in dein Heft. Gib an, welche Formel in welches Feld gehört.
   b) Berechne mit einer Tabellenkalkulation.
   ① $\sqrt{120}$ ② $\sqrt{156}$ ③ $\sqrt{2048}$

	A	B	C
1	Seite a	Seite b	Flächeninhalt
2	12	10	120
3	11	10,90909091	
4	10,95454545	10,95435685	

=(A2+B2)/2 =C2/A3

=(A3+B3)/2 =C2/A4

   c) Wie viele Schritte werden in b) jeweils benötigt, um die Wurzeln mit einer höheren Genauigkeit zu bestimmen als mit deinem Taschenrechner?

4. Um schnell Näherungswerte für Quadratwurzeln mit dem Heron-Verfahren zu berechnen, wird meist eine Formel verwendet, bei der man von einem vorgegebenen Näherungswert auf den nachfolgenden Näherungswert schließen kann.
   a) Felix benutzt das Heron-Verfahren, um $\sqrt{10}$ zu berechnen. Nach der dritten Veränderung hat er als Wert $\sqrt{10} \approx 3{,}162$ erhalten. Mona behauptet: „Wenn du einen Näherungswert kennst, kannst du den nächsten Näherungswert immer ganz leicht berechnen." Sie schreibt für den folgenden Näherungswert auf: $\left(3{,}162 + \frac{10}{3{,}162}\right) : 2 \approx 3{,}1622$. Begründe Monas Behauptung.
   b) Möchte man allgemein zu einer Zahl a die Quadratwurzel $\sqrt{a}$ berechnen und ist ein beliebiger Näherungswert a_n bekannt, so kann man den nächsten Näherungswert stets mit der folgenden Formel berechnen:
   $a_{n+1} = \left(a_n + \frac{a}{a_n}\right) : 2$
   Berechne mit dieser Formel einen Näherungswert für $\sqrt{7}$. Starte mit $a_1 = 3$ und berechne a_2, a_3, a_4, a_5 und a_6.

5. Untersuche mit dem Heron-Verfahren, ob die Gleichung $\sqrt{a+b} = \sqrt{a} + \sqrt{b}$ gilt. Setze für a und b Werte ein (z. B. a = 2 und b = 3). Bestimme dann jeweils $\sqrt{2}$, $\sqrt{3}$ und $\sqrt{2+3} = \sqrt{5}$ mit dem Heron-Verfahren und vergleiche.

6. Erforsche weitere Verfahren zur Bestimmung von Quadratwurzeln.
   a) Recherchiere nach weiteren Verfahren zur Bestimmung von Quadratwurzeln „von Hand" (z. B. im Internet oder in der Bibliothek deiner Schule). Hierzu gehört beispielsweise das „schriftliche Wurzelziehen".
   b) Recherchiere Verfahren der „vedischen Mathematik" zum Ermitteln von Quadratwurzeln. Vedische Rechenmeister ziehen Wurzeln im Kopf. Wähle ein Verfahren und trainiere es solange, bis du es selbst blitzschnell im Kopf ausführen kannst.

5.4 Rechnen mit Wurzeln

■ Marta und Ben sollen im Unterricht Regeln für das Rechnen mit Wurzeln herausfinden. Sie beginnen schon zu rechnen.
Welche Regeln vermutest du? Suche weitere Beispiele und überprüfe. ■

$\sqrt{\frac{9}{81}} = \sqrt{\frac{1}{9}} = \frac{1}{3}$
$\sqrt{9 \cdot 16} = \sqrt{144} = 12$
$\sqrt{9 + 16} = \ldots$
$\sqrt{25 - 9} = \ldots$

$\frac{\sqrt{9}}{\sqrt{81}} = \frac{3}{9} = \frac{1}{3}$
$\sqrt{9} \cdot \sqrt{16} = \ldots$
$\sqrt{9} + \sqrt{16} = \ldots$
$\sqrt{25} - \sqrt{9} = \ldots$

Für das Ergebnis 6 lassen sich zwei verschiedene Aufgaben aufstellen, in denen Produkte mit Wurzeln vorkommen:

$$6 = 2 \cdot 3 = \sqrt{4} \cdot \sqrt{9}$$
$$6 = \sqrt{36} = \sqrt{4 \cdot 9}$$

$\sqrt{4} \cdot \sqrt{9}$ und $\sqrt{4 \cdot 9}$ haben also dasselbe Ergebnis. Das liegt daran, dass es bei Produkten und Quotienten von Wurzeln Rechenregeln gibt. Für Summen und Differenzen gelten diese Regeln nicht.

Hinweis:
$\sqrt{a} + \sqrt{b} \neq \sqrt{a + b}$
$\sqrt{a} - \sqrt{b} \neq \sqrt{a - b}$

Wissen: Wurzelgesetze
Beim Rechnen mit Wurzeln gelten die Wurzelgesetze für alle positiven reellen Zahlen a und b.
Wurzelgesetz für **Produkte:** $\sqrt{a} \cdot \sqrt{b} = \sqrt{a \cdot b}$
Wurzelgesetz für **Quotienten:** $\frac{\sqrt{a}}{\sqrt{b}} = \sqrt{\frac{a}{b}}$ $(b \neq 0)$

Beispiel 1: Wurzelgesetze anwenden
Ziehe die Wurzel.
a) $\sqrt{3} \cdot \sqrt{12}$ b) $\frac{\sqrt{2}}{\sqrt{32}}$ c) $\sqrt{25 \cdot 9}$ d) $\sqrt{\frac{9}{121}}$

Lösung:
a) Bei einem Produkt von Wurzeln kannst du zunächst das Produkt berechnen und dann die Wurzel ziehen.
$\sqrt{3} \cdot \sqrt{12} = \sqrt{3 \cdot 12} = \sqrt{36} = 6$

b) Bei einem Quotienten von Wurzeln kannst du zunächst den Quotienten unter die Wurzel schreiben, kürzen und dann die Wurzel ziehen.
$\frac{\sqrt{2}}{\sqrt{32}} = \sqrt{\frac{2}{32}} = \sqrt{\frac{1}{16}} = \frac{1}{4}$

c) und d) Stehen unter der Wurzel in einem Produkt/in einem Quotienten Quadratzahlen, so kannst du aus den Quadratzahlen einzeln die Wurzeln ziehen.
$\sqrt{25 \cdot 9} = \sqrt{25} \cdot \sqrt{9} = 5 \cdot 3 = 15$
$\sqrt{\frac{9}{121}} = \frac{\sqrt{9}}{\sqrt{121}} = \frac{3}{11}$

Aufgabe 1: Ziehe die Wurzel.
a) $\sqrt{2} \cdot \sqrt{50}$ b) $\sqrt{6} \cdot \sqrt{150}$ c) $\frac{\sqrt{3}}{\sqrt{12}}$ d) $\frac{\sqrt{12}}{\sqrt{75}}$
e) $\sqrt{16 \cdot 9}$ f) $\sqrt{121 \cdot 36}$ g) $\sqrt{\frac{16}{81}}$ h) $\sqrt{\frac{25}{121}}$

Mit den Regeln für Wurzeln können auch komplizierte Wurzeln oft leicht im Kopf und ohne Taschenrechner berechnet oder vereinfacht werden.

Beispiel 2: Wurzelziehen durch Zerlegen und teilweises Wurzelziehen
Ziehe die Wurzel so weit wie möglich.
a) $\sqrt{324}$ b) $\sqrt{45}$

Lösung:

a) Prüfe, ob die Zahl unter der Wurzel durch kleine Quadratzahlen wie 4, 9, 16, 25 teilbar ist und schreibe als Produkt: $324 = 4 \cdot 81$
Aus den Quadratzahlen kannst du dann einzeln die Wurzel ziehen.

$\sqrt{324} = \sqrt{4 \cdot 81} = \sqrt{4} \cdot \sqrt{81} = 2 \cdot 9 = 18$

b) Ziehe nur aus den Quadratzahlen die Wurzel. Der Rest bleibt als Wurzel stehen.

$\sqrt{45} = \sqrt{9 \cdot 5} = \sqrt{9} \cdot \sqrt{5} = 3 \cdot \sqrt{5}$

Aufgabe 2: Ziehe die Wurzel so weit wie möglich.
a) $\sqrt{144}$ b) $\sqrt{225}$ c) $\sqrt{12}$ d) $\sqrt{48}$ e) $\sqrt{125}$ f) $\sqrt{147}$

Oft hilft teilweises Wurzelziehen auch, wenn man Terme vereinfachen möchte.

Beispiel 3: Zusammenfassen von Wurzeln
Fasse folgenden Term so weit wie möglich zusammen:
$\sqrt{25} - \sqrt{63} + 6\sqrt{7}$

Hinweis:
$6 \cdot \sqrt{7} = 6\sqrt{7}$

Lösung:

Ziehe aus den einzelnen Summanden so weit wie möglich die Wurzel.

$\sqrt{25} - \sqrt{63} + 6\sqrt{7}$
$= 5 - \sqrt{9 \cdot 7} + 6\sqrt{7}$

Nun kannst du durch Ausklammern gleicher Wurzeln einzelne Summanden zusammenfassen.

$= 5 - 3\sqrt{7} + 6\sqrt{7} = 5 + (-3 + 6)\sqrt{7}$
$= 5 + 3\sqrt{7}$

Aufgabe 3: Fasse so weit wie möglich zusammen.
a) $\sqrt{5} + 2\sqrt{5} + \sqrt{25}$ b) $\sqrt{9 \cdot 72} - \sqrt{242}$ c) $\sqrt{17} + \frac{8\sqrt{17}}{\sqrt{16}} + \sqrt{153}$

Aufgaben

4. Berechne mithilfe des Wurzelgesetzes für Produkte.
a) $\sqrt{2} \cdot \sqrt{32}$ b) $\sqrt{3} \cdot \sqrt{27}$ c) $\sqrt{28} \cdot \sqrt{7}$ d) $\sqrt{\frac{1}{3}} \cdot \sqrt{48}$ e) $\sqrt{0{,}2} \cdot \sqrt{320}$
f) $\sqrt{9 \cdot 4}$ g) $\sqrt{25 \cdot 49}$ h) $\sqrt{36 \cdot 169}$ i) $\sqrt{0{,}25 \cdot 16}$ j) $\sqrt{9 \cdot 36 \cdot 64}$

5. Berechne mithilfe des Wurzelgesetzes für Quotienten.
a) $\frac{\sqrt{2}}{\sqrt{50}}$ b) $\frac{\sqrt{20}}{\sqrt{45}}$ c) $\frac{\sqrt{108}}{\sqrt{75}}$ d) $\sqrt{84} : \sqrt{21}$ e) $\sqrt{3} : \sqrt{147}$
f) $\sqrt{\frac{36}{49}}$ g) $\sqrt{\frac{4}{121}}$ h) $\sqrt{\frac{225}{400}}$ i) $\sqrt{1\frac{11}{25}}$ j) $\sqrt{5\frac{1}{16}}$

Prüfe dein neues Fundament

1. Die Summe zweier ungerader Zahlen ist stets eine gerade Zahl.
a) Überprüfe die Behauptung an drei Beispielen.
b) Weise nach, dass die Aussage wahr ist.

2. Ida behauptet: „Die Summe der Quadrate zweier gerader Zahlen ist stets durch 4 teilbar."
Dazu hat sie die folgende Zeichnung als Beispiel für die Zahlen 2 und 4 angefertigt:

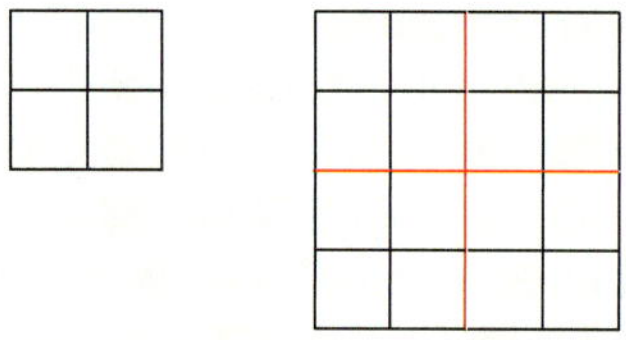

a) Beschreibe, wie Ida argumentiert haben könnte.
b) Gib ein weiteres zeichnerisches Beispiel für die Argumentation an.
c) Beweise, dass die Aussage wahr ist.

3. Die folgenden Aussagen sind falsch. Beweise dies durch Angabe von je einem Gegenbeispiel.
a) Die Summe von drei ungeraden Zahlen ist stets eine gerade Zahl.
b) Wenn eine Zahl durch 8 teilbar ist, so ist sie stets auch durch 6 teilbar.
c) Die Summe von zwei Primzahlen ist stets wieder eine Primzahl.
d) Wenn a und b Teiler einer Zahl c sind, so ist auch die Summe a + b ein Teiler der Zahl c.

4. Berechne ohne Taschenrechner.
a) 5^2 b) $0{,}4^2$ c) 1^2 d) $\left(\frac{1}{20}\right)^2$ e) $(-0{,}3)^2$ f) $(3-7)^2$ g) $(5 \cdot 0{,}3)^2$

5. Berechne ohne Taschenrechner.
a) $\sqrt{81}$ b) $\sqrt{\frac{25}{64}}$ c) $\sqrt{0{,}16}$ d) $\sqrt{-9}$ e) $\sqrt{9+40}$ f) $\sqrt{360\,000}$ g) $\sqrt{0{,}4 \cdot 0{,}1}$

6. Ein quadratisches Rasenstück hat einen Flächeninhalt von $64\,\text{m}^2$.
Bestimme die Seitenlänge.

7. Löse die quadratische Gleichung.
a) $x^2 = 169$ b) $y^2 - 9 = 0$ c) $x^2 + 81 = 0$ d) $x^2 - 7 = 42$ e) $25 + 6a^2 = a^2 + 150$

8. Berechne näherungsweise mit einer Intervallschachtelung (runde auf die dritte Nachkommastelle).
a) $\sqrt{6}$ b) $\sqrt{21}$ c) $\sqrt{33}$ d) $\sqrt{55}$ e) $\sqrt{600}$

9. Gib an, welche der Zahlen rationale Zahlen und welche irrationale Zahlen sind. Begründe jeweils deine Entscheidung.
a) $1{,}333$ b) $-230{,}\overline{01}$ c) $6{,}789101112\ldots$ d) $\sqrt{\frac{4}{16}}$ e) $0{,}161616\ldots$

10. Berechne – falls möglich.
a) $\sqrt{2} \cdot \sqrt{8}$ b) $\sqrt{-3} \cdot \sqrt{27}$ c) $\sqrt{200} \cdot \sqrt{0{,}5}$ d) $\sqrt{125} \cdot \sqrt{5}$ e) $\sqrt{800} \cdot \sqrt{50}$
f) $\sqrt{25 \cdot 4}$ g) $\sqrt{100 \cdot 49}$ h) $\sqrt{36 \cdot 64}$ i) $\sqrt{2500}$ j) $\sqrt{484}$

11. Berechne – falls möglich.
a) $\frac{\sqrt{300}}{\sqrt{3}}$ b) $\frac{\sqrt{125}}{\sqrt{500}}$ c) $\frac{\sqrt{-100}}{\sqrt{-4}}$ d) $\frac{\sqrt{12}}{\sqrt{147}}$ e) $\frac{\sqrt{121}}{\sqrt{361}}$
f) $\sqrt{\frac{16}{100}}$ g) $\sqrt{7\frac{1}{9}}$ h) $\sqrt{\frac{121}{169}}$ i) $\sqrt{\frac{63}{28}}$ j) $\sqrt{\frac{45}{245}}$

12. Ziehe so weit wie möglich die Wurzel.

a) $\sqrt{52}$ b) $\sqrt{96}$ c) $\sqrt{\frac{27}{[illegible]}}$ d) $\sqrt{\frac{8}{[illegible]}}$ e) $\sqrt{\frac{160}{[illegible]}}$

13. Fasse so weit wie möglich zusammen.

a) $\sqrt{3} + 3\sqrt{3} + \sqrt{9}$ b) $\sqrt{8} - \sqrt{32}$ c) $2\sqrt{25 \cdot 20} + 3\sqrt{5}$ d) $\frac{9\sqrt{11}}{\sqrt{81}} + \sqrt{99} - \sqrt{\frac{198}{8}}$

e) $\sqrt{28} \cdot \sqrt{7} + \sqrt{14}$ f) $5\sqrt{5} + \sqrt{125}$ g) $7\sqrt{16 \cdot 28} - 5\sqrt{7}$ h) $\frac{2\sqrt{18}}{\sqrt{36}} + \sqrt{18} - \sqrt{\frac{90}{125}}$

Wiederholungsaufgaben

1. Bei einer Umfrage unter 120 Schülern eines 8. Jahrgangs konnte zwischen vier Fächern gewählt werden. Folgende Fächer wurden als Lieblingsfächer gewählt.

Englisch	Geschichte	Mathematik	Sport
24	20	36	40

Stelle diese Daten in einem Kreisdiagramm dar.

2. Bestimme die Lösung des Gleichungssystems.

$$\begin{vmatrix} 2x + 3y = 5 \\ 4x + 5y = 7 \end{vmatrix}$$

3. Der Eintrittspreis für das Schwimmbad hat sich von 4 € auf 5 € verteuert. Berechne, um wie viel Prozent der Eintritt teurer wurde.

4. Der Klassenraum der 8c ist 6 m breit und 10 m lang.
   a) Zeichne den Grundriss des Klassenraums in einem geeigneten Maßstab.
   b) Berechne das Luftvolumen in dem Zimmer, wenn dessen Raumhöhe 3,50 m beträgt.

5. Ordne die Maßangaben den Größen zu.

100 min
Dauer eines Spielfilms
75 mℓ
Alter der Katze
500 km
70 m^3
Entfernung von Berlin nach München
8 Jahre
Dicke einer 1-Euro-Münze
10 ℓ
Flächengröße von Deutschland
Größe eines Fußballplatzes
1 t
350 000 km^2
Oberfläche einer 1-Euro-Münze
1 kg
Rauminhalt eines Schiffs-Containers
Volumen eines Wassereimers
10 cm^2
7000 m^2
Rauminhalt einer Zahnpastatube
Gewicht eines Brotes
Gewicht eines Pkw
2 mm

Zusammenfassung

Argumentieren, Beweisen

Für den Nachweis, dass eine allgemeine **Aussage** wahr ist, bedarf es einer mathematischen Argumentation. Für den Nachweis, dass eine Aussage falsch ist, genügt ein **Gegenbeispiel**.

Die Aussage „Alle geraden Zahlen sind durch 7 teilbar" ist falsch, denn 8 ist eine gerade Zahl, aber nicht durch 7 teilbar.

Mathematische Aussagen werden häufig in der **„Wenn-dann-Form"** angegeben.

Wenn zwei natürliche Zahlen a und b durch 3 teilbar sind, **dann** ist auch deren Summe a + b durch 3 teilbar.

In der „Wenn-dann-Form" kann man leicht die **Voraussetzung** und die **Behauptung** erkennen.

Voraussetzung:
a, b sind natürliche Zahlen und durch 3 teilbar: $a = 3m$, $b = 3n$ mit $m, n \in \mathbb{N}$.

Behauptung:
Die Summe a + b ist durch 3 teilbar.

Beim **direkten Beweis** einer Aussage geht man von der Voraussetzung aus, um auf die Behauptung zu schließen. Dabei darf man nur eindeutig geklärte Begriffe und wahre mathematische Aussagen verwenden.

Beweis:
$a + b = 3m + 3n$ (nach Voraussetzung)
$= 3(m + n)$ (Distributivgesetz)
Da a + b den Faktor 3 enthält und der andere Faktor (m + n) eine natürliche Zahl ist, ist a + b durch 3 teilbar.

Quadratwurzel

Die **Quadratwurzel** aus einer nichtnegativen Zahl a ist diejenige nichtnegative Zahl b, für die $b^2 = a$ gilt.
Schreibweise: $\sqrt{a}$
Für $a \geq 0$ gilt: $(\sqrt{a})^2 = a$ und $\sqrt{a^2} = a$
Beachte: Aus negativen Zahlen kann man keine Quadratwurzel ziehen.

$\sqrt{9} = 3$, denn $3^2 = 9$

$(\sqrt{7})^2 = 7$ und $\sqrt{7^2} = 7$

Lösungen quadratischer Gleichungen der Form $x^2 = a$

Die quadratische Gleichung $x^2 = a$ hat für $a > 0$ die Lösungen $x_1 = \sqrt{a}$ und $x_2 = -\sqrt{a}$, denn $(\sqrt{a})^2 = a$ und $(-\sqrt{a})^2 = a$.
Für $a < 0$ hat die Gleichung keine Lösung.

$x^2 = 25$; Lösung: $x_1 = 5$ und $x_2 = -5$

$x^2 = -9$; Die Gleichung hat keine Lösung.

Irrationale Zahlen

Die **Menge der irrationalen** Zahlen besteht aus allen positiven und negativen Dezimalzahlen, die nicht abbrechen und nicht periodisch sind.
Die Menge der rationalen Zahlen und die Menge der irrationalen Zahlen zusammen bilden die **Menge der reellen Zahlen $\mathbb{R}$.**

Zu den irrationalen Zahlen gehören z. B. die Zahlen $\sqrt{2}$; π; 0,123456 …

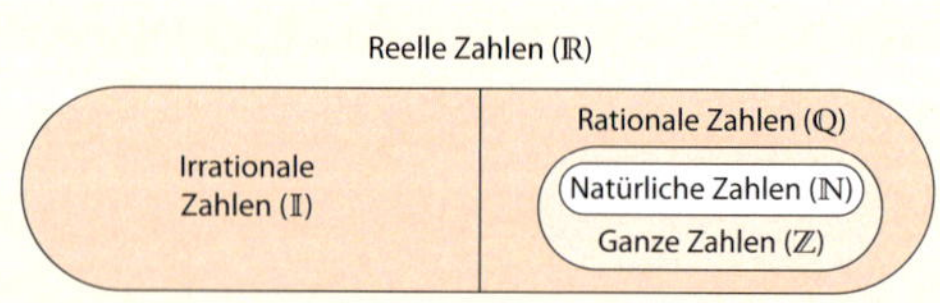

Wurzelgesetze

Beim Rechnen mit Quadratwurzeln gelten folgende Gesetze für
Produkte: $\sqrt{a} \cdot \sqrt{b} = \sqrt{a \cdot b}$ mit $a, b \geq 0$

$\sqrt{3} \cdot \sqrt{12} = \sqrt{36} = 6$
$\sqrt{16 \cdot 36} = \sqrt{16} \cdot \sqrt{36} = 4 \cdot 6 = 24$

Quotienten: $\frac{\sqrt{a}}{\sqrt{b}} = \sqrt{\frac{a}{b}}$ mit $a \geq 0, b > 0$

$\frac{\sqrt{12}}{\sqrt{75}} = \sqrt{\frac{12}{75}} = \sqrt{\frac{4}{25}} = \frac{2}{5}$
$\sqrt{\frac{49}{81}} = \frac{\sqrt{49}}{\sqrt{81}} = \frac{7}{9}$

6. Kreis

Der Kreis ist eine der einfachsten geometrischen Figuren. Will man aber den Umfang oder den Flächeninhalt von Kreisen oder Kreisteilen berechnen, stößt man immer wieder auf die geheimnisvolle Zahl π.

Dein Fundament

Rund um den Kreis

1. Ermittle Radius und Durchmesser des gezeichneten Kreises.
   a) b) c) d)

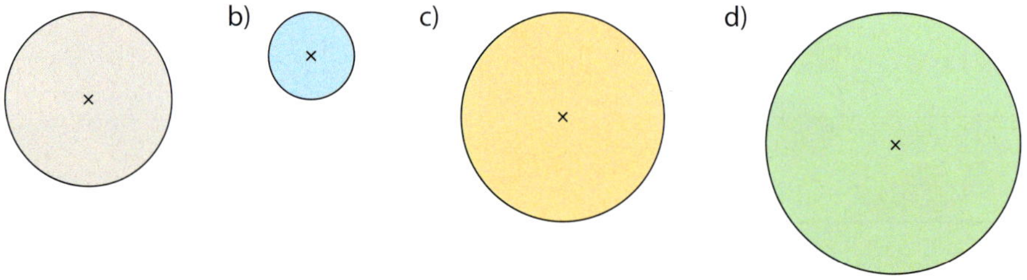

2. Zeichne zwei Kreise mit den Radien $r_1 = 2\,cm$ und $r_2 = 4\,cm$,
   a) die keinen Punkt gemeinsam haben,
   b) die genau einen Punkt gemeinsam haben,
   c) die zwei Punkte gemeinsam haben,
   d) die einen gemeinsamen Mittelpunkt M haben.

3. Zeichne ein Quadrat mit der Seitenlänge $a = 4\,cm$. Zeichne in das Quadrat einen Kreis, der die Seitenmittelpunkte des Quadrates berührt. Gib die Länge des Radius an.

4. Zeichne ein Rechteck mit den Seitenlängen $a = 4\,cm$ und $b = 3\,cm$. Zeichne einen Kreis, der durch alle vier Eckpunkte des Rechtecks verläuft.
   a) Beschreibe die Lage des Kreismittelpunktes.
   b) Gib die Länge des Durchmessers an.

5. Gegeben sind zwei Geraden g und h, die genau einen Punkt gemeinsam haben.
   a) Zeichne mehrere Kreise, die die Geraden g und h berühren.
   b) Beschreibe die Lage der Mittelpunkte dieser Kreise.

Einheiten des Flächeninhalts

6. Entscheide, ob eine Einheit des Flächeninhalts angegeben ist.
   a) cm b) cm^2 c) ℓ d) ha e) cm^3 f) a g) km^2 h) hℓ

7. Rechne in die Einheit um, die in Klammern steht.
   a) $5\,cm^2$ (mm^2) b) $3{,}2\,m^2$ (cm^2) c) 1 ha (m^2) d) 2,3 a (m^2)

8. Ordne den Flächen die gerundeten Größen zu.
   a) Fläche einer Seite dieses Mathematikbuches
   b) Fläche von Deutschland
   c) Sitzfläche eines Stuhles
   d) Handfläche
   e) Fläche von Nordrhein-Westfalen

   ① $357\,000\,km^2$
   ② $1\,dm^2$
   ③ 3 400 000 ha
   ④ $1600\,cm^2$
   ⑤ $48\,000\,mm^2$

9. Wie oft ist die erste Fläche in der zweiten Fläche mit den angegebenen Flächeninhalten enthalten?
   a) $4\,mm^2$ in $16\,cm^2$ b) $25\,dm^2$ in $1\,m^2$ c) $4\,cm^2$ in $80\,cm^2$ d) $10\,m^2$ in 1 a

Umfang und Flächeninhalt von Figuren

10. Berechne Umfang und Flächeninhalt der Figur.
   a) Rechteck mit den Seitenlängen $a = 3\,cm$ und $b = 2{,}5\,cm$
   b) Quadrat mit der Seitenlänge $a = 1{,}1\,cm$
   c) Dreieck mit den Seitenlängen $a = 3\,cm$, $b = 4\,cm$, $c = 50\,mm$ und dem Innenwinkel $\gamma = 90°$
   d) Parallelogramm mit den Seitenlängen $a = 3{,}0\,cm$, $b = 2{,}5\,cm$ und der Höhe $h_a = 2{,}0\,cm$

11. Ermittle
   a) den Umfang eines Quadrates, das einen Flächeninhalt von $144\,dm^2$ hat,
   b) drei mögliche Seitenlängen a und b eines Rechtecks, das einen Flächeninhalt von $30\,cm^2$ hat.

12. Gib den Flächeninhalt der abgebildeten Figuren an, wenn der Flächeninhalt eines Kästchens $1\,cm^2$ beträgt.

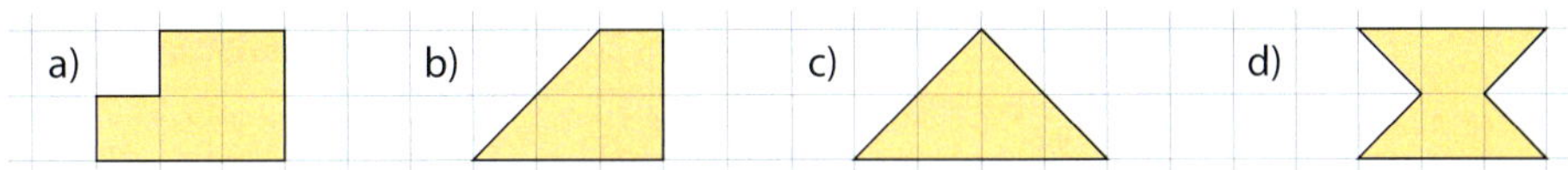

13. Berechne den Flächeninhalt der gefärbten Fläche, wenn die Seitenlängen der Quadrate 1,5 cm und 2,5 cm betragen. (Zeichnung nicht maßgenau)

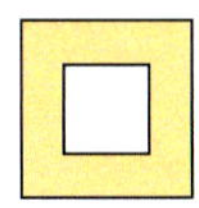

Vermischtes

14. Berechne im Kopf.
   a) 9^2 b) 11^2 c) $0{,}1^2$ d) $1{,}1^2$ e) 12^2 f) $0{,}7^2$ g) $1{,}2^2$ h) $\left(\frac{2}{3}\right)^2$

15. Berechne den Wert des Terms.
   a) $3{,}1 \cdot x^2$ für $x = 2$ b) $2 \cdot \frac{22}{7}x$ für $x = 0{,}7$ c) $\frac{x}{2 \cdot 3{,}1}$ für $x = 15{,}5$ d) $\sqrt{\frac{12}{x}}$ für $x = 3$

16. Stelle die Gleichung nach der Variablen x um.
   a) $2x = y$ b) $xy = z$ $(y \neq 0)$ c) $\frac{x}{4} = r$ d) $\frac{5}{x} = a$ $(x \neq 0, a \neq 0)$

17. Die Tabellen gehören jeweils zu einer proportionalen Zuordnung. Übertrage sie in dein Heft und ergänze sie. Gib jeweils den Proportionalitätsfaktor an.

a)

0,5	1	2	3	4
		6,2		

b)

1	1,5	2		5	7
			9,42	15,7	

18. Welcher Zusammenhang besteht zwischen Durchmesser und Radius eines Kreises?

19. Gib den Anteil des gefärbten Kreisausschnitts als Bruch und die jeweils zugehörige Größe des Winkels α an.

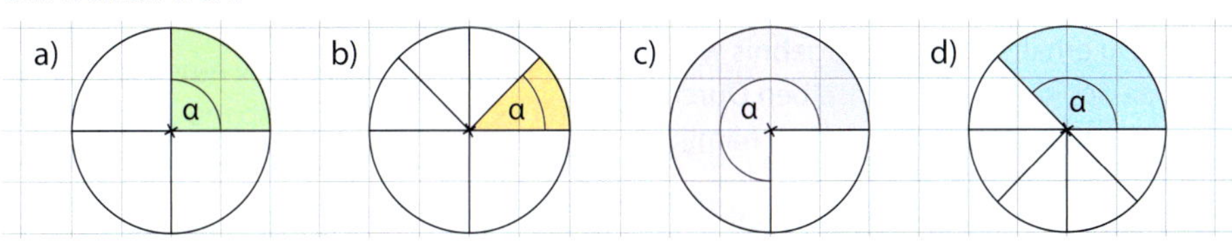

6.2 Flächeninhalt eines Kreises

■ Zeichne mit Zirkel und Lineal einen Kreis mit dem Radius r = 3 cm auf Karopapier. Bestimme dann den Flächeninhalt des Kreises, indem du die Kästchen eines Viertelkreises auszählst und den Flächeninhalt auf den ganzen Kreis umrechnest. Schätze ab, wie gut du den Flächeninhalt bestimmt hast ■

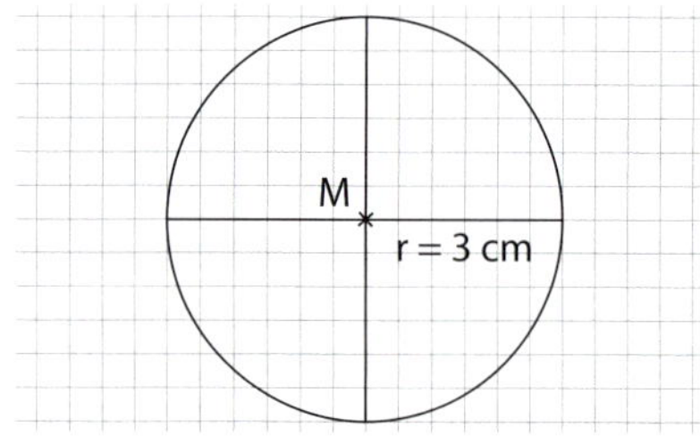

Mit der Formel für den Kreisumfang $u = 2 \cdot \pi \cdot r$ kann man eine Formel für den Flächeninhalt eines Kreises herleiten. Dazu teilt man einen Kreis in gleich große Tortenstücke. Ein Tortenstück wird zusätzlich halbiert. Dann setzt man die Tortenstücke neu zusammen, sodass näherungsweise ein Rechteck entsteht. Die Breite dieses Rechtecks entspricht gerade dem Kreisradius und die Länge entspricht ungefähr dem halben Kreisumfang. Je schmaler die Tortenstücke werden, desto genauer wird die Annäherung an ein Rechteck.

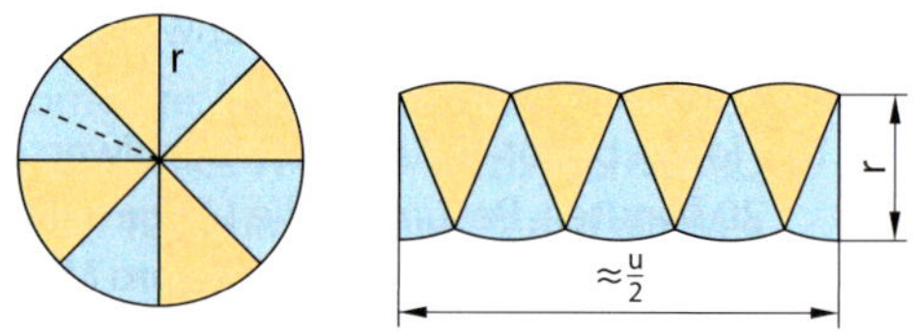

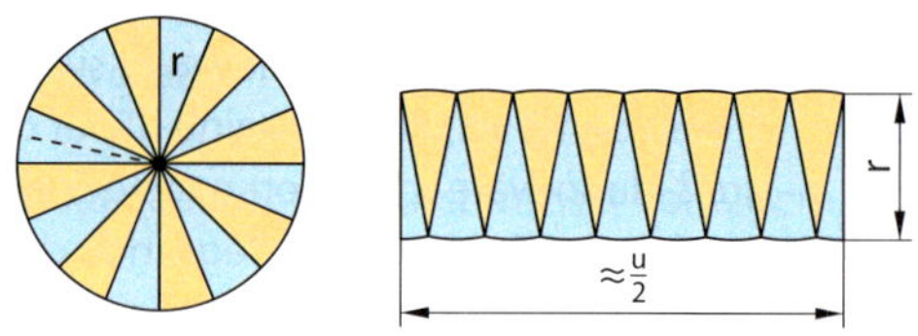

Für den Flächeninhalt des Rechtecks gilt: $A_{Rechteck} = \frac{u}{2} \cdot r$

Setzt man $u = 2 \cdot \pi \cdot r$ ein, folgt: $A_{Rechteck} = \frac{2 \cdot \pi \cdot r}{2} \cdot r = \pi \cdot r^2$

Da Kreis und Rechteck gleich groß sind, gilt: $A_{Kreis} = \pi \cdot r^2$

Wissen: Flächeninhalt eines Kreises

Für den **Flächeninhalt A eines Kreises** mit dem Radius r gilt:

$$A = \pi \cdot r^2$$

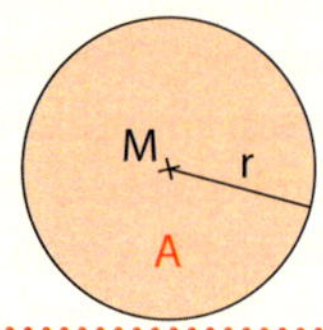

Beispiel 1: Den Flächeninhalt eines Kreises berechnen

Berechne den Flächeninhalt des Kreises. Runde das Ergebnis auf eine Nachkommastelle.

a) Kreis mit dem Radius r = 4 cm

b) Kreis mit dem Durchmesser d = 8 cm

Lösung:

a) Setze r in die Formel $A = \pi \cdot r^2$ ein und rechne aus.

$A = \pi \cdot r^2$
$A = \pi \cdot (4\,\text{cm})^2 = \pi \cdot 16\,\text{cm}^2 \approx 50{,}3\,\text{cm}^2$

b) Berechne zunächst den Radius, indem du den Durchmesser durch 2 teilst. Setze dann r = 4 cm in die Formel $A = \pi \cdot r^2$ ein. Du erhältst dasselbe Ergebnis wie in a), da der Kreis aus a) denselben Durchmesser wie der Kreis aus b) hat, nämlich $d = 2 \cdot 4\,\text{cm} = 8\,\text{cm}$.

$r = \frac{8\,\text{cm}}{2} = 4\,\text{cm}$
$A = \pi \cdot (4\,\text{cm})^2 = \pi \cdot 16\,\text{cm}^2 \approx 50{,}3\,\text{cm}^2$

Aufgabe 1: Berechne den Flächeninhalt des Kreises. Runde das Ergebnis auf eine Nachkommastelle.

a) $r = 3\,cm$ b) $r = 1{,}5\,m$ c) $d = 90\,mm$ d) $d = 3{,}2\,m$

Beispiel 2: Den Radius eines Kreises bei gegebenem Flächeninhalt berechnen

Berechne für einen Kreis mit dem Flächeninhalt $A = 16\,m^2$

a) den Radius r, b) den Durchmesser d.

Lösung:

a) Stelle die Formel $A = \pi \cdot r^2$ nach r um.

$A = \pi \cdot r^2 \quad | :\pi$

$r^2 = \frac{A}{\pi} \quad | \sqrt{\ }$

Setze dann $A = 16\,m^2$ ein. Rechne aus und runde das Ergebnis. Hier wurde auf zwei Nachkommastellen (also auf cm) gerundet.

$r = \sqrt{\frac{A}{\pi}}$

$r = \sqrt{\frac{16\,m^2}{\pi}} \approx 2{,}26\,m$

b) Der Durchmesser ist doppelt so groß wie der Radius. Daher kannst du den berechneten Radius 2,26 m aus a) mit 2 multiplizieren.

$d = 2 \cdot r$

$d \approx 2 \cdot 2{,}26\,m = 4{,}52\,m$

Aufgabe 2: Berechne den Radius r und den Durchmesser d des Kreises.

a) $A = 25\,cm^2$ b) $A = 3\,m^2$ c) $A = 400\,mm^2$ d) $A = 1{,}56\,m^2$

Aufgaben

3. Ein Mobilfunksender hat eine Reichweite von 7 km. Berechne, wie groß das Gebiet ist, in dem der Sender empfangen wird.

4. Ein kreisförmiges Beet hat einen Radius von 2,5 m.
   a) Wie groß ist die Fläche des Beetes?
   b) Wie viele Rosen können eingepflanzt werden, wenn eine Rose eine Fläche von $100\,cm^2$ benötigt?

○ 5. **Durchblick:** Orientiere dich in Aufgabe a) an Beispiel 1 und in Aufgabe b) an Beispiel 2.
   a) Berechne den Flächeninhalt der Kreise mit dem Radius $r_1 = 2\,cm$ und $r_2 = 4\,cm$.
   b) Berechne den Radius eines Kreises mit dem Flächeninhalt $201{,}06\,cm^2$.
   c) Clemens meint: „Wenn ich den Radius verdopple, dann vervierfacht sich der Flächeninhalt." Kann das stimmen? Begründe deine Antwort.

6. Herr Arndt möchte für seine Kinder einen kreisförmigen Swimmingpool im Garten bauen. Der Pool soll einen Flächeninhalt von $80\,m^2$ haben. Welchen Durchmesser muss man für das Becken planen?

7. **Stolperstelle:** Die Schulleiterin Frau Vogel möchte, dass sich die 800 Schüler des Hildebrandt-Gymnasiums für ein Gruppenfoto im kreisförmigen Forum der Schule aufstellen. Der Fotograph zweifelt jedoch, ob die Fläche ausreicht. „Für jeden Schüler benötigt man $\frac{1}{2}\,m^2$, also insgesamt $400\,m^2$." Frau Vogel beschwichtigt ihn: „Ich habe den Platz ausmessen lassen, er ist 20 m breit, hat also eine Fläche von ungefähr $1257\,m^2$. Das reicht auf jeden Fall für die Schüler." Wie kommt Frau Vogel auf diese Behauptung? Ist sie richtig vorgegangen?

8. Julia und Luisa machen einen gemeinsamen Film-Abend und möchten Pizza bestellen. Im Prospekt der Pizzeria Diaboli suchen sie dazu nach Angeboten.

a) Die Pizzeria bietet die kleine Pizza Salami mit einem Durchmesser von 20 cm für 3,60 € an. Die Maxi-Ausführung der Pizza Salami hat eine doppelt so große Fläche wie die kleine Pizza. Berechne den Durchmesser der Maxi-Pizza.

b) Die Pizzeria bietet die Pizza ebenfalls als Familienpizza an, die einen Durchmesser von 40 cm hat und 11,70 € kostet. Bekommt man bei der kleinen Pizza oder bei der Familienpizza mehr Pizza pro Euro?

9. Mit dem Radius wachsen auch der Umfang und der Flächeninhalt des Kreises. Wie verändert sich der Flächeninhalt, wenn man

a) den Radius verdreifacht, b) den Radius drittelt, c) den Umfang halbiert?

d) Gibt es einen Zusammenhang zwischen dem Flächeninhalt und dem Umfang eines Kreises? Stelle die Formel für den Umfang nach r um und setze das Ergebnis in die Formel für den Flächeninhalt ein.

10. Für eine kreisförmige Tischplatte mit 1,20 m Durchmesser soll eine Tischdecke genäht werden. Die Decke soll 15 cm über die Tischkanten hängen.

a) Wie viel Quadratmeter Stoff werden für die Tischdecke benötigt?

b) Um die Decke herum soll eine Spitzenbordüre befestigt werden. Wie viel Meter Bordüre werden benötigt?

Hinweis zu 11:
Hier findest du die Lösungen.

11. Berechne den Flächeninhalt der gelben Fläche.

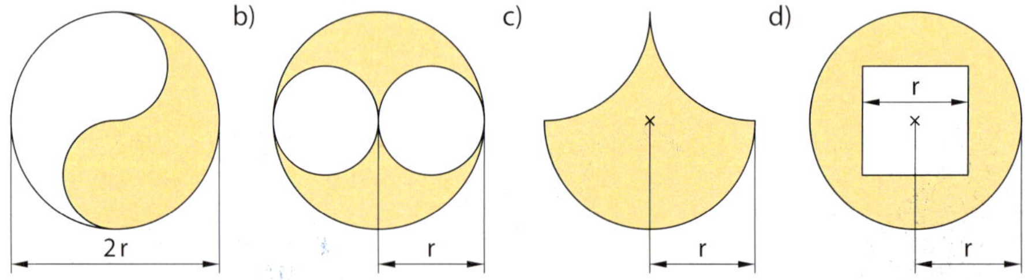

12. Ausblick: Aus einer rechteckigen Spanplatte soll eine möglichst große Kreisscheibe herausgeschnitten werden. Der Umfang des Rechtecks beträgt 140 cm.

a) Bestimme den Flächeninhalt des Kreises, wenn die Platte 50 cm lang und 20 cm breit ist. Fertige eine Skizze an.

b) Bestimme für fünf weitere Plattenlängen die zugehörige Plattenbreite und den Flächeninhalt der Kreisscheibe, die sich herausschneiden lässt. Trage die Ergebnisse in eine Tabelle ein.

c) Finde heraus, bei welcher Plattenlänge und -breite die Kreisscheibe am größten wird. Erläutere dein Ergebnis.

d) In welchem Verhältnis steht der Flächeninhalt der Kreisscheibe aus c) zum Flächeninhalt der rechteckigen Spanplatte?

Streifzug Pi

■ π ist eine geheimnisvolle Zahl, die schon seit langer Zeit die Menschen beschäftigt. π taucht sogar in der Bibel auf. Im alten Testament im ersten Buch der Könige, Kapitel 7, wird vom Bau des Tempels unter Salomo berichtet. Der Kupferschmied Hiram aus Tyros soll Arbeiten an ihm verrichten, und so heißt es: „Und er machte das Meer, gegossen, von einem Rand zum andern zehn Ellen weit rundherum und fünf Ellen hoch, und eine Schnur von dreißig Ellen war das Maß ringsherum."
Welche Zahl für π wurde hier verwendet? ■

Hinweis:
Eine Elle sind ungefähr 0,5 m.

In der Geschichte wurde die Zahl π schon vor den Griechen untersucht. Obwohl die Schätzungen immer genauer wurden, konnte der griechische Mathematiker Archimedes um 250 v. Chr. die Zahl π erstmals mathematisch eingrenzen.

Heute weiß man, dass π unendlich viele Nachkommastellen hat. Den Mathematikern geht es darum, so viele Nachkommastellen wie möglich zu finden.

Eine Methode, mit der Nachkommastellen gefunden werden können, ist die Berechnung mit der sogenannten Leibniz-Formel. Der Mathematiker Gottfried Wilhelm Leibniz fand 1682 heraus, dass man mit den Brüchen, die im Zähler eine 1 und im Nenner die ungeraden natürlichen Zahlen haben, π berechnen kann. Dazu schreibt man diese Brüche geordnet von groß nach klein auf und subtrahiert und addiert sie abwechselnd:

$$1 - \frac{1}{3} + \frac{1}{5} - \frac{1}{7} + \frac{1}{9} - \frac{1}{11} + \dots$$

Würde man diese Rechnung unendlich lange weiterführen können, so wäre das Ergebnis $\frac{\pi}{4}$.
Anders aufgeschrieben gilt daher:

$$\pi = 4 \cdot \left(1 - \frac{1}{3} + \frac{1}{5} - \frac{1}{7} + \frac{1}{9} - \frac{1}{11} + \dots\right)$$

Beispiel 1: Näherungswerte für π mit der Leibniz-Formel bestimmen
Bestimme einen Näherungswert für π mit den ersten sechs Einträgen in der Leibniz-Formel.

Lösung:
Die ersten sechs Einträge sind $\frac{1}{1}, \frac{1}{3}, \frac{1}{5}, \frac{1}{7}, \frac{1}{9}, \frac{1}{11}$.
Rechne mit dem Taschenrechner.

$1 - \frac{1}{3} + \frac{1}{5} - \frac{1}{7} + \frac{1}{9} - \frac{1}{11} = \frac{2578}{3465}$

Multipliziere das Ergebnis mit 4.

$4 \cdot \frac{2578}{3465} = 2{,}976046176$

Vergleiche das Endergebnis mit π.

Mit einem Wert kleiner als 3 ist das Ergebnis noch sehr ungenau.

Aufgabe 1: Bestimme einen Näherungswert für π mit den ersten sieben Einträgen in der Leibniz-Formel.

Eine andere Methode, Näherungswerte für π zu berechnen, ist die Monte-Carlo-Methode. Dabei zeichnet man einen Viertelkreis mit dem Radius 1 in ein Koordinatensystem. Um diesen Viertelkreis zeichnet man ein Quadrat der Seitenlänge 1. Nun werden Punkte zufällig in diesem Quadrat verteilt. Sie können beispielsweise mit Zufallszahlen aus dem Computer bestimmt werden oder mit einem Stift zufällig verteilt werden. Einige liegen dabei innerhalb des Viertelkreises, andere nicht. Der Flächeninhalt des Quadrates beträgt 1, der des Viertelkreises beträgt $\frac{1}{4} \cdot 1^2 \cdot \pi = \frac{\pi}{4}$, da es sich um den viertel Teil eines ganzen Kreises mit dem Radius 1 handelt.

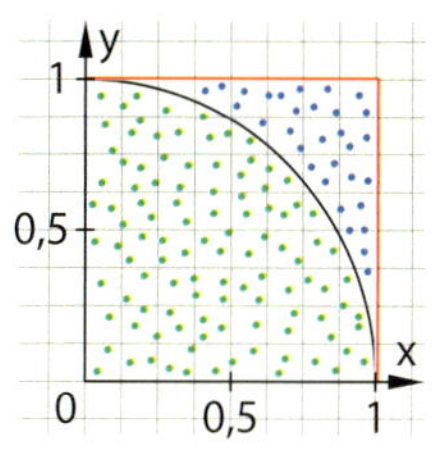

Teilt man nun den Flächeninhalt des Viertelkreises durch den des Quadrats ergibt sich:

$\frac{\text{Flächeninhalt Viertelkreis}}{\text{Flächeninhalt Quadrat}} = \frac{\frac{\pi}{1}}{1} = \frac{\pi}{4}$.

Anders aufgeschrieben gilt daher $\pi = 4 \cdot \frac{\text{Flächeninhalt Viertelkreis}}{\text{Flächeninhalt Quadrat}}$.

Für Näherungswerte für π wird nun die Fläche des Quadrats und damit auch die des Viertelkreises zufällig mit Punkten gefüllt. Nach der obigen Formel dann:

$$\pi \approx 4 \cdot \frac{\text{Anzahl der Punkte im Viertelkreis}}{\text{Anzahl der gesamten Punkte im Quadrat}}$$

Beispiel 2: Näherungswerte für π mit der Monte-Carlo-Methode bestimmen
Bestimme mit der Monte-Carlo-Methode einen Näherungswert für π. Zähle dazu die zufällig im Quadrat verteilten Punkte.

Lösung:
Zähle die Punkte, die im gesamten Quadrat liegen, und die, die nur im Viertelkreis liegen. Hier sind es 127 im gesamten Quadrat und davon 100 im Viertelkreis. Mit der Formel der Monte-Carlo-Methode gilt dann:

$\pi \approx 4 \cdot \frac{100}{127} = 3{,}149606299$

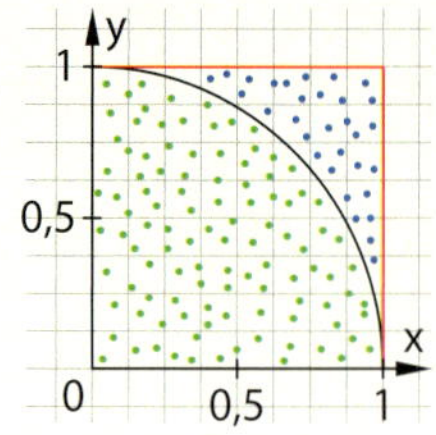

Aufgabe 2: Bestimme mit der Monte-Carlo-Methode einen Näherungswert für π. Zähle dazu die zufällig im Quadrat verteilten Punkte.

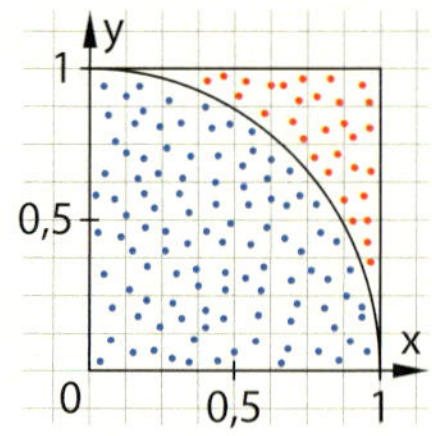

Aufgaben

3. Verwende die Leibniz-Formel, um π weiter zu untersuchen.
a) Wann taucht bei der Berechnung mit der Leibniz-Formel das erste Mal eine 3 vor dem Komma auf?
b) Wie viele Einträge der Leibniz-Formel braucht man mindestens, bis die erste Nachkommastelle mit der von π übereinstimmt?
c) Bestimme einen Näherungswert für π, indem du eine selbstgewählte Länge der Leibniz-Formel berechnest. Um wie viel Prozent weicht dein Näherungswert vom Wert für π ab?
d) Finde einen Näherungswert mit der Leibniz-Formel, der um etwa 3 % vom Wert von π abweicht.

4. Vergleiche die Monte-Carlo-Methode mit der Bestimmung von π durch die Leibniz-Formel. Welche Methode würdest du vorziehen? Begründe deine Antwort.

5. Forschungsauftrag: Forsche im Internet und in Lexika zu den folgenden Themen.
a) Wer sind die „Freunde der Zahl π"?
b) Wie viele Nachkommastellen sind bislang gefunden? Berechne, wie hoch ein Stapel DIN-A4-Blätter wäre, auf denen alle bekannten Nachkommastellen geschrieben stehen. Überlege, wie du eine möglichst genaue Anzahl an Nachkommastellen pro Blatt finden kannst.

6.3 Kreisausschnitt, Kreisbogen, Kreisring

■ Welche der dargestellten Flächen hat den größten Flächeninhalt? Zeichne einen Kreisausschnitt mit einem kleineren Winkel als 30°, dessen Flächeninhalt größer als jeder dieser drei Flächen ist. ■

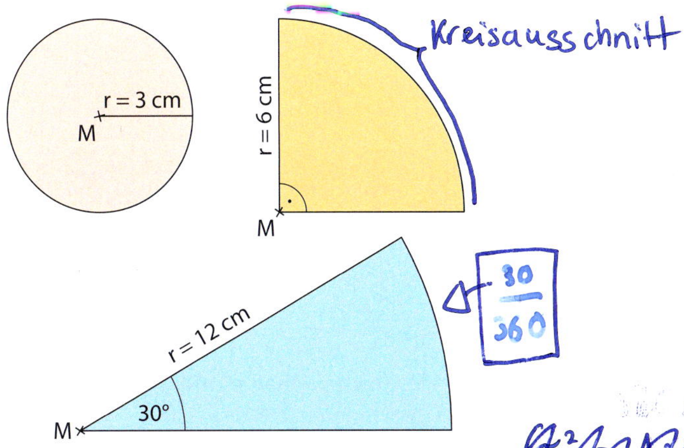

Beispiel 1: Der Kreis hat einen Radius von 5 cm.

a) Berechne den Flächeninhalt des Kreisausschnitts, der einen Mittelpunktswinkel von 54° hat.

b) Berechne die Bogenlänge b.

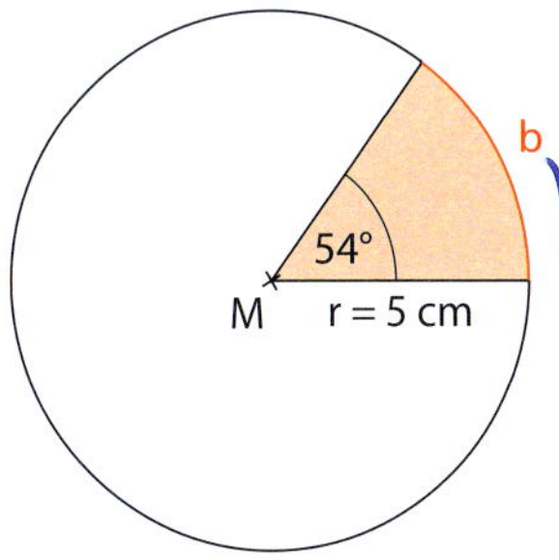

$A_\alpha = \frac{\pi \cdot r^2 \cdot \alpha}{360°}$

$b_\alpha = \frac{2\pi \cdot r \cdot \alpha}{360°} = \frac{\pi \cdot r \cdot \alpha}{180°}$

Kreisbogen

Lösung:

a) Den Flächeninhalt des Kreisausschnitts kannst du mit dem Dreisatz berechnen. Gehe vom Flächeninhalt des ganzen Kreises aus. Berechne zuerst die Fläche, die einem Winkel von 1° entspricht. Multipliziere das Ergebnis mit 54.

Winkel	Flächeninhalt
360°	$A_{360°} = \pi \cdot (5\,\text{cm})^2$
: 360 ↓	↓ : 360
1°	$A_{1°} = \frac{\pi \cdot (5\,\text{cm})^2}{360}$
· 54 ↓	↓ · 54
54°	$A_{54°} = \frac{54 \cdot \pi \cdot (5\,\text{cm})^2}{360} \approx 11{,}8\,\text{cm}^2$

b) Die Bogenlänge kannst du mit dem Dreisatz berechnen. Gehe vom Umfang des Kreises aus. Berechne zuerst die Bogenlänge, die einem Winkel von 1° entspricht. Multipliziere das Ergebnis mit 54.

Winkel	Bogenlänge
360°	$b_{360°} = 2\pi \cdot 5\,\text{cm}$
: 360 ↓	↓ : 360
1°	$b_{1°} = \frac{2\pi \cdot 5\,\text{cm}}{360}$
· 54 ↓	↓ · 54
54°	$b_{54°} = \frac{54 \cdot 2\pi \cdot 5\,\text{cm}}{360} = \frac{54 \cdot \pi \cdot 5\,\text{cm}}{180} \approx 4{,}7\,\text{cm}$

Aufgabe 1: Ein Kreis hat einen Radius von 8 cm. Berechne zu den Kreisausschnitten mit den folgenden Mittelpunktswinkel jeweils den Flächeninhalt und die Bogenlänge.

a) 36° b) 60° c) 90° d) 120° e) 172° f) 250°

Hinweis:
Ein Kreisausschnitt wird auch als **Kreissektor** bezeichnet. Statt Mittelpunktswinkel sagt man auch **Zentriwinkel**.

Wissen: Kreisausschnitt, Kreisbogen, Kreisring

Für den **Flächeninhalt eines Kreisausschnitts A_α** mit dem Radius r und dem Mittelpunktswinkel α gilt:

$$A_\alpha = \frac{\alpha}{360°} \cdot \pi \cdot r^2$$

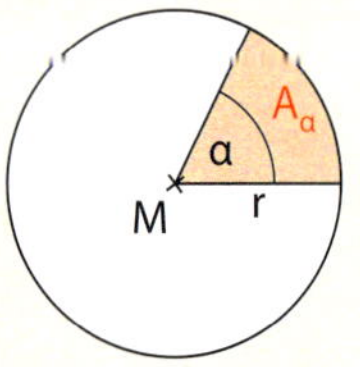

Für die **Länge eines Kreisbogens b_α** mit dem Radius r und dem Mittelpunktswinkel α gilt:

$$b_\alpha = \frac{\alpha}{180°} \cdot \pi \cdot r$$

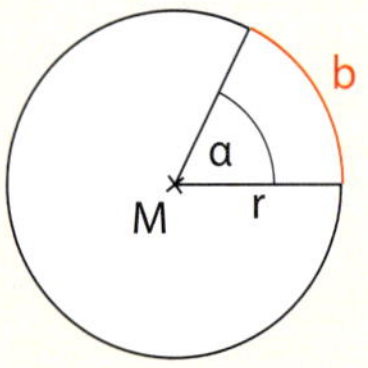

Für den **Flächeninhalt eines Kreisrings A** mit dem äußeren Radius r_1 und dem inneren Radius r_2 gilt:

$$A = \pi \cdot r_1^2 - \pi \cdot r_2^2 = \pi \cdot (r_1^2 - r_2^2)$$

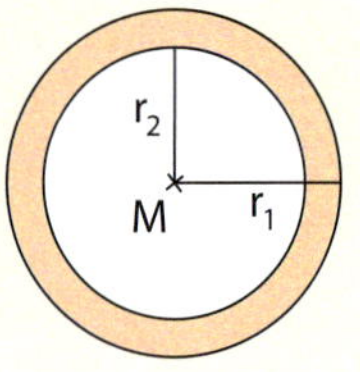

Aufgaben

2. Zeichne einen Kreisausschnitt mit den gegebenen Größen. Berechne seinen Flächeninhalt und die Länge des zugehörigen Bogens.
   a) r = 6 cm, α = 36° b) r = 4 cm, α = 85°
   c) d = 8,4 cm, α = 112° d) r = 0,42 dm, α = 45°

3. Berechne die Länge der roten Linie und den Flächeninhalt der eingeschlossenen Fläche.
   a)

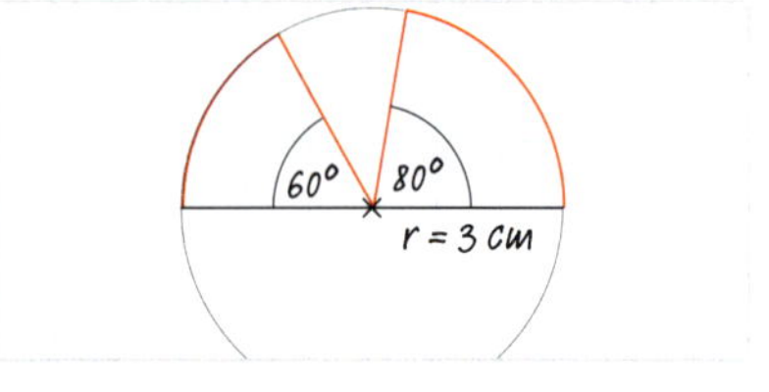

   b)

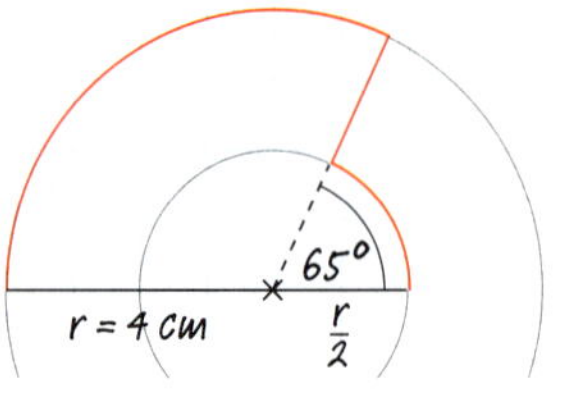

○ 4. **Durchblick:** Ein Kreis hat einen Radius von 5 cm. Übertrage die Tabelle in dein Heft und ergänze für jeden Mittelpunktswinkel den Flächeninhalt des Kreisausschnitts und die Länge des Kreisbogens. Orientiere dich an Beispiel 1. Gib auch den jeweiligen Anteil am Vollkreis an.

Mittelpunktswinkel α	120°	60°	30°	45°
Flächeninhalt A_α				
Bogenlänge b_α				
Anteil am Vollkreis	$\frac{1}{3}$			

5. Sarah lässt den rechts abgebildeten Spiegel anfertigen.
   a) Berechne die Größe der Spiegelfläche.
   b) Das Spiegelglas kostet 60 € pro m^2. Für den Zuschnitt und den Kantenschliff muss sie zusätzlich 35 € bezahlen. Berechne den Gesamtpreis, den Sarah bezahlen muss.

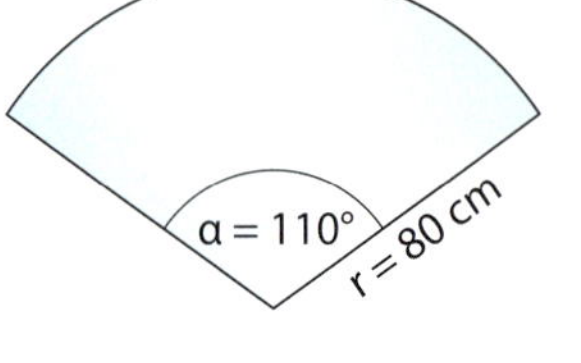

6. Übertrage die Tabelle in dein Heft und ergänze die fehlenden Größen.

	a)	b)	c)	d)	e)	f)
Mittelpunktswinkel α	30°		210°			75°
Radius r	7 cm	5 m	50 cm	18 dm	12 cm	
Bogenlänge b_α		1 m		6 m		
Flächeninhalt A_α					45,2 cm²	140,8 cm²

Hinweis zu 6:
Die gerundeten Lösungen zu α, r und b_α findest du im Rauch, zu A_α in der Lok (ohne Einheiten).

7. Eine Unterlegscheibe hat die Form eines Kreisringes mit dem äußeren Durchmesser $d_1 = 8{,}2$ mm und dem inneren Durchmesser $d_2 = 5{,}8$ mm. Berechne den Flächeninhalt.

8. Das Verkehrszeichen 250 (Verbot für Fahrzeuge aller Art) hat einen Durchmesser von 600 mm. Gib den Anteil der roten Fläche prozentual zur Gesamtfläche des Verkehrszeichens an, wenn du davon ausgehst, dass der rote Ring 15 mm vom äußeren Rand entfernt ist und eine Breite von 80 mm hat.

9. **Stolperstelle:** Malte muss den Flächeninhalt der Treppenstufe einer Wendeltreppe berechnen. Prüfe seine Rechnung:

$A = \frac{25°}{360°} \cdot \pi \cdot (95\ cm)^2 \approx 1969\ cm^2$

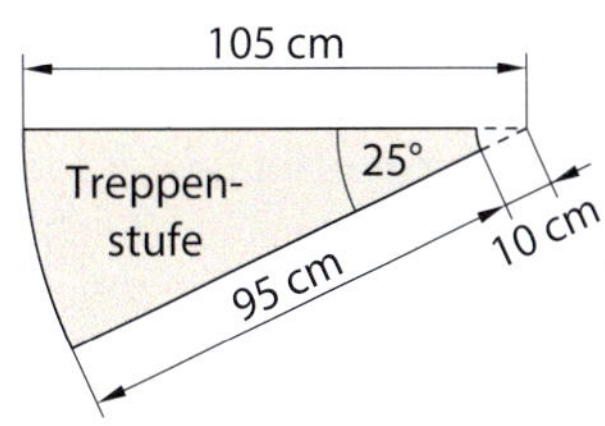

10. Ein Glaser muss für die Restauration eines Kirchenfensters mit Buntglas wie in der Darstellung acht verschiedene Glasfarben verwenden. Berechne die jeweilige Fläche für jede verwendete Farbe, wenn der äußere Durchmesser 1 m und der innere Durchmesser 40 cm beträgt.

11. Ein Kreisring mit dem Außendurchmesser von 10 cm soll den halben Flächeninhalt des Vollkreises haben. Mit welchem Durchmesser muss der innere Kreis ausgeschnitten werden?

12. **Ausblick:** Die Karte zeigt einen Teil von Karlsruhe im Maßstab 1 : 20 000
a) Maria befindet sich am Punkt A. Sie möchte ihre Freundin Clara am Punkt B treffen. Ist der Weg entlang des Kreisbogens über den Neuen Zirkel oder der Weg über das Schloss in der Mitte kürzer? Miss die benötigten Größen und berechne beide Weglängen.
b) Wie groß müsste der Winkel α sein, damit beide Wege gleich lang sind?

Vermischte Aufgaben

1. Berechne die fehlenden Größen, runde auf die 2. Nachkommastelle.

	a)	b)	c)	d)	e)	f)	g)	h)
r	12 cm					$\frac{3}{5}$ cm		
d				6 m				$\frac{2}{3}$ cm
u			22,62 mm				4,4 dm	
A		19,635 dm^2			272,89 m^2			
α	25°		10°				119°	
$b_α$		10 dm				2 cm		0,2 cm
$A_α$				15 m^2	100 m^2			

2. Lena hat zum Geburtstag ein Riesentrampolin mit Sicherheitsnetz mit einem Durchmesser von 3,05 m geschenkt bekommen. Die Sicherheitsabdeckung am Rand ist 20 cm breit. Berechne den Flächeninhalt der Sprungfläche.

3. Marie und ihr Bruder Jonas backen Plätzchen. Sie haben den Teig zu einem Rechteck mit den Seitenlängen a = 20 cm und b = 28 cm ausgerollt. Ihre Ausstecher haben einen Durchmesser von 4 cm.

a) Berechne die Anzahl der Plätzchen, die Marie und Jonas ausstechen können, wenn sie die Plätzchen wie im Bild ausstechen.

b) Berechne den Flächeninhalt des Teigs, der übrig bleibt. Berechne, für wie viele weitere Plätzchen der Teig reicht, wenn Marie und Jonas den Verschnitt immer wieder mit der gleichen Dicke ausrollen.

Hinweis zu 3 c:
Hier kann Dynamische Geometrie-Software verwendet werden.

c) Überprüfe zeichnerisch, ob Marie und Jonas beim ersten Ausrollen des Teigs mehr Plätzchen ausstechen könnten, wenn sie die Plätzchen versetzt anordnen. Könnten sie dann auch insgesamt mehr Plätzchen aus dem Teig erhalten?

d) Marie möchte die Plätzchen am Rand mit einem dünnen Zuckergussstreifen verzieren. Berechne, wie lang die Zuckergussstreifen insgesamt sind.

4. Bestimme den Radius der Kreise. Überschlage zunächst im Kopf.

a) u = 36 cm b) A = 48 dm^2 c) u = 90 mm d) A = 363 m^2

5. Betrachte die Abbildung.

a) Ordne die Kreise nach ihrer Größe, beginne mit dem kleinsten. Schätze zunächst und überprüfe anschließend durch eine Rechnung mit den angegebenen Werten.

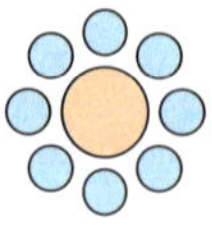

Blaue Kreise d = 3 mm;
roter Kreis A = 9 π mm^2

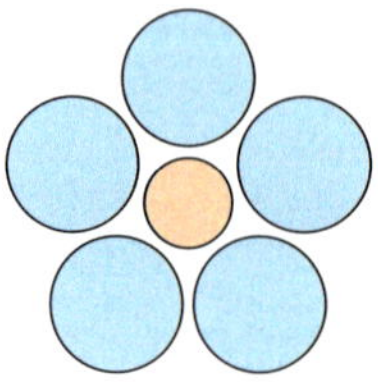

Blaue Kreise u = 9 π mm;
roter Kreis u = 6 π mm

Hinweis zu 5 c:
Hier kann Dynamische Geometrie-Software verwendet werden.

b) Beschreibe deine Beobachtung aus a). Woran könnte diese optische Täuschung liegen?

c) Zeichne selbst ein solches Bild.

6. Das London Eye war 2013 mit einer Höhe von 120 m und einem Durchmesser von 110 m das höchste Riesenrad Europas.

Das London Eye hat 32 Kabinen, deren Aufhängungen außen auf dem Rad gleich weit voneinander entfernt sind. Bestimme den Abstand zwischen den Aufhängungen zweier Kabinen.

Berechne den Weg, den die Besucher bei einer Umdrehung zurücklegen.

Die Kabinen des London Eye drehen sich mit einer Geschwindigkeit von 0,26 m/s. Berechne die Zeitdauer einer Umdrehung.

Das London Eye wurde liegend auf Schwimmkähnen errichtet und anschließend aufgerichtet. Berechne die Fläche, die es liegend einnahm.

Das London Eye bewegt sich so langsam, dass die Passagiere während der Fahrt ein- und aussteigen können. Es hält nur in speziellen Situationen an, z.B. um Rollstuhlfahrer ein- und aussteigen zu lassen. Nimm an, du steigst in das London Eye ein und fährst 10 Minuten mit einer Geschwindigkeit von 0,26 m/s, bis es anhält. Bestimme, um wie viel Grad sich das Riesenrad bis dahin gedreht hat.

7. Das Selbstlernzentrum des Schiller-Gymnasiums soll neu gestaltet werden. Die SV schlägt dazu Tische vor, die sie für ihre Versammlungen als Kreis aufstellen kann. Im Katalog ist angegeben, dass ein Vollkreis aus vier Tischen besteht, bei denen die gerade Kante eine Länge von 50 cm und die äußere gebogene Kante eine Länge von ca. 157 cm hat.

a) Im Selbstlernzentrum steht eine quadratische Fläche von 10 m^2 zur Verfügung. Prüfe, ob dieser Platz für einen Vollkreis inklusive Stühlen ausreichend ist.
b) Berechne die leere Fläche in der Mitte der Tische.
c) Das Team der SV, welches sich regelmäßig trifft, besteht aus 8 Personen. Berechne die Tischfläche, die jeder Person zur Verfügung steht.

8. Paul möchte in seinem Zimmer eine Dartscheibe mit einem Radius von 25,5 cm aufhängen. Sein Vater besteht darauf, dass er als Schutz für die dahinter liegende Wand die Dartscheibe auf einer Holzplatte montiert, sodass die Holzplatte überall mindestens 20 cm übersteht.

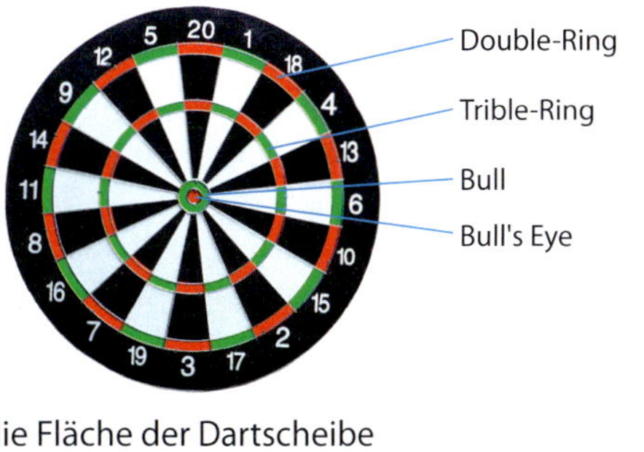

a) Bestimme die Abmessungen, die die Platte haben muss, wenn sie rechteckig ist.
b) Paul hat eine quadratische Holzplatte mit einer Seitenlänge von 95 cm gekauft, die er nun schwarz lackieren möchte. Da der Lack jedoch sehr teuer ist, überlegt er sich, die Fläche der Dartscheibe auszusparen. Berechne, wie viel Prozent Lack Paul so sparen kann.
c) Der Double- und Triple-Ring ist jeweils 8 mm breit. Der Abstand vom Mittelpunkt des Bulls bis zum äußeren Rand des Double-Rings beträgt 170 mm, bis zum äußeren Rand des Triple-Rings sind es 107 mm. Berechne die Fläche eines Double- und eines Triple-Felds. Berechne außerdem die Größe der gesamten Spielfläche.
d) Das Bull hat einen Durchmesser von 31,8 mm, das Bull's Eye hat einen Radius von 6,35 mm. Stelle selbst weitere Aufgaben zur Dartscheibe und löse diese, oder tausche dich mit deinem Nachbarn aus.

Prüfe dein neues Fundament

1. Berechne den Umfang des Kreises, wenn der Radius r oder der Durchmesser d gegeben ist. Runde sinnvoll.

a) $r = 25\,cm$ b) $r = 14\,mm$ c) $d = 14\,km$ d) $r = 2{,}8\,km$ e) $r = 0{,}23\,dm$
f) $d = 4{,}65\,m$ g) $r = 0{,}045\,km$ h) $d = 0{,}405\,mm$ i) $d = 2\pi\,m$ j) $r = \frac{1}{2\pi}\,km$

2. Der Kreis hat den Umfang u. Berechne den Radius r und den Durchmesser d. Runde sinnvoll.

a) $u = 44\,cm$ b) $u = 2{,}5\,m$ c) $u = 0{,}002\,mm$ d) $u = 0{,}708\,km$ e) $u = 2\pi\,m$

3. Berechne den Umfang des Gegenstandes. Überschlage zunächst im Kopf.

a) 1-Cent-Münze $d = 16{,}25\,mm$ b) Mittelkreis im Fußballfeld $d = 18{,}30\,m$ c) Traktorreifen $d = 1662\,mm$ d) Schallplatte $d = 30\,cm$

4. Berechne die Länge der Äquatorkreise der acht Planeten unseres Sonnensystems aus ihren Durchmessern unter der Annahme, dass die Planeten perfekte Kugeln wären.

Merkur: 4878 km *Venus:* 12 104 km *Erde:* 12 756 km
Mars: 6790 km *Jupiter:* 142 984 km *Saturn:* 120 536 km
Uranus: 51 118 km *Neptun:* 49 528 km

5. Berechne den Flächeninhalt des Kreises mit dem Radius r bzw. mit dem Durchmesser d. Runde sinnvoll.

a) $r = 4\,cm$ b) $r = 7{,}8\,m$ c) $d = 2\,cm$ d) $r = 23{,}75\,dm$ e) $d = 10{,}34\,km$
f) $d = 0{,}004\,m$ g) $r = 0{,}03\,m$ h) $d = 2\sqrt{3}\,cm$ i) $r = \pi\,cm$ j) $d = \frac{2\pi}{3}\,m$

6. Der Kreis hat den Flächeninhalt A. Berechne den Radius r und den Durchmesser d. Runde sinnvoll.

a) $A = 10\,cm^2$ b) $A = 12{,}57\,m^2$ c) $A = 0{,}283\,mm^2$ d) $A = 18\pi\,km^2$ e) $A = \pi\,cm^2$

7. Die Sendereichweite eines Sprechfunkgeräts beträgt 5 km. Berechne, wie groß das Gebiet ist, in dem man das Funkgerät empfangen kann.

8. Berechne zu dem Kreisausschnitt mit dem Radius r und dem Mittelpunktswinkel α den Flächeninhalt und die Bogenlänge. Runde sinnvoll.

a) $r = 5\,cm;\ \alpha = 16°$ b) $r = 11\,mm;\ \alpha = 58°$
c) $r = 14{,}7\,dm;\ \alpha = 90°$ d) $r = 0{,}25\,km;\ \alpha = 101°$
e) $r = 11\,cm;\ \alpha = 181°$ f) $r = 1{,}27\,km;\ \alpha = 240°$

9. Ein äußerer Kreis mit dem Radius r_1 und ein innerer Kreis mit dem Radius r_2 bilden einen Kreisring. Berechne den Flächeninhalt des Kreisrings. Runde sinnvoll.

a) $r_1 = 4\,cm;\ r_2 = 3\,cm$ b) $r_1 = 1{,}1\,m;\ r_2 = 0{,}4\,m$
c) $r_1 = 0{,}9\,m;\ r_2 = 3{,}9\,dm$ d) $r_1 = 3\sqrt{2}\,cm;\ r_2 = \sqrt{2}\,cm$

10. Ein Spielfeld besteht beim Baseball aus zwei Teilen. Der erste Teil ist der eigentliche Spielbereich, das Fair Territory. Es hat die Form eines Viertelkreises und wird von zwei Seitenauslinien mit einer Länge von 105 m begrenzt. Den zweiten Teil bildet der Seitenausbereich, das Foul Territory (in der Abbildung blau).

a) Berechne die Größe des Fair Territory.

b) Ein Quadratmeter Rollrasen kostet 8 €. Für die Verlegung des Rollrasens verlangt eine Firma 9500 €. Berechne den Gesamtpreis für das Auslegen des Fair Territory mit Rollrasen.

11. Übertrage die Tabelle in dein Heft. Gesucht sind verschiedene Werte von Kreisen, aus denen jeweils ein Kreisausschnitt mit einem Mittelpunktwinkel von 45° ausgeschnitten wird. Berechne die fehlenden Werte. Runde sinnvoll.

Radius	Durchmesser	Umfang	Flächeninhalt Kreis	Flächeninhalt Kreisausschnit	Bogenlänge Kreisausschnitt
r = 5 cm					
	d = 12,6 m				
		20,23 km			
			55 cm^2		
				189 mm^2	
					12 dm

Wiederholungsaufgaben

1. Der Rhein hatte im Mai 2013 beim Pegel Köln folgende Wasserstände:

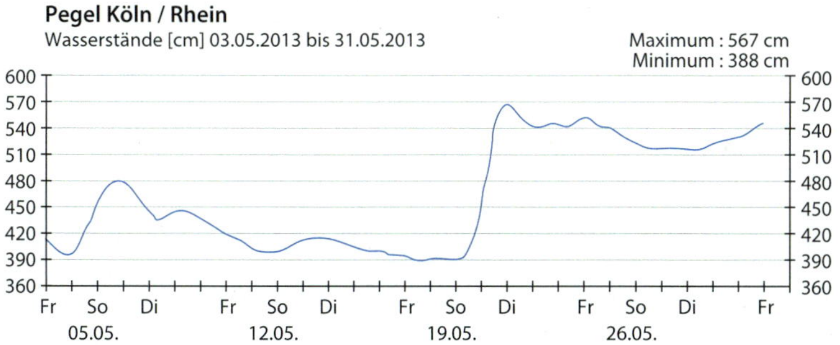

a) Lies den Wasserstand am 6. Mai und am 20. Mai ab.

b) Wann hatte der Rhein im Mai den höchsten Pegelstand?

2. Forme mithilfe der Binomischen Formeln um.

a) (☺ + ☹)^2 = b) (◁ − ▷)^2 = c) (○ + □)(○ − □) =

3. Nutze zur Berechnung Rechenvorteile.

a) $15 \cdot 8 + 85 \cdot 8$ b) $\frac{1}{7} \cdot (700 + 63)$ c) $\frac{2}{5} \cdot 9 \cdot 2 \cdot \frac{15}{2} \cdot 5$

4. Berechne.

a) 7 % von 200 € b) 20 % von 20 kg c) 110 % von 50 m

Zusammenfassung

Kreis

Ein **Kreis** besteht aus allen Punkten, die von einem festen Punkt M (**Mittelpunkt** des Kreises) den gleichen Abstand r (**Radius** des Kreises) haben. Der zweifache Radius ist der **Durchmesser** des Kreises.

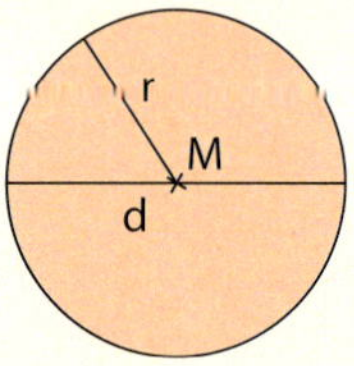

$d = 2r;\ r = \frac{d}{2}$

Umfang eines Kreises

Der **Umfang u eines Kreises** ist zu seinem Durchmesser d proportional. Der Proportionalitätsfaktor wird **Kreiszahl** genannt und mit π bezeichnet. Als Näherungswert für π kann man 3,14 oder $\frac{22}{7}$ nutzen.

Für den **Umfang u eines Kreises** mit dem Durchmesser d und dem Radius r des Kreises gilt:

$$u = \pi \cdot d \quad \text{bzw.} \quad u = 2 \cdot \pi \cdot r$$

Ermittle den Umfang u eines Kreises, dessen Radius 12 cm beträgt.

$u = 2 \cdot \pi \cdot r$
$= 2 \cdot \pi \cdot 12\,\text{cm} \approx 75{,}4\,\text{cm}$

Flächeninhalt eines Kreises

Für den **Flächeninhalt A eines Kreises** mit dem Radius r gilt:

$$A = \pi \cdot r^2$$

Ermittle den Flächeninhalt A eines Kreises, dessen Radius 3 cm beträgt.

$A = \pi \cdot r^2$
$= \pi \cdot (3\,\text{cm})^2$
$= \pi \cdot 9\,\text{cm}^2 \approx 28{,}3\,\text{cm}^2$

Kreisbogen, Kreisausschnitt

Der **Flächeninhalt eines Kreisausschnitts A_α** mit dem Radius r und dem Mittelpunktswinkel α beträgt:

$$A_\alpha = \frac{\alpha}{360°} \cdot \pi \cdot r^2$$

Die **Länge eines Kreisbogens b_α** mit dem Radius r und dem Mittelpunktswinkel α beträgt:

$$b_\alpha = \frac{\alpha}{180°} \cdot \pi \cdot r$$

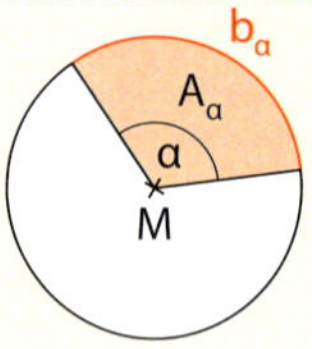

Berechne den Flächeninhalt A_α des Kreisausschnitts und die Bogenlänge b_α eines Kreises mit dem Radius 6 m und einem Mittelpunktswinkel von 120°.

$A_\alpha = \frac{\alpha}{360°} \cdot \pi \cdot r^2$
$= \frac{120°}{360°} \cdot \pi \cdot (6\,\text{m})^2 \approx 37{,}7\,\text{m}^2$

$b_\alpha = \frac{\alpha}{180°} \cdot \pi \cdot r$
$= \frac{120°}{180°} \cdot \pi \cdot 6\,\text{m} \approx 12{,}6\,\text{m}$

Kreisring

Für den **Flächeninhalt A eines Kreisrings** mit den Radien r_1 und r_2 $(r_1 > r_2)$ gilt:

$$A = \pi \cdot r_1^2 - \pi \cdot r_2^2$$
$$= \pi \cdot (r_1^2 - r_2^2)$$

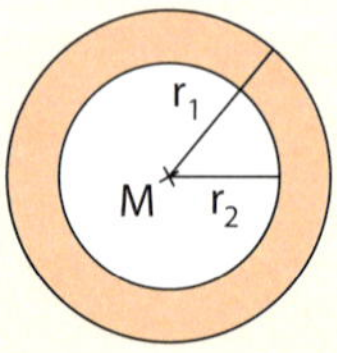

Berechne den Flächeninhalt A des Kreisrings mit $r_1 = 2{,}5\,\text{m}$ und $r_2 = 1{,}5\,\text{m}$.

$A = \pi \cdot (r_1^2 - r_2^2)$
$= \pi \cdot ((2{,}5\,\text{m})^2 - (1{,}5\,\text{m})^2)$
$= \pi \cdot 4\,\text{m}^2 \approx 12{,}6\,\text{m}^2$

7. Prisma und Zylinder

Diese Basaltsäulen sind erkaltetes Vulkangestein, das zu Prismen mit sechseckiger Grundfläche erstarrte.

Volumen- und Flächeneinheiten

1. Gib an, ob eine Volumeneinheit oder eine Flächeneinheit vorliegt.
a) ha b) m^3 c) cm^2 d) ℓ e) a f) km^2 g) mm^3 h) mℓ

2. Rechne in die in Klammern angegebene Einheit um.
a) $3\,m^2$ (dm^2) b) $7890\,dm^3$ (m^3) c) 1 ha (a) d) $98908\,cm^2$ (m^2)
e) $559\,cm^3$ (ℓ) f) $0{,}3\,cm^2$ (mm^2) g) $0{,}07\,m^3$ (cm^3) h) 0,12 hℓ (ℓ)

3. a) Ordne alle Flächeninhaltsangaben der Größe nach.
b) Ordne alle Volumenangaben der Größe nach.

$2\,m^3$ | $2\,m^2$ | 0,5 ha | $17\,dm^3$ | 1 hℓ | $2153\,cm^2$ | $0{,}025\,dm^3$ | 1,5 a | 0,5 ℓ | $0{,}02\,m^2$

4. Berechne.
a) $3\,m^2 + 3\,dm^2$ b) $20\,m^2 + 1\,a$ c) $750\,dm^3 + 2{,}5\,m^3$ d) $4\,m^2 \cdot 5\,dm$

Berechnungen am Quader

5. Übertrage die Tabelle in dein Heft und vervollständige sie.

	Länge	Breite	Höhe	gesamte Kantenlänge des Quaders	Volumen des Quaders	Oberflächeninhalt des Quaders
	des Quaders					
a)	1 cm	2 cm	3 cm			
b)	3 cm		3 cm		$27\,cm^3$	
c)		1 cm	1 cm			$12\,cm^2$
d)	4 m		5 m	42 m		

6. Ein Quader hat ein Volumen von $60\,cm^3$. Ermittle die Höhe dieses Quaders mit der angegebenen Grundfläche.

a)
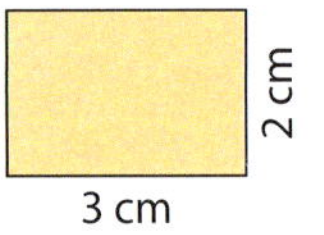

b)
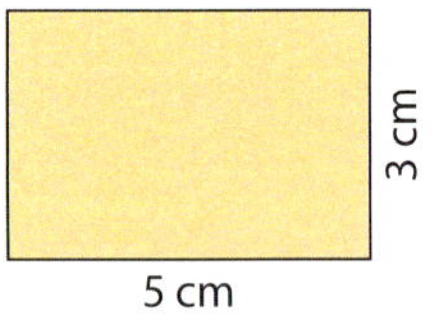

c)
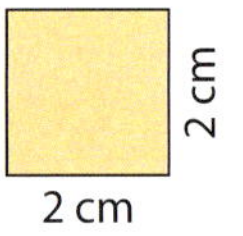

7. Gustav will sich für sein neues Aquarium (50 cm lang, 30 cm breit und 35 cm hoch) Fische kaufen. Beim Kauf der Zierfische erfährt er, dass ein Fisch der gewünschten Art im Aquarium etwa 2 ℓ Wasser als Lebensraum benötigt.
Ermittle, wie viele Fische dieser Art Gustav in seinem Aquarium maximal halten sollte, wenn das Wasser eine Höhe von 28 cm hat. ① 15 ② 21 ③ 35
Begründe deine Entscheidung.

8. Gib die gesamte Kantenlänge eines Würfels mit einem Volumen von $1000\,cm^3$ an.

Berechnungen am Kreis

9. Berechne Umfang und Flächeninhalt des Kreises mit dem angegebenen Radius bzw. Durchmesser. Runde die Ergebnisse auf Hundertstel.
   a) $r = 1\,cm$ b) $d = 4\,cm$ c) $r = 1{,}4\,cm$ d) $d = 2{,}6\,cm$

10. Berechne den Radius des Kreises mit den angegebenen Maßen. Runde die Ergebnisse auf Zehntel.
    a) Umfang von 42 cm b) Flächeninhalt von $3{,}14\,cm^2$

11. Ein kegelförmig aufgeschütteter Sandhaufen hat einen Umfang von 14 m. Ermittle, wie viel Bodenfläche der Sandhaufen bedeckt. Runde auf Quadratmeter.

12. Berechne den Flächeninhalt und den Umfang folgender Figur. Runde auf zwei Nachkommastellen.
    a)
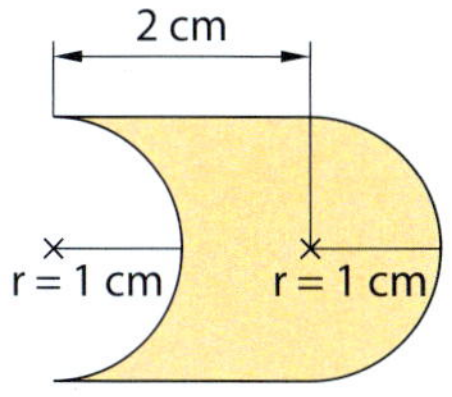

    b)
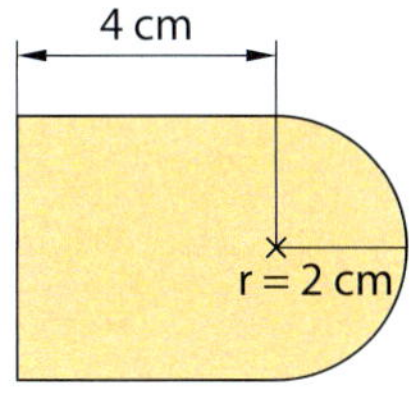

Vermischtes

13. Gib den Flächeninhalt der Figuren an. Entnimm die erforderlichen Maße der Zeichnung.
    a)
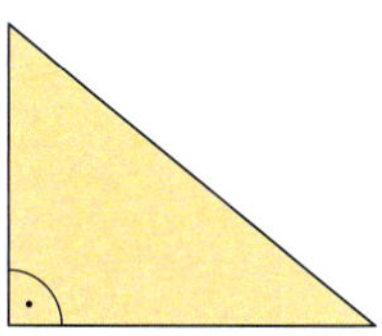
    b)
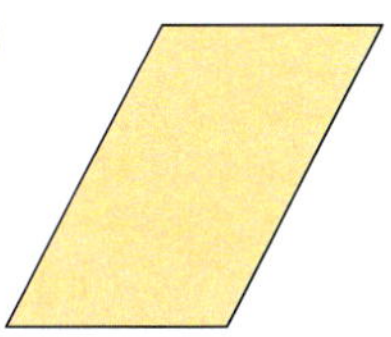
    c)
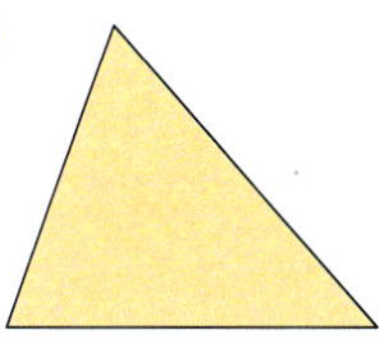
    d)
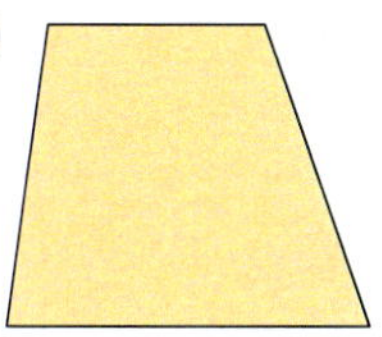

14. Übertrage in dein Heft und ergänze die Zeichnung zu einem Schrägbild eines Würfels bzw. eines Quaders.
    a)
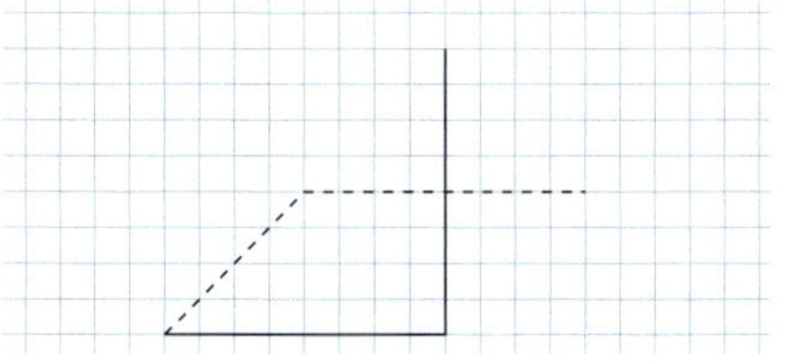
    b)
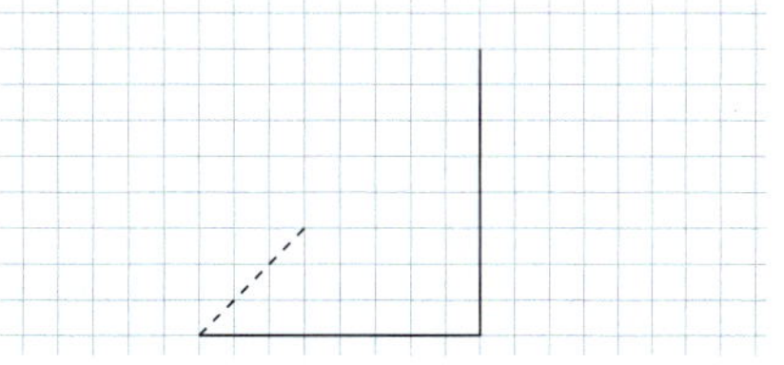

15. Übertrage in dein Heft und ergänze die Zeichnung zu einem Netz eines Quaders.
    a)
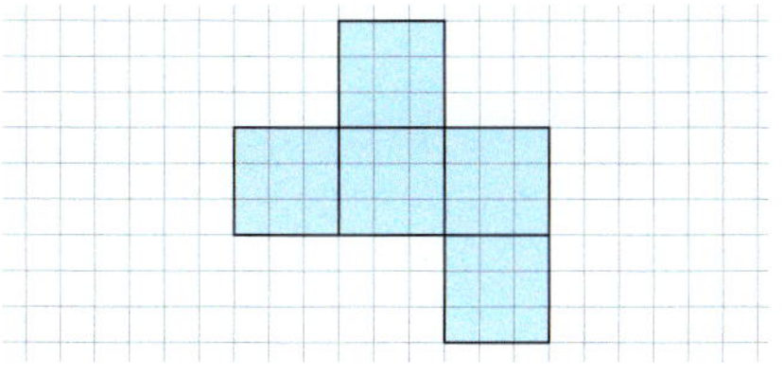
    b)
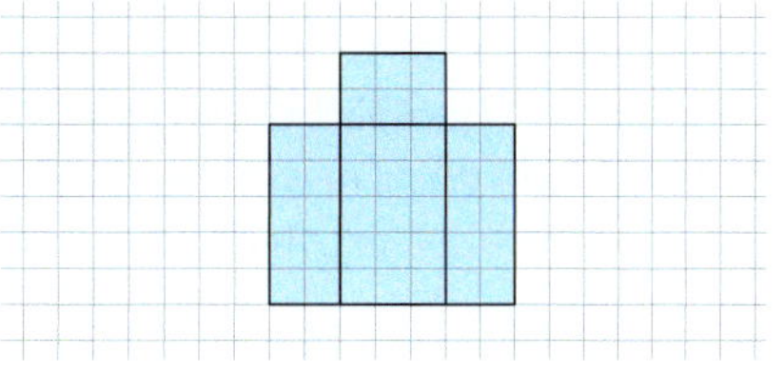

7.1 Prisma – Netz und Oberflächeninhalt

■ Mit der Knetmaschine können einfache Körper geformt werden. Dazu wird die Knetmaschine mit Knete gefüllt und eine Form ausgewählt. Wenn der Hebel gedrückt wird, entstehen lange, geformte Körper.
Wie sehen die Körper aus, die hier entstehen? Was haben alle Körper gemeinsam? Worin unterscheiden sie sich? ■

Wissen: Prisma

Ein **(gerades) Prisma** ist ein Körper mit folgenden Eigenschaften:

1. **Grund- und Deckfläche sind n-Ecke.**
2. Grund- und Deckfläche sind zueinander kongruent und zueinander parallel.

Die Seitenflächen eines Prismas bestehen aus n Rechtecken. Alle Seitenflächen zusammen bilden die rechteckige **Mantelfläche**.

Erinnere dich:
Kongruent bedeutet deckungsgleich.

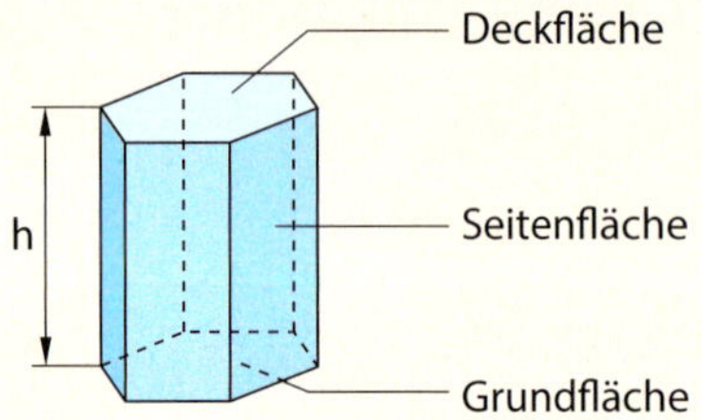

Prisma mit sechseckiger Grundfläche

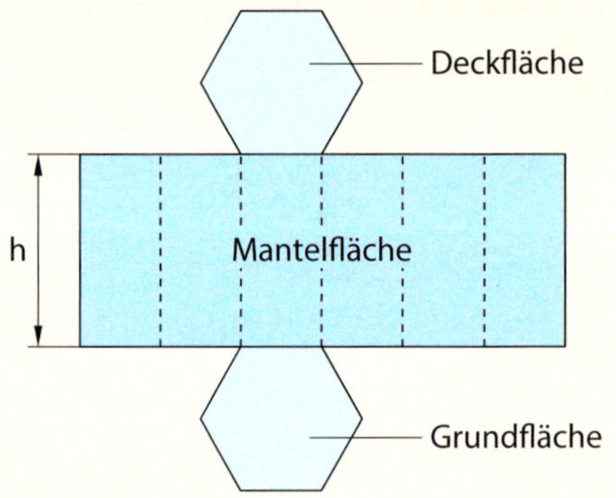

Netzdarstellung

Beispiel 1: Das Netz eines Prismas zeichnen und den Oberflächeninhalt berechnen

Ein Prisma hat als Grundfläche ein Dreieck mit den Seitenlängen 4 cm, 2 cm und 5 cm ist. Die Höhe des Prismas ist 6 cm.

a) Zeichne das Netz des Prismas.

b) Berechne den Oberflächeninhalt.

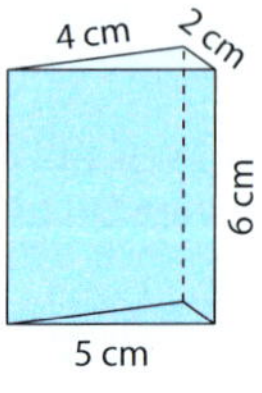

Lösung:

a) Zeichne zuerst die Mantelfläche. Die Maße der Mantelfläche ergeben sich aus der Höhe 6 cm und den drei Seitenlängen des Dreiecks, also 4 cm, 5 cm und 2 cm.
Ergänze dann die beiden Dreiecke der Grund- und Deckfläche. Den fehlenden dritten Punkt der Dreiecke kannst du konstruieren, indem du die Länge der Seiten mit einem Zirkel abträgst. Der Schnittpunkt gibt jeweils den dritten Punkt an.

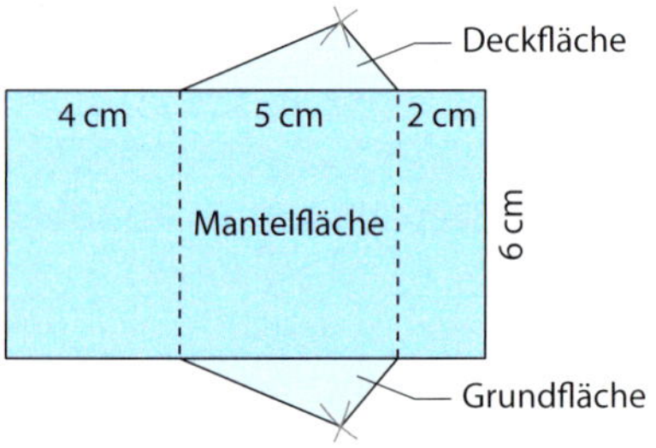

Hinweis:
Prüfe das Netz, indem du versuchst, die Mantelfläche und die Grund- und Deckfläche wieder zu einem Körper zusammenzusetzen.

b) Der Oberflächeninhalt des Prismas ergibt sich aus dem Flächeninhalt der Mantelfläche und dem Flächeninhalt der Grund- und Deckfläche.

Der Flächeninhalt M der Mantelfläche ist die Summe der drei Rechtecksflächen. Länge und Breite der Rechtecksflächen sind im Netz angegeben.

Der Flächeninhalt der Grundfläche ist der Flächeninhalt des Dreiecks mit der Grundseite 5 cm und der Höhe 1,5 cm. Die Höhe des Dreiecks kannst du mit dem Geodreieck im Netz messen.

$M = 4\,\text{cm} \cdot 6\,\text{cm} + 5\,\text{cm} \cdot 6\,\text{cm} + 2\,\text{cm} \cdot 6\,\text{cm}$
$= 66\,\text{cm}^2$

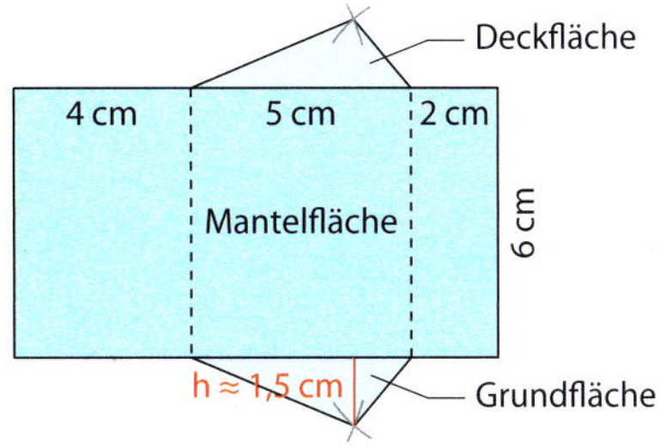

$G \approx \frac{5\,\text{cm} \cdot 1{,}5\,\text{cm}}{2} = 3{,}75\,\text{cm}^2$

$O = 2 \cdot G + M \approx 2 \cdot 3{,}75\,\text{cm}^2 + 66\,\text{cm}^2$
$= 73{,}5\,\text{cm}^2$

Aufgabe 1: Zeichne das Netz des Prismas und berechne den Oberflächeninhalt.

a)

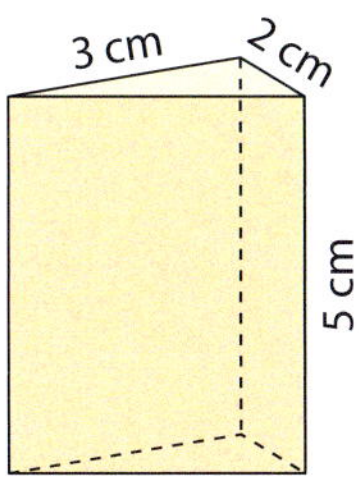

b)

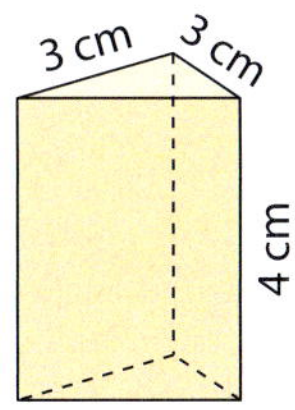

Wissen: Oberflächeninhalt eines Prismas

Der **Oberflächeninhalt O eines Prismas** wird berechnet, indem man die Inhalte der Grundfläche G und der Mantelfläche M ermittelt. Für den Oberflächeninhalt gilt:

$$O = 2 \cdot G + M$$

Aufgaben

2. Entscheide, ob es sich bei den abgebildeten Körpern um ein Prisma handelt. Gib bei den Prismen die Form der Grundfläche an.

Hinweis zu 2: Ein Prisma muss nicht auf der Grundfläche stehen.

a)

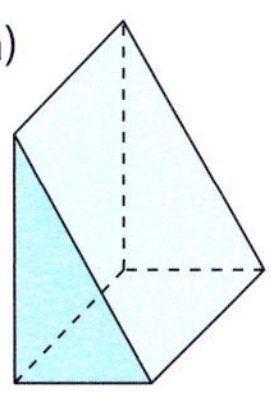

b)

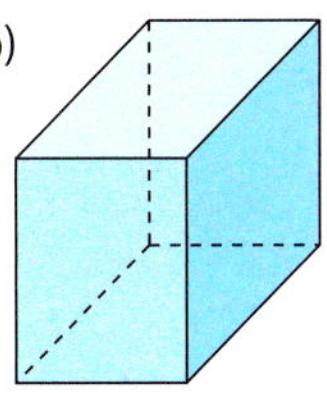

c)

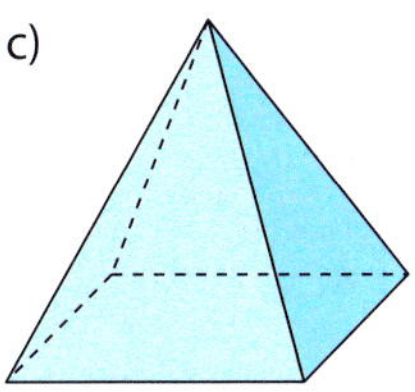

d)

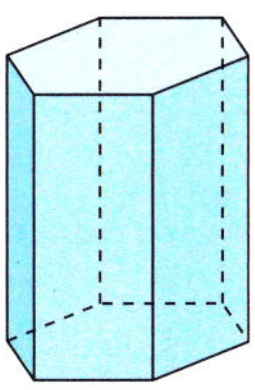

e)

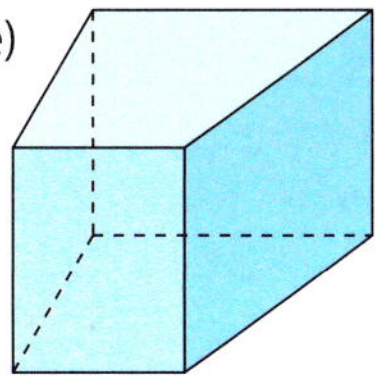

f)

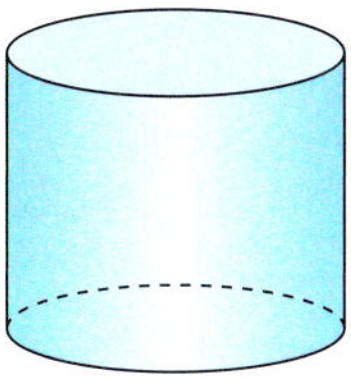

g)

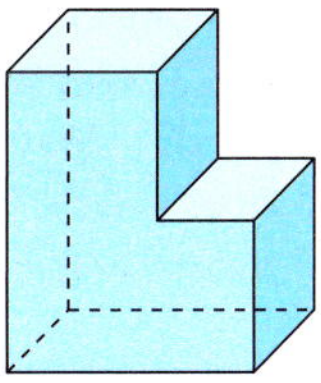

h)

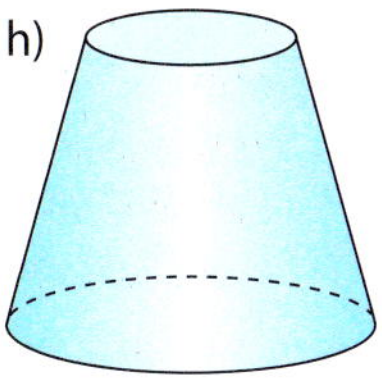

3. Begründe, ob man aus dem Netz ein Prisma bauen kann. Falls das möglich ist, übertrage die Figur in dein Heft und berechne den Oberflächeninhalt des Prismas.

a) 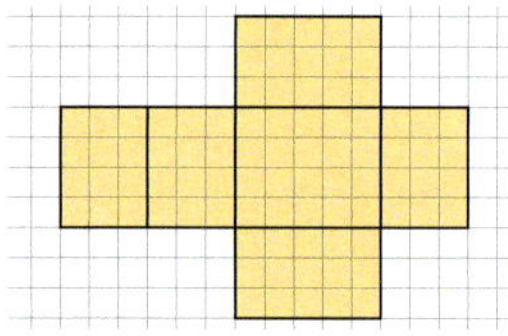

b) 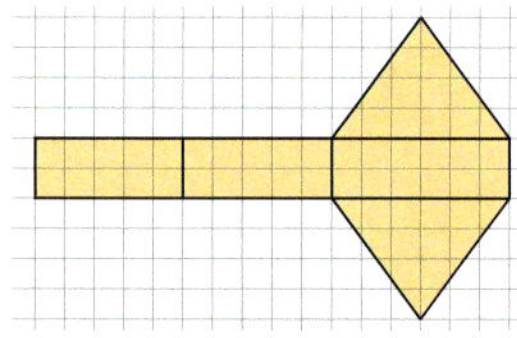

c) 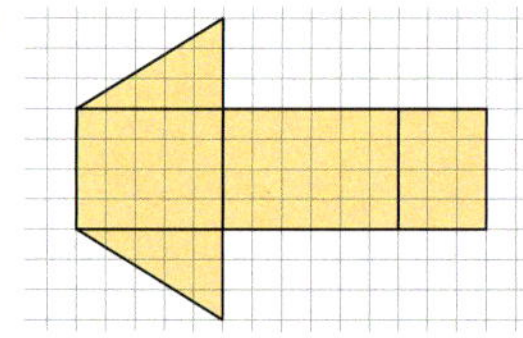

d) 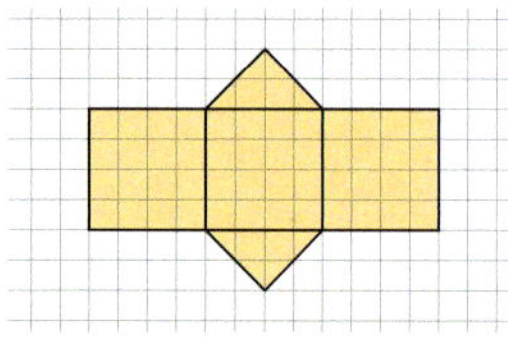

e) 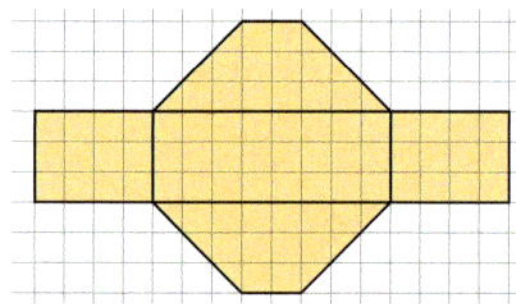

f) 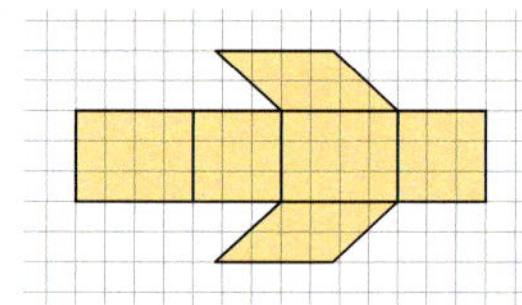

Hinweis zu 4:
Hier findest du die Lösungen (ohne Einheiten).

4. Zeichne das Netz des Prismas und berechne den Oberflächeninhalt (Maße in cm).

a) 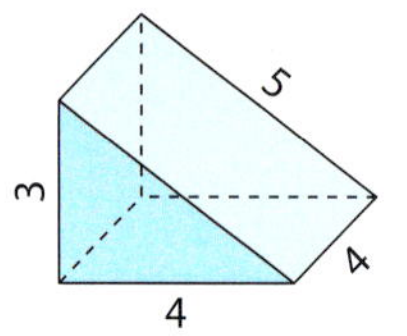

b) 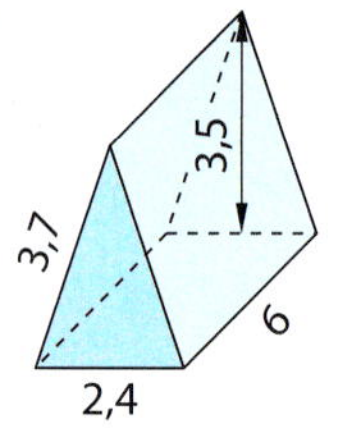

c) 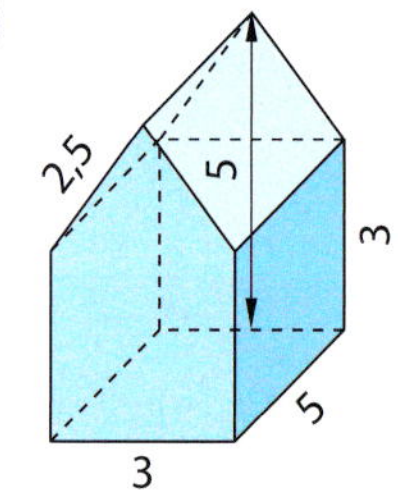

○ **5. Durchblick:**

a) Zeichne das Netz des Prismas und berechne den Oberflächeninhalt. Du kannst dich an Beispiel 1 orientieren.

b) Lukas hat im Internet diese Formel für den Oberflächeninhalt eines Prismas gefunden: $O = 2G + u \cdot h$. Wofür stehen u und h?

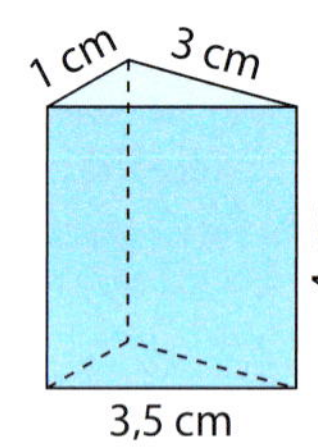

6. Stolperstelle: Zu dem abgebildeten Netz eines Prismas soll der Oberflächeninhalt berechnet werden. Kontrolliere die Rechnungen und erkläre, welche Fehler gemacht wurden.

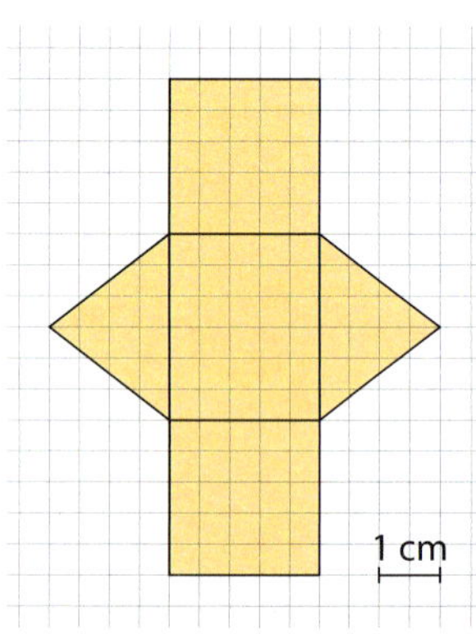

Clara:
$M = 2{,}5\,\text{cm} \cdot 2{,}5\,\text{cm} + 3\,\text{cm} \cdot 2{,}5\,\text{cm} + 2{,}5\,\text{cm} \cdot 2{,}5\,\text{cm} = 20\,\text{cm}^2$
$G = \frac{3\,\text{cm} \cdot 2\,\text{cm}}{2} = 3\,\text{cm}^2$
$O = 20\,\text{cm}^2 + 3\,\text{cm}^2 = 23\,\text{cm}^2$

Sven:
$M = 2{,}5\,\text{cm} \cdot (2{,}5\,\text{cm} + 3\,\text{cm} + 2{,}5\,\text{cm}) = 20\,\text{cm}^2$
$G = \frac{3\,\text{cm} \cdot 2{,}5\,\text{cm}}{2} = 3{,}75\,\text{cm}^2$
$O = 2 \cdot 3{,}75\,\text{cm}^2 + 20\,\text{cm}^2 = 27{,}5\,\text{cm}^2$

Hinweis zu 7:
Hier kann Dynamische Geometrie-Software verwendet werden.

7. Berechne den Oberflächeninhalt eines Prismas mit der Höhe 6 cm. Die Grundfläche ist ein Dreieck ABC. Konstruiere das Dreieck. Entnimm die benötigten Maße deiner Zeichnung.

a) $a = 1{,}8\,\text{cm}$; $b = 3{,}3\,\text{cm}$; $c = 4{,}5\,\text{cm}$
b) $\alpha = 45°$; $\beta = 70°$; $c = 6\,\text{cm}$
c) $a = 2{,}4\,\text{cm}$; $b = 5{,}5\,\text{cm}$; $\gamma = 90°$
d) $a = b$; $c = 5{,}6\,\text{cm}$; $h_c = 4{,}5\,\text{cm}$

8. Ein Prisma ist 8 cm hoch und hat die dargestellte Grundfläche (Maße in cm).
Berechne den Oberflächeninhalt des Prismas.

a)
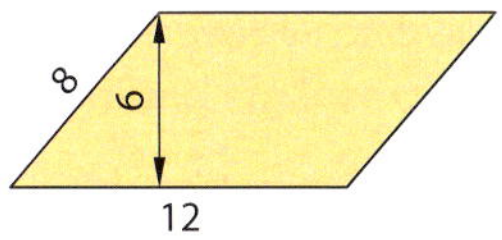

b)
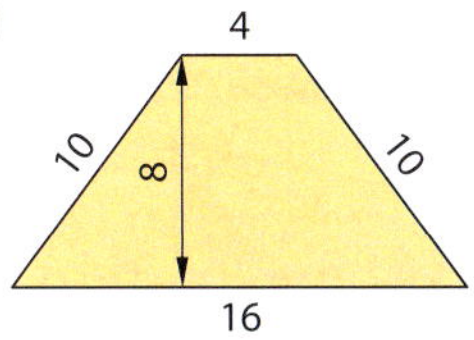

c)
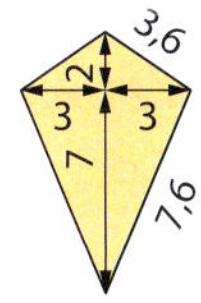

d)
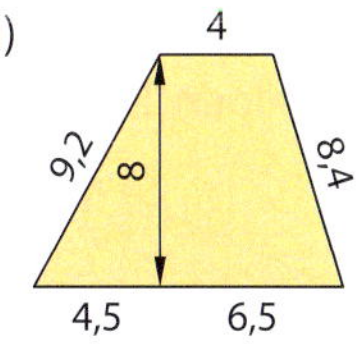

9. Berechne den Oberflächeninhalt des Prismas.
a) Das Prisma hat eine quadratische Grundfläche mit der Seitenlänge 10 cm. Das Prisma ist 10 cm hoch.
b) Das Prisma hat eine dreieckige Grundfläche und ist 9 cm hoch. Die dreieckige Grundfläche hat eine Grundseite von 8 cm. Die zugehörige Höhe ist 5,5 cm. Der Umfang der Grundfläche ist 22 cm.
c) Das Prisma hat eine Grundfläche von 75 cm^2 und eine Höhe von 8 cm. Die Grundfläche hat einen Umfang von 20,5 cm.

10. Entscheide, ob die Aussagen immer richtig sind. Gib bei falschen Aussagen ein Gegenbeispiel an.
a) Ein Würfel ist ein Prisma.
b) Die Oberfläche eines Primas setzt sich aus sechs Flächen zusammen.
c) Grund- und Deckfläche eines Primas sind gleich groß.
d) Die Seitenflächen eines Primas sind gleich groß.
e) Die Seitenflächen eines Prismas sind rechteckig.
f) In einem Prisma gib es zwei Seitenflächen, die parallel sind.

11. Eine Touristeninformation hat als Treffpunkt für Führungen den Buchstaben I als markantes Wiedererkennungszeichen aufgestellt. Berechne, wie groß die Oberfläche des Buchstaben ist. Alle Maße sind in Metern angegeben.

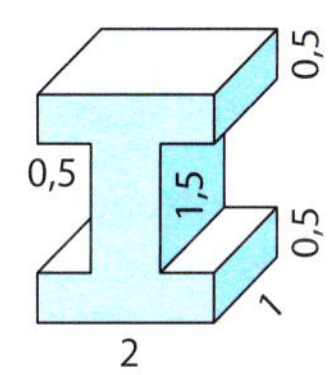

12. Eine Firma entwirft für das Weihnachtsgeschäft zwei neue Verpackungen aus Pappe mit einer Höhe von 4 cm. Die Verpackung für die Schokokugeln soll als Grundfläche ein gleichseitiges Dreieck mit einer Seitenlänge von 3 cm und einer Höhe von 2,6 cm haben.
Die Grundfläche bei der Pralinenpackung ist ein regelmäßiges Sechseck mit einer Seitenlänge von 3 cm. Eine Seite hat einen Abstand von 2,6 cm zum Mittelpunkt des Sechsecks.
a) Zeichne das Netz für die beiden Verpackungen auf.
b) Bestimme, wie viel Pappe für die neuen Verpackungen benötigt wird.
c) Für den Rand und durch Verschnitt werden 12 % mehr Material benötigt. Berechne, wie viel Material benötigt wird.
d) Halte eine Präsentation über die Aufgabe und den Lösungsweg. Erkläre dabei, wie du auf den Lösungsweg gekommen bist.

Tipp zu 12:
Das Sechseck kann in sechs gleichseitige Dreiecke geteilt werden.

Hinweis zu 12 d:
Tipps zu Präsentationen findest du auf der Methodenkarte 8F (S. 200).

13. Ausblick: Bestimme anhand einer Formel, wie sich der Oberflächeninhalt verändert, wenn
a) bei einem Würfel mit der Seitenlänge a die Seitenlänge verdoppelt wird,
b) bei einem Würfel mit der Seitenlänge a die Seitenlänge halbiert wird,
c) bei einem Quader mit den Seiten a, b und c alle Seitenlängen verdoppelt werden,
d) bei einem Quader alle Längen um 5 % verkürzt werden.

7.2 Volumen eines Prismas

■ Daniel und Falk grübeln, wie sie das Volumen des Körpers berechnen können.
„Wir bräuchten ein zweites gleich großes Prisma. Dann wäre es ganz einfach", schlägt Falk vor.
„Stimmt! Dann könnten wir die Körper zusammensetzen und mit der Formel …"
Welche Idee haben die beiden Jungen und wie könnte Daniels Antwort weitergehen? ■

Das Volumen eines Quaders wird mit der Formel $V = G \cdot h$ (Grundfläche mal Höhe) berechnet.

Zerlegt man einen Quader entlang der Diagonalen, so ergeben sich zwei rechtwinklige **Dreiecksprismen**, deren Volumen V_{Prisma} halb so groß ist wie das Volumen des Quaders und deren Grundfläche G_{Prisma} halb so groß ist wie die Grundfläche des Quaders. Deshalb gilt:

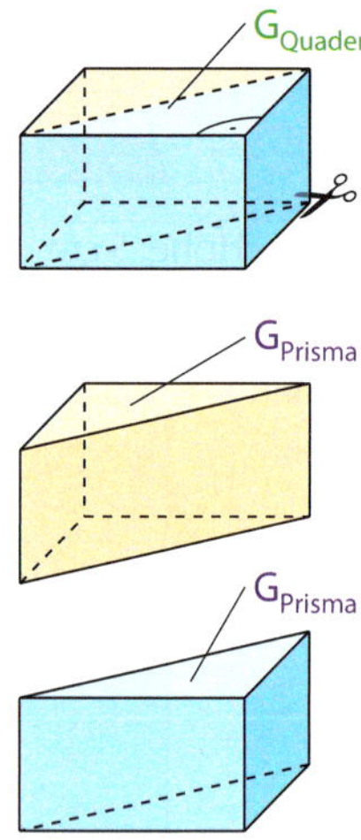

$$V_{Prisma} = \frac{1}{2} \cdot V_{Quader} = \frac{1}{2} \cdot (G_{Quader} \cdot h)$$
$$= \left(\frac{1}{2} \cdot G_{Quader}\right) \cdot h$$
$$= G_{Prisma} \cdot h$$

Für das **Volumen eines rechtwinkligen Dreiecksprismas** gilt daher:

$V = G \cdot h$ (Grundfläche mal Höhe)

Da jedes Prisma in rechtwinklige Dreiecksprismen und Quader zerlegt werden kann, gilt die Formel „Grundfläche mal Höhe" auch für das Volumen von beliebigen Prismen.

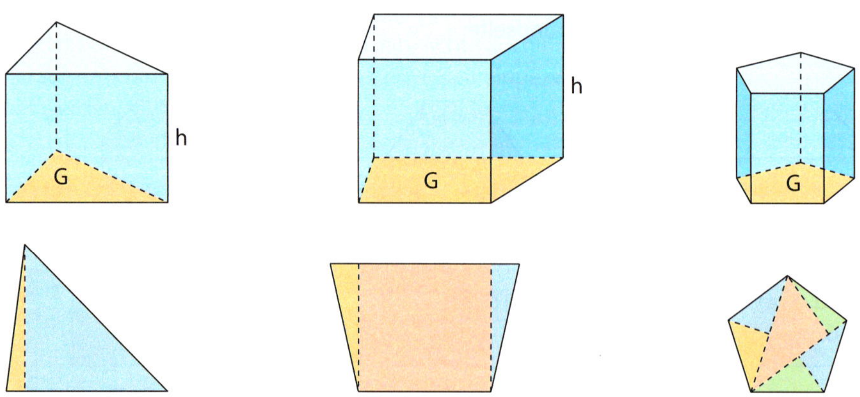

Wissen: Volumen eines Prismas
Das **Volumen eines Prismas** wird berechnet, indem man den Inhalt der Grundfläche G mit der Höhe h des Prismas multipliziert:

$$V = G \cdot h$$

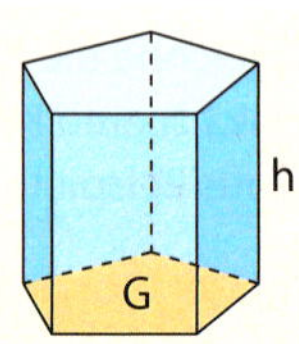

Beispiel 1: Das Volumen eines Prismas berechnen

Berechne das Volumen des Prismas.

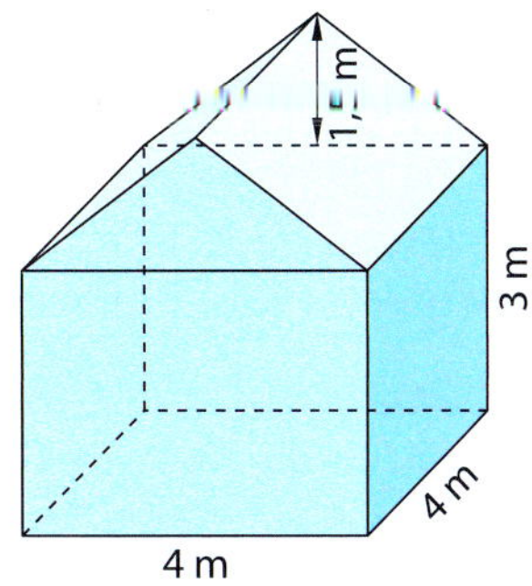

Lösung:

Du berechnest das Volumen, indem du die Grundfläche des Prismas mit der Höhe 4 m multiplizierst. Die Grundfläche G setzt sich aus einem Dreieck und einem Rechteck zusammen.

$G = \frac{1}{2} \cdot \text{Grundseite} \cdot \text{Höhe}_{\text{Dreieck}} + \text{Länge} \cdot \text{Breite}$

$= \frac{1}{2} \cdot 4\,\text{m} \cdot 1{,}5\,\text{m} + 4\,\text{m} \cdot 3\,\text{m}$

$= 3\,\text{m}^2 + 12\,\text{m}^2$

$= 15\,\text{m}^2$

Multipliziere dann die Grundfläche mit der Höhe des Prismas.

$V = G \cdot h = 15\,\text{m}^2 \cdot 4\,\text{m} = 60\,\text{m}^3$

Erinnere dich:

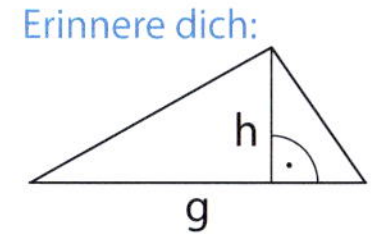

Für den Flächeninhalt eines Dreiecks gilt: $A = \frac{1}{2} \cdot g \cdot h$

Hinweis:
m^2 mal m ergibt m^3.

Aufgabe 1: Berechne das Volumen des Prismas.

a)

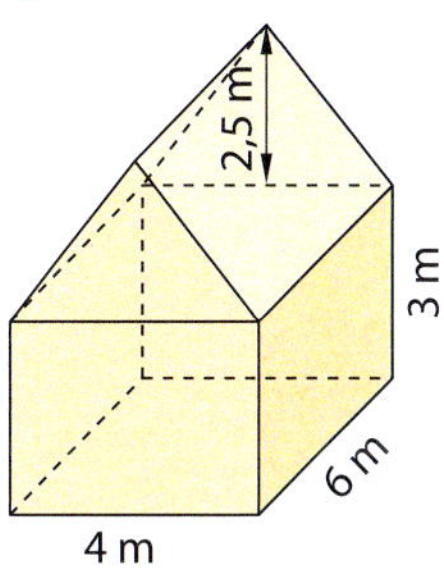

b)

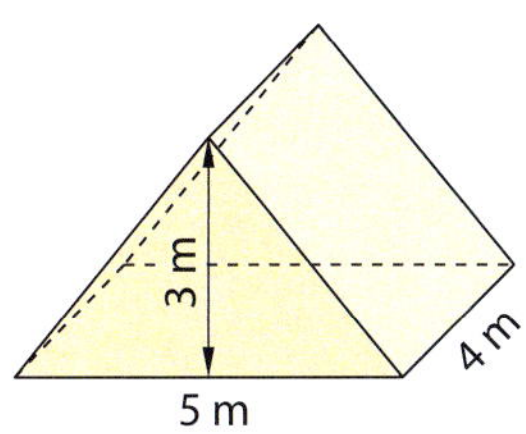

c)

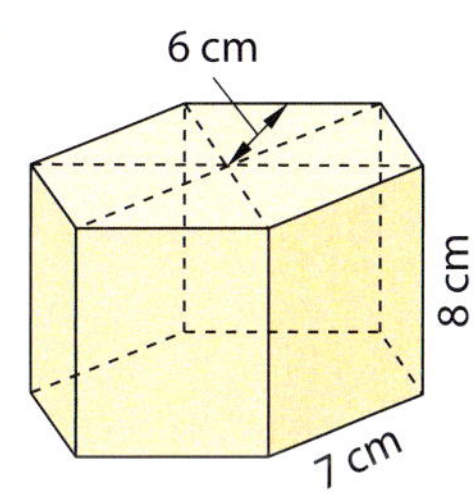

Aufgaben

2. Berechne das Volumen des Körpers. Erläutere kurz deine Vorgehensweise.

a)

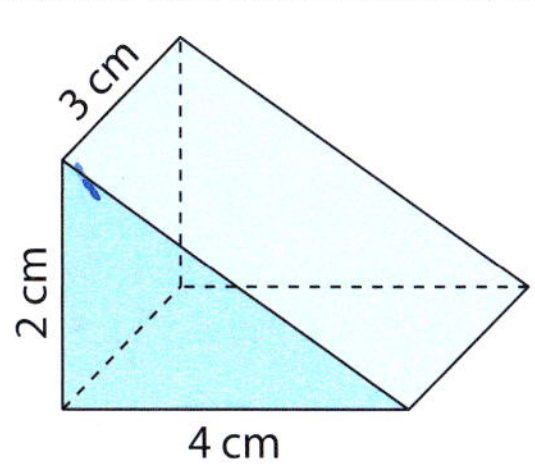

b)

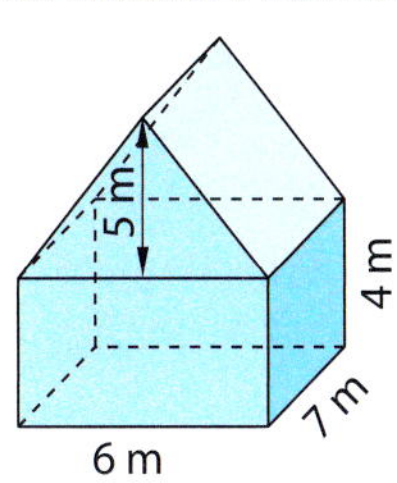

c)

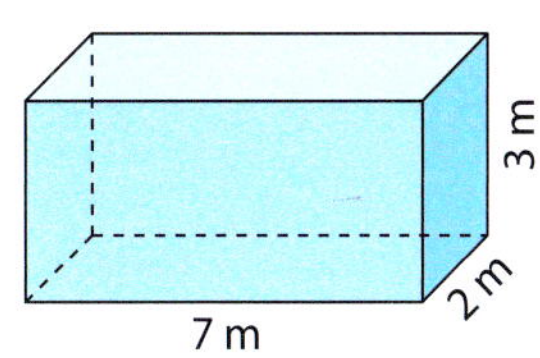

d)

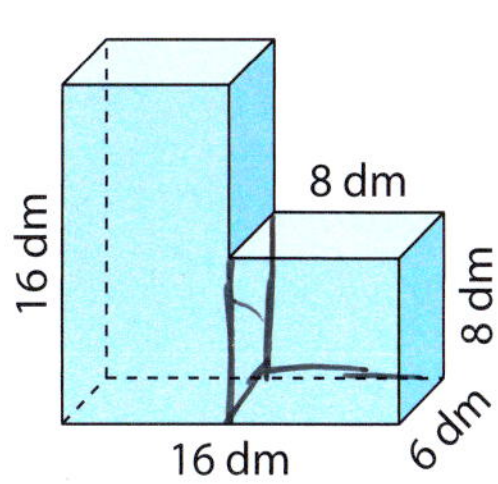

e)

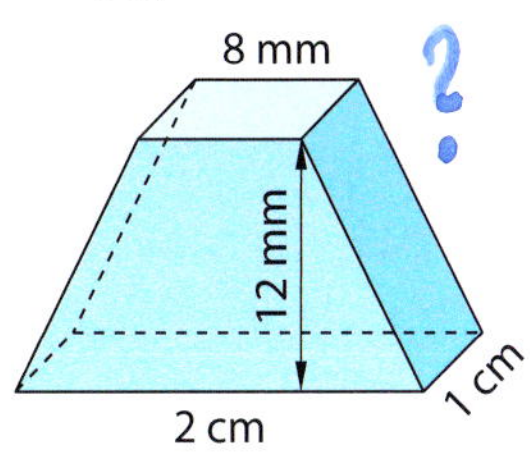

f)

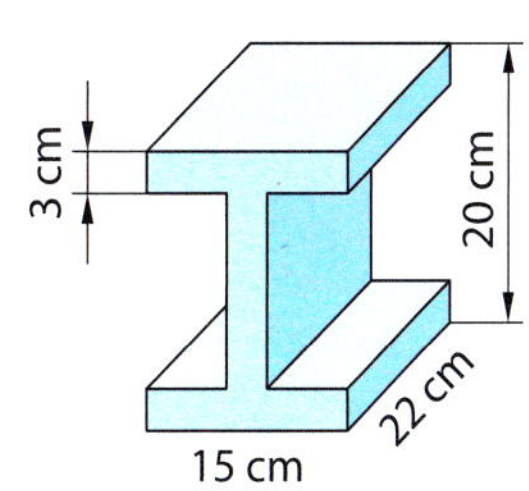

Hinweis zu 2:
Du kannst die Körper zerlegen oder ergänzen.

Hinweis zu 3:
Die Lösungen zu a) bis c) findest du im Ballon, zu d) und e) im Korb (ohne Einheiten).

3. Berechne das Volumen des Dreiecksprismas.

	a)	b)	c)	d)	e)
Grundseite Dreieck	6 cm	7,5 m	1,6 dm	0,23 m	0,4 km
Höhe Dreieck	3 cm	4 m	4,8 dm	5 dm	125 m
Höhe Prisma	4 cm	9,4 m	5,3 dm	1,5 dm	1,75 m

4. Die Abbildungen zeigen die Grundflächen von 6 cm hohen Prismen. Zeichne die Formen in dein Heft und zerlege die Formen so, dass du den Flächeninhalt berechnen kannst. Berechne das Volumen.

a)

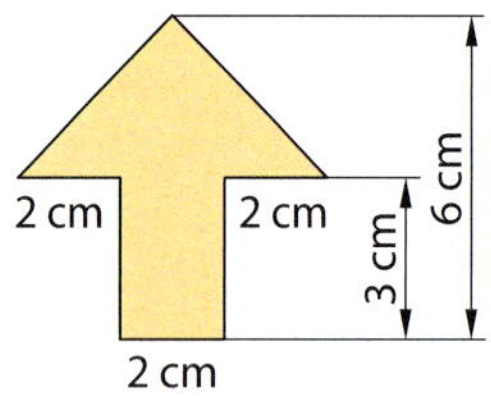

b)

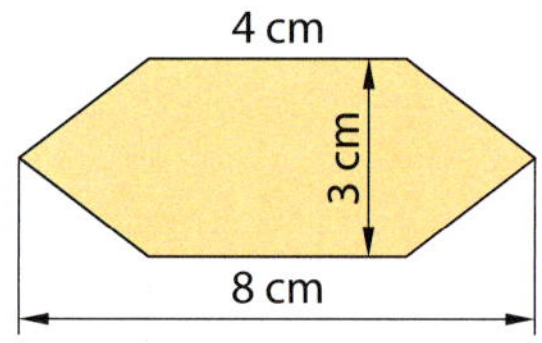

c)

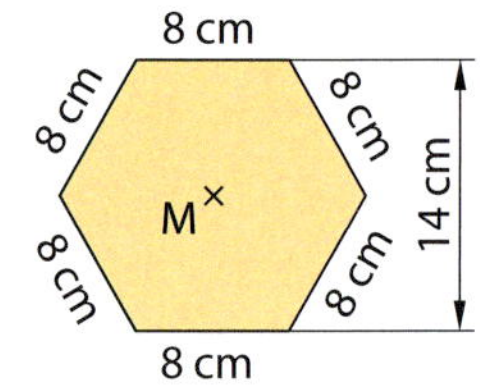

○ **5. Durchblick**

a) Berechne das Volumen eines Prismas mit einer dreieckigen Grundfläche. Die Grundseite ist $g = 4$ cm und die Höhe ist $h_g = 2{,}5$ cm. Das Prisma ist 6 cm hoch.

b) Beurteile die Aussage „Das Volumen eines Würfels lässt sich mit der gleichen Formel berechnen wie das Volumen eines Prismas mit dreieckiger Grundfläche." Gib die Formel an.

c) Entscheide, für welche der Körper die Formel $V = G \cdot h$ zur Berechnung des Volumens gilt. Gib für diese Körper die Form der Grundfläche an.

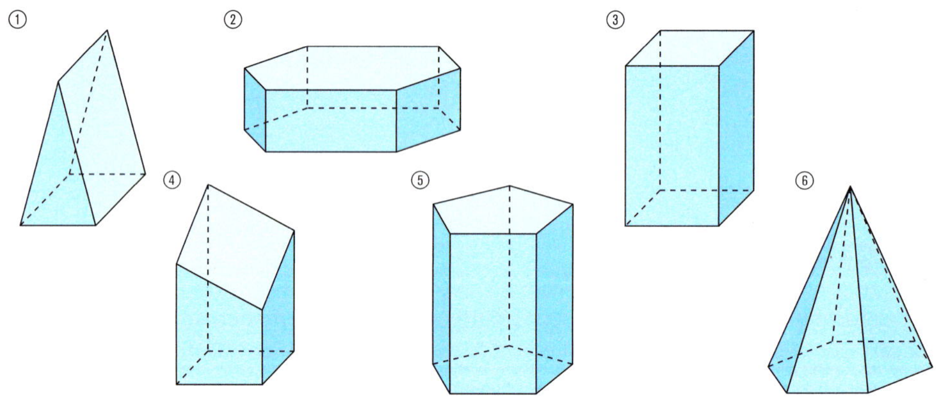

6. Stolperstelle: Erkläre, welche Fehler gemacht wurden, und korrigiere die Rechnung.

a) Ein Dreiecksprisma hat die Maße $g = 4$ cm, $h_{Dreieck} = 2{,}5$ cm und $h = 7$ cm.

$V = 4\,cm \cdot 2{,}5\,cm \cdot 7\,cm = 70\,cm^3$

b) $V = G \cdot h$

$G = 9\,cm \cdot 6\,cm = 54\,cm^2$

$h = 4\,cm$

$V = 54\,cm^2 \cdot 4\,cm = 216\,cm^3$

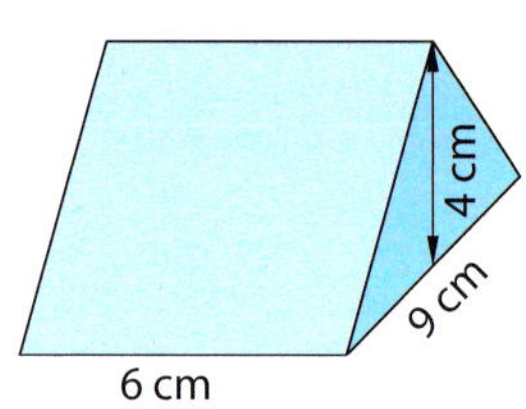

7. Betrachte Prismen mit einem Volumen von $72\,cm^3$.
   a) Die Grundfläche ist $12\,cm^2$ groß. Bestimme die Höhe des Prismas.
   b) Das Prisma ist 8 cm hoch. Bestimme die Größe der Grundfläche.
   c) Leite aus der Formel $V = G \cdot h$ je eine Formel zur Berechnung von Grundfläche und Höhe des Prismas ab.

8. Für den Bau des neuen Großkinos Cinematix muss ein Erdloch von 3 Meter Tiefe ausgehoben werden. Berechne mit Hilfe des Grundrisses das Volumen der Erde, die ausgebaggert werden muss.

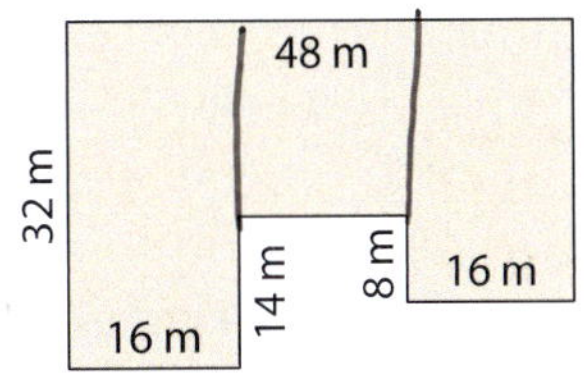

9. Familie Jakobs lässt vor der Haustür eine neue Treppe aus Granit fertigen. Diese soll vier Stufen mit einer Tiefe von je 22 cm haben, wobei für die Stufe vor der Eingangstür zusätzlich 40 cm vorgesehen sind. Die Granittreppe ist 1,30 m breit und überbrückt eine Höhe von 56 cm (Abstand zwischen Boden und Hauseingang).
   a) Berechne das Volumen der Treppe.
   b) Bestimme, welches Gewicht die Treppe hat, wenn der verwendete Granit eine Dichte von 2,8 t pro m^3 hat.

10. Erkläre.
   a) Wie verändert sich das Volumen eines Prismas, wenn seine Höhe verdoppelt (verdreifacht) wird und die Grundfläche sich nicht ändert?
   b) Wie verändert sich die Grundfläche eines Prismas, wenn seine Höhe verkleinert wird, das Volumen sich aber nicht ändern soll?
   c) Was kannst du über die Grundfläche zweier Prismen aussagen, die gleich hoch sind und das gleiche Volumen haben?

11. Stelle einen Term für das Volumen auf, multipliziere aus und fasse zusammen.

a)
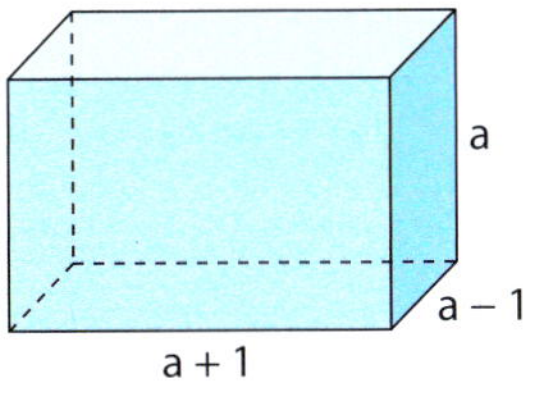

b)
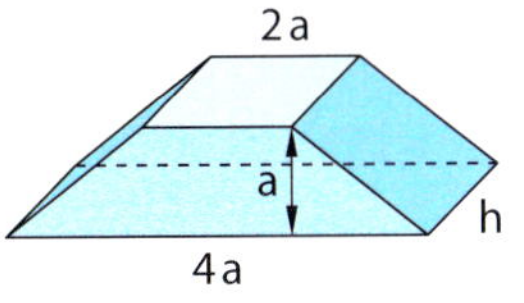

c)
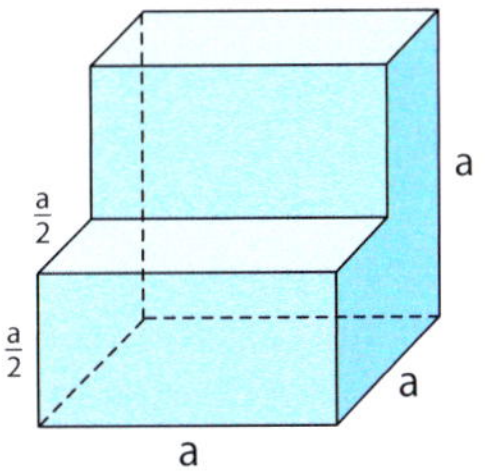

● 12. **Ausblick:** Es gibt nicht nur gerade, sondern auch schiefe Prismen. Ein schiefes Prisma erhält man zum Beispiel, wenn man einen Zettelstapel am oberen Rand zunächst nach rechts und dann nach hinten drückt.

①  ②  ③ 

   a) Der Zettelstapel in ① ist 4 cm hoch und hat eine quadratische Grundfläche mit 9 cm Seitenlänge. Berechne sein Volumen.
   b) Bestimme das Volumen des Zettelstapels in ②.
   c) Welche Form haben die Begrenzungsflächen des Zettelstapels in ③? Wie groß ist vermutlich sein Volumen? Informiere dich über das Prinzip von Cavalieri.

7.3 Zylinder – Netz und Oberflächeninhalt

■ Der Bielefelder Sparrenburg-Turm wird zum 125-jährigen Bestehen der Kreishandwerkskammer mit rotem Stoff verhüllt. Ein Stoffverlag stiftet hierzu drei Stoffbahnen mit je 250 m² Stoff. Der Turm ist 11 m hoch und 7 m breit. Die obere Aussichtsfläche und die äußeren Seitenwände werden mit Stoff bedeckt. Reicht der Stoff aus, um den Turm zu verhüllen? Wie viele Quadratmeter an Stoff bleiben übrig? ■

Wissen: Zylinder

Ein **(gerader) Zylinder** ist ein Körper mit folgenden Eigenschaften:
1. **Grund- und Deckfläche sind Kreise**
2. Grund- und Deckfläche sind zueinander kongruent und parallel.

Die **Mantelfläche** ergibt abgerollt in der Ebene eine rechteckige Fläche.

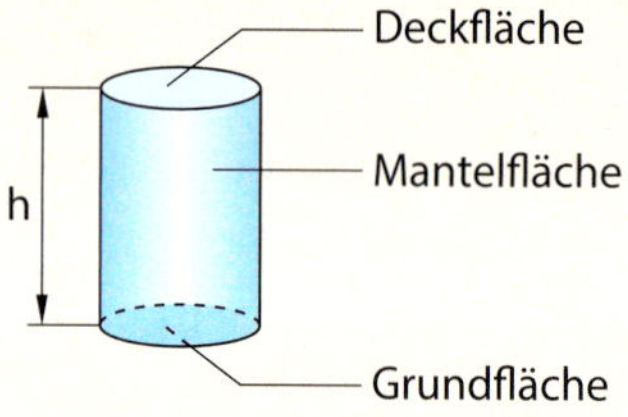

Zylinder

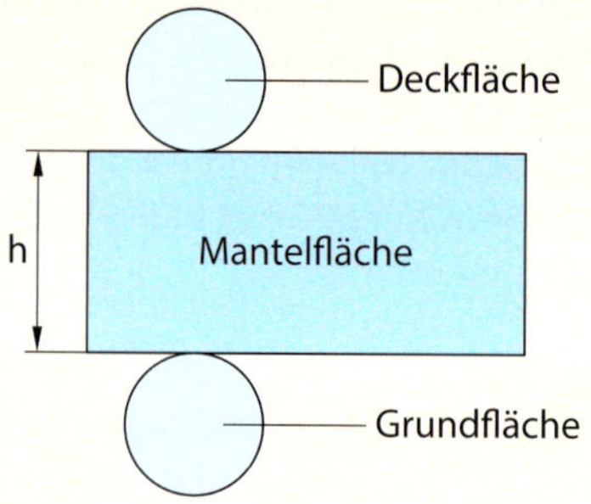

Netzdarstellung

Hinweis:
Auch ein Zylindernetz ist ein zusammenhängendes Netz. Die Kreise sind in genau einem Punkt mit der Mantelfläche verbunden.

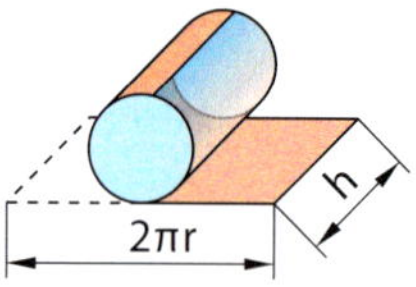

Wenn man die **Mantelfläche** eines Zylinders mit Farbe anmalt und auf einem Blatt abrollt, ergibt sich die Form eines Rechtecks. Länge und Breite der Rechteckseiten entsprechen gerade dem Kreisumfang und der Höhe des Zylinders. Den Kreisumfang kann man mit der Formel $u = 2\pi r$ berechnen. Für den **Flächeninhalt der Mantelfläche** gilt daher:

$$M = u \cdot h = 2\pi r \cdot h$$

Beispiel 1: Das Netz eines Zylinders zeichnen und den Oberflächeninhalt berechnen

Ein Zylinder hat eine Höhe von 8 cm. Die Grundfläche hat einen Radius von 4 cm.

a) Zeichne das Netz des Zylinders.

b) Berechne den Oberflächeninhalt.

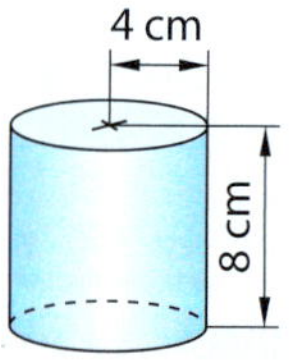

Lösung:

a) Zeichne zuerst die Mantelfläche mit der Höhe 8 cm. Die Breite der Mantelfläche entspricht dem Kreisumfang der Grundfläche.
Zeichne oben und unten an die Mantelfläche die Kreise von Grund- und Deckfläche. Der Mittelpunkt ergibt sich dadurch, dass du den Radius im rechten Winkel mit der Länge 4 cm abträgst.

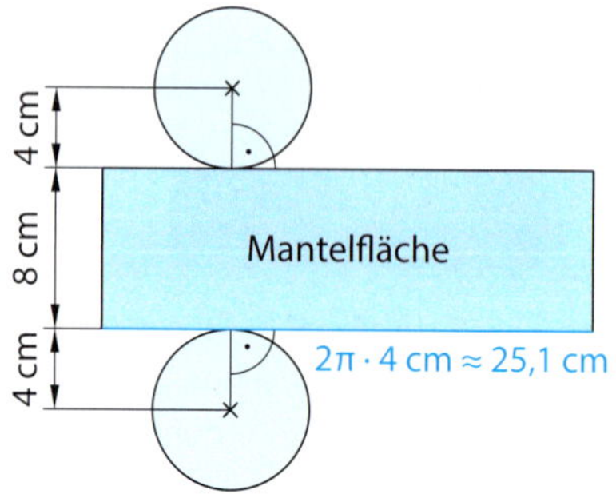

b) Der Oberflächeninhalt des Zylinders setzt sich aus dem Rechteck der Mantelfläche und den zwei Kreisen von Grund- und Deckfläche zusammen.

Für den Flächeninhalt der Mantelfläche gilt: $M = 2\pi r \cdot h$.

Für den Flächeninhalt der Grundfläche gilt: $G = \pi r^2$.

$M = 2\pi r \cdot h$
$= 2\pi \cdot 4\,\text{cm} \cdot 8\,\text{cm} \approx 201\,\text{cm}^2$

$G = \pi r^2$
$= \pi \cdot (4\,\text{cm})^2 \approx 50\,\text{cm}^2$

$O = 2 \cdot G + M$
$\approx 2 \cdot 50\,\text{cm}^2 + 201\,\text{cm}^2 = 301\,\text{cm}^2$

Aufgabe 1: Zeichne das Netz und berechne den Oberflächeninhalt des Zylinders.

a) b)

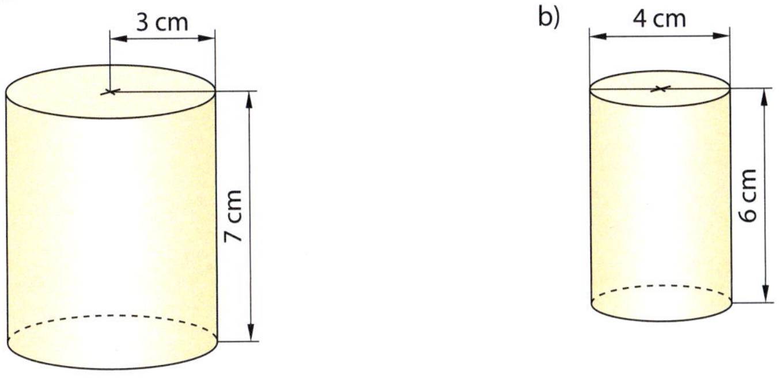

Wissen: Oberflächeninhalt eines Zylinders

Der **Oberflächeninhalt O eines Zylinders** wird berechnet, indem man die Inhalte der Grundfläche G und der Mantelfläche M ermittelt. Für den Oberflächeninhalt gilt:

$$O = 2 \cdot G + M$$

Sind r der Radius der Grundfläche und h die Höhe des Zylinders, so gilt:

$$O = 2 \cdot \pi r^2 + 2\pi r \cdot h$$

Beispiel 2: Die Höhe eines Zylinders berechnen

Ein Zylinder hat einen Oberflächeninhalt von $500\,\text{cm}^2$. Die Grundfläche hat einen Radius von 4 cm. Bestimme die Höhe des Zylinders.

Lösung:

Stelle die Formel $O = 2\pi r^2 + 2\pi r \cdot h$ nach h um.

$\frac{2\pi r^2}{2\pi r}$ kannst du durch $2\pi r$ kürzen.

Setze dann $O = 500\,\text{cm}^2$ und $r = 4\,\text{cm}$ ein. Rechne aus und runde das Ergebnis.

$O = 2\pi r^2 + 2\pi r \cdot h \quad | -2\pi r^2$

$O - 2\pi r^2 = 2\pi r \cdot h \quad | : (2\pi r)$

$\frac{O}{2\pi r} - \frac{2\pi r^2}{2\pi r} = h \quad |$ Kürzen

$h = \frac{O}{2\pi r} - r$

$= \frac{500\,\text{cm}^2}{2\pi \cdot 4\,\text{cm}} - 4\,\text{cm} \approx 15{,}9\,\text{cm}$

Aufgabe 2: Berechne die Höhe des Zylinders mit den gegebenen Größen.

a) $O = 6300\,\text{cm}^2$; $r = 20\,\text{cm}$

b) $O = 829\,\text{cm}^2$; $r = 5\,\text{cm}$

Die Formel $O = 2\pi r^2 + 2\pi r \cdot h$ kann man nicht mit den bekannten Termumformungen nach r umstellen. Wenn der Oberflächeninhalt O und die Höhe h bekannt sind, kann man aber für den Radius eine Lösung mit einem Funktionenplotter oder einer Tabellenkalkulation finden.

Beispiel 3: Den Radius eines Zylinders näherungsweise bestimmen

Ein Zylinder hat einen Oberflächeninhalt von $1000\,cm^2$. Die Höhe ist 9 cm. Bestimme den Radius des Zylinders

a) mit einem Funktionenplotter,

b) mit einer Tabellenkalkulation.

Lösungsweg mit Funktionenplotter:

a) Setze die Höhe in die Formel für den Oberflächeninhalt O ein. Diese Gleichung kannst du als Funktionsgleichung O(r) interpretieren, die für jeden Radius r den Oberflächeninhalt O für einen Zylinder mit der Höhe 9 cm berechnet. Plotte diese Funktion mit einem Funktionenplotter. Ersetze gegebenenfalls r durch die Variable x.

$O = 2\pi r^2 + 2\pi r \cdot 9 = 2\pi r^2 + 18\pi r$

$O(r) = 2\pi r^2 + 18\pi r$

Oder:

$O(x) = 2\pi x^2 + 18\pi x$

Gesucht ist der Radius für den Oberflächeninhalt $1000\,cm^2$. Verfolge dazu einzelne Punkte auf dem Graphen mit dem Befehl „Verfolgen“ oder „TRACE“. Bestimme den x-Wert, an dem der y-Wert 1000 beträgt.

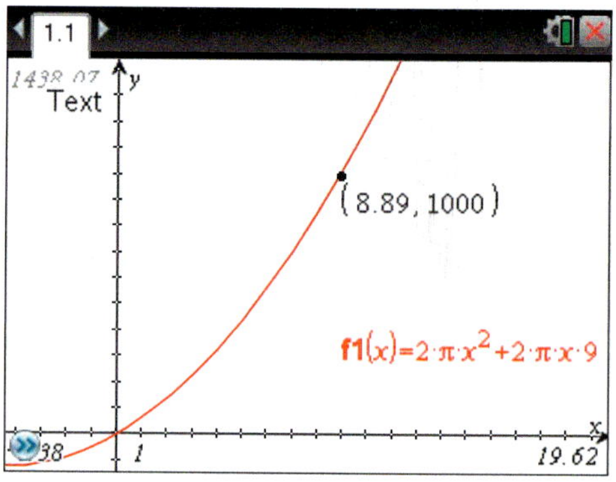

Bei x = 8,90 ist der y-Wert 1000. Also ist der Radius ungefähr 8,90 cm.

Lösungsweg mit Tabellenkalkulation:

b) Wähle verschiedene Werte für den Radius r in Spalte 1 und lasse dazu den Oberflächeninhalt in Spalte 2 berechnen.

Für r = 8,5 cm ergibt sich $O = 934.62\,cm^2$, für r = 9 cm ergibt sich $O = 1017,88\,cm^2$.

Der Radius muss also zwischen 8,5 cm und 9 cm liegen.

Wähle nun weitere Werte zwischen 8,5 und 9, bis du dem gesuchten Wert für den Oberflächeninhalt $1000\,cm^2$ möglichst nah kommst. Der Radius ist ungefähr 8,90 cm.

B8 fx =2*PI()*(A8)^2+18*PI()*A8

	A	B
1	Radius r in cm	Oberflächeninhalt O in cm^2 O=2πr^2+18π·r
2	8,0	854,51
3	8,5	934,62
4	9,0	1017,88
5	9,5	1104,27
6		
7	8,85	992,57
8	8,90	1000,97
9	8,95	1009,41

Aufgabe 3: Ermittle den Radius des Zylinders mit einem Funktionenplotter oder einer Tabellenkalkulation. Gib das Ergebnis auf eine Nachkommastelle genau an.

a) $O = 500\,cm^2$; h = 7 cm;

b) $O = 800\,cm^2$; h = 50,6 cm.

Aufgaben

Hinweis zu 4:
Beachte die Einheiten.

4. Zeichne das Netz des Zylinders und berechne den Oberflächeninhalt O.

a) r = 1,5 cm; h = 6 cm

b) r = 2 cm; h = 25 mm

c) r = 0,33 dm; h = 5 cm

d) Der Zylinder hat eine Höhe von 5 cm und einen Durchmesser von 5 cm.

5. Bestimme den Oberflächeninhalt aus der Netzdarstellung des Zylinders.

a)

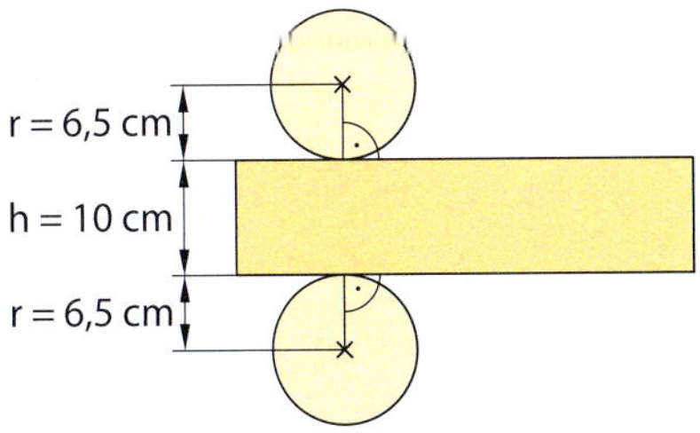

b)

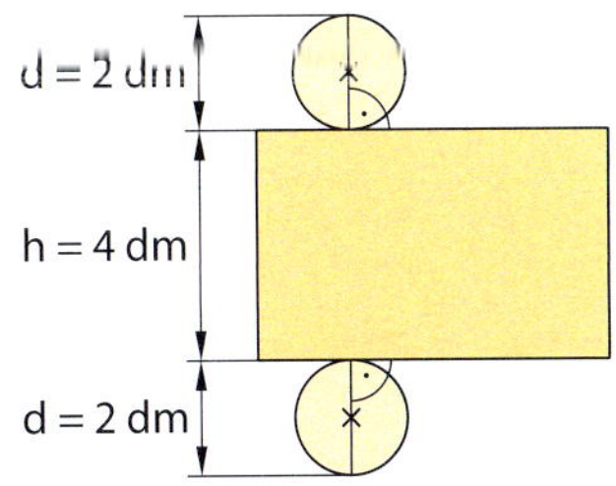

6. Bestimme den Oberflächeninhalt der zylinderförmigen Dose.

a)

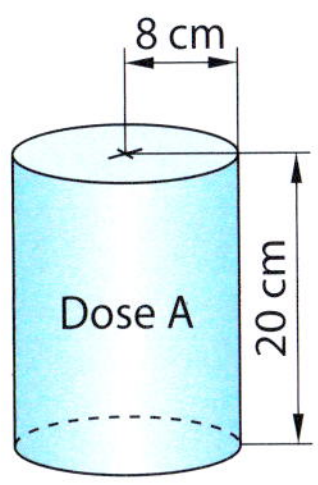

b)

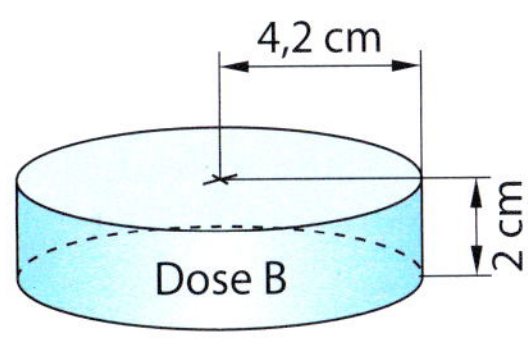

c)

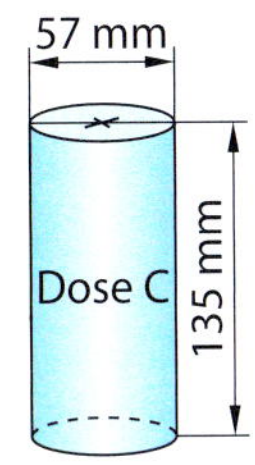

d) Suche in deinem Klassenzimmer oder in deiner Umwelt selbst nach zylinderförmigen Gegenständen. Bestimme deren Oberflächeninhalt.

7. Hendrik möchte eine zylinderförmige Schachtel farbig streichen. Die Schachtel ist 6 cm hoch und hat einen Durchmesser von 24 cm. Mit einer Tube Farbe kann man ungefähr 1 m^2 Fläche streichen. Reicht eine Farbtube zum Streichen der Schachtel?

○ **8. Durchblick:** Ein Zylinder hat einen Radius von 5 cm und ist 10 cm hoch.

a) Berechne den Oberflächeninhalt. Du kannst dich an Beispiel 1 orientieren.

b) Beim Zylinder wird nun die Höhe verdoppelt. Überprüfe durch eine Rechnung, ob sich der Mantelflächeninhalt oder der Oberflächeninhalt auch verdoppelt.

c) Ein Zylinder hat einen Radius von 5 cm und einen Oberflächeninhalt von 500 cm^2. Bestimme die Höhe des Zylinders. Du kannst dich an Beispiel 2 orientieren.

9. Stolperstelle: Finde die Fehler und notiere eine richtige Rechnung in deinem Heft.

a) Ein Zylinder ist 12 cm breit und 20 cm hoch. Berechne den Oberflächeninhalt.

$O = 2\pi r^2 + 2\pi r \cdot h =$

$2\pi \cdot 12^2 + 2\pi \cdot 12 \cdot 20 = 768\pi \approx 2412$

Der Oberflächeninhalt ist 2412 cm^2.

b) Ein Zylinder hat einen Durchmesser von 6 cm und einen Oberflächeninhalt von 800 cm^2. Berechne die Höhe.

$O = 2\pi r^2 + 2\pi r \cdot h$

$800 = 2\pi \cdot 3^2 + 2\pi \cdot 3 \cdot h$

$800 = 18\pi + 6\pi \cdot h \quad | : (18\pi)$

$14{,}15 = 6\pi \cdot h \quad | : (6\pi)$

$0{,}75 = h$

Der Zylinder ist 0,75 cm hoch.

10. Der Oberflächeninhalt eines Zylinders ist 2000 cm^2. Bestimme die gesuchte Größe. Nutze für die Bestimmung des Radius einen Funktionenplotter oder eine Tabellenkalkulation.

a) r = 7,4 cm; h = ▪ b) r = 86 mm; h = ▪ c) d = 0,22 m; h = ▪

d) h = 1,7 dm; r = ▪ e) h = 4,1 cm; r = ▪ f) h = 89 mm; r = ▪

Erinnere dich:
Der Durchmesser d eines Kreises ist d = 2r.

Hinweis zu 5 und 6:
Die gerundeten Lösungen zu Aufgabe 5 findest du in der Lokomotive, zu Aufgabe 6 in der Rauchwolke (ohne Einheiten).

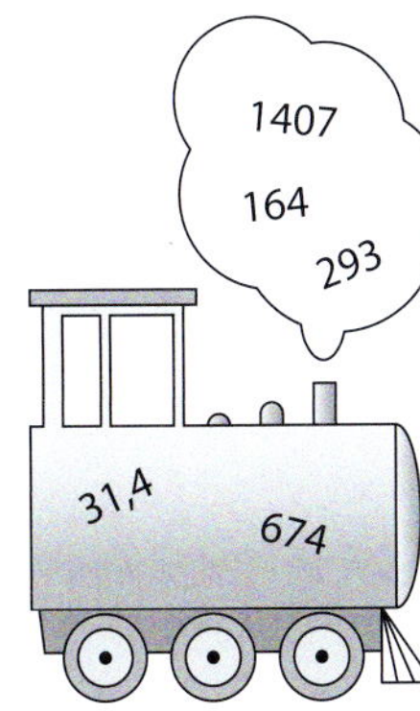

11. Eine zylinderförmige Dose hat eine Oberfläche von 550 cm².
a) Die Grundfläche hat einen Radius von 6 cm. Berechne, wie hoch die Dose ist.
b) Die Grundfläche umfasst 150 cm². Bestimme den Radius der Grundfläche und die Höhe der Mantelfläche.
c) Die Dose ist 10 cm hoch. Bestimme näherungsweise den Radius der Grundfläche.

12. Als Geschenk stellt ein Tischler eine Holzfassung für eine zylinderförmige Blumenvase her. Die Blumenvase soll in einen Holzwürfel gestellt werden. Die Abbildung zeigt eine Skizze für die Holzfassung.
Berechne, wie groß die Oberfläche der Holzfassung ist.

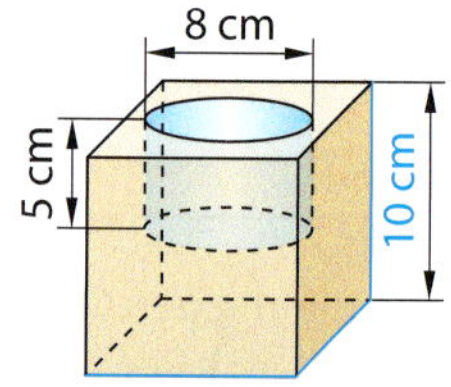

13. Ein Baustellenfahrzeug mit Walze wird zur Verdichtung von Asphalt beim Straßenbau eingesetzt. Die Walze hat eine Breite von 1820 mm und einen Durchmesser von 1220 mm. Es wird ein 500 m langer Straßenabschnitt erneuert.
a) Berechne, wie viele Walzenumdrehungen für die Erneuerung notwendig sind.
b) Berechne die Fläche in Quadratmetern, die bei einer Umdrehung gewalzt wird.

14. Eine Firma, die Konservendosen herstellt, hat zwei Vorschläge für die Maße einer Konservendose aus Blech entwickelt, die die gleiche Füllmenge von 425 mℓ fassen.
a) Entscheide als Angestellter der Firma, welche Dose aus Blech produziert wird. Bestimme dazu die Größe der rundherum aufgeklebten Papier-Etiketten und den Materialverbrauch an Blech für beide Varianten.
b) Für Testzwecke wird die Dose mit weniger Materialverbrauch produziert, wobei für den Rand und Verschnitt 14 % Blech pro Dose zusätzlich benötigt wird. Es stehen 20 m² Blech zur Verfügung.
Bestimme, wie viele Dosen daraus hergestellt werden können.

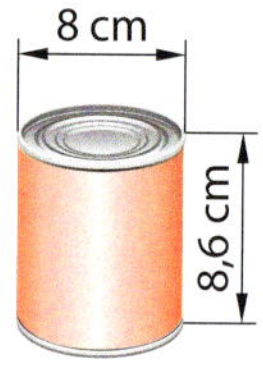

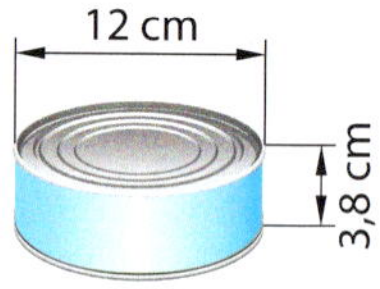

15. Die Firma Becker vermietet 68 Litfaßsäulen. Die Säulen haben jeweils eine Höhe von 3,60 m und einen Umfang von 4 m. Ein DIN-A1-Plakat hat die Größe von einem halben Quadratmeter.
a) Bestimme die Größe der gesamten Werbefläche der Firma.
b) Wie viele 594 mm breite und 841 mm hohe DIN-A1-Plakate passen maximal auf eine Litfaßsäule?
c) Für ein Popkonzert wird mit 50 Plakaten der Größe DIN-A1 geworben. 1 m² der Werbefläche kostet 70 € zuzüglich 19 % Mehrwertsteuer. Bestimme, wie teuer die Plakatwerbung für das Konzert wird.

16. Ausblick: Ein zylinderförmiger Ring wird komplett vergoldet. Die Innenseite des Rings hat einen Umfang von 59,5 mm. Der Ring ist 1 mm dick und 2,5 mm breit.
a) Erstelle eine Skizze des Rings und trage die Maße ein.
b) Bestimme, wie groß die Oberfläche ist, die vergoldet wird.
c) Stelle eine allgemeine Formel für den Oberflächeninhalt eines Rings mit dem Innenradius r_1 und dem Außenradius r_2 sowie der Breite b auf.

7.4 Volumen eines Zylinders

■ Familie Meier hat im Garten ein rundes Schwimmbecken, das sie jeden Sommer mit Wasser füllen. Das Becken hat einen Durchmesser von 3 m und ist 1,2 m hoch. Die Familie füllt das Becken bis zu einer Höhe von 1,1 m mit Wasser.
Karla sagt zu ihrem Vater: „Das Wasser ist so warm geworden. Können wir kein neues Wasser einfüllen?"
Ihr Vater antwortet: „Nein, das ist zu teuer. Ein Kubikmeter Wasser kostet 5 Euro." Karla möchte ihren Vater überzeugen. Hilf ihr die Kosten für den Austausch des Wassers zu bestimmen. ■

Das Volumen eines Zylinders kann man mit der Formel für das Volumen eines Quaders herleiten. Dazu teilt man den Zylinder in gleich große Tortenstücke. Ein Tortenstück wird noch zusätzlich halbiert. Dann werden die Tortenstücke auf einer annähernd rechteckigen Fläche neu zusammengesetzt, sodass die Form eines Quaders entsteht. Je schmaler die Torstenstücke werden, desto genauer nähert sich die Form einem Quader an.

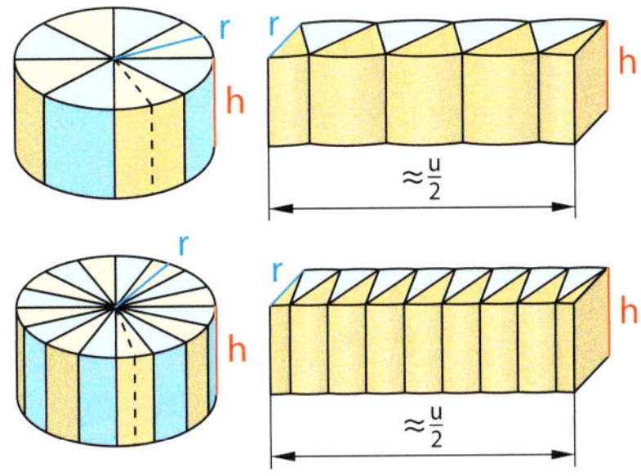

Für das Volumen des Quaders gilt: $V_{Quader} = \frac{u}{2} \cdot r \cdot h$

Setzt man für $u = 2\pi r$ ein, ergibt sich: $V_{Quader} = \frac{2\pi r}{2} \cdot r \cdot h = \pi r^2 \cdot h$

Da der Zylinder und der Quader gleich groß sind, gilt: $V_{Zylinder} = \pi r^2 \cdot h$

Wissen: Volumen eines Zylinders

Das **Volumen eines Zylinders** wird berechnet, indem man den Inhalt der Grundfläche G mit der Höhe h des Prismas multipliziert:

$$V = G \cdot h$$

Mit dem Radius r der kreisförmigen Grundfläche G gilt:

$$V = \pi r^2 \cdot h$$

Beispiel 1: Das Volumen eines Zylinders berechnen

Berechne das Volumen des abgebildeten Zylinders.

a)

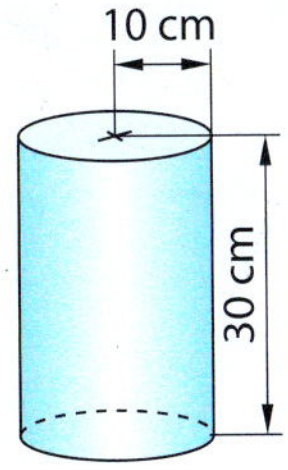

b)

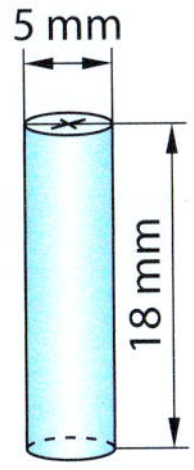

Lösung:

a) Setze r und h in die Formel für das Volumen ein.
Das Volumen des Zylinders ist 9425 cm³.

$V = \pi r^2 \cdot h$
$V = \pi \cdot (10\,\text{cm})^2 \cdot 30\,\text{cm} \approx 9425\,\text{cm}^3$

Hinweis:
Ist der Durchmesser d der kreisförmigen Grundfläche bekannt, so gilt für das Volumen:
$V = \pi \cdot \frac{d^2}{4} \cdot h$

b) Berechne den Radius der kreisförmigen Grundfläche.
Berechne anschließend das Volumen des Zylinders.
Das Volumen des Zylinders ist $353\,mm^3$.

$r = \frac{d}{2} = \frac{5\,mm}{2} = 2{,}5\,mm$

$V = \pi r^2 \cdot h = \pi \cdot (2{,}5\,mm)^2 \cdot 18\,mm$
$\approx 353\,mm^3$

Aufgabe 1: Berechne das Volumen des Zylinders.

a)

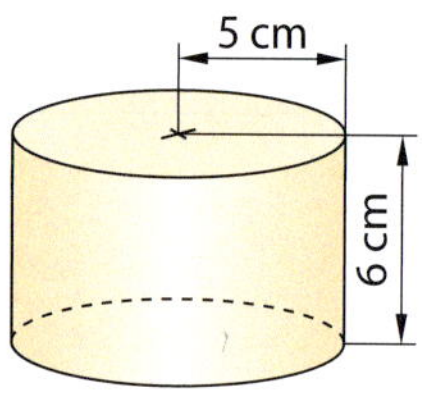

b)

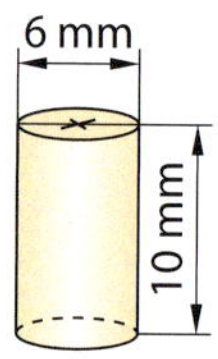

Beispiel 2: Höhe und Radius eines Zylinders berechnen
Ein Zylinder hat ein Volumen von $V = 500\,cm^3$.
a) Die Grundfläche hat einen Radius von 3,5 cm. Bestimme die Höhe des Zylinders.
b) Der Zylinder ist 20 cm hoch. Bestimme den Radius der Grundfläche.

Lösung:

a) Stelle die Gleichung $V = \pi r^2 \cdot h$ nach h um.

$V = \pi r^2 \cdot h \quad |:(\pi r^2)$

$\frac{V}{\pi r^2} = h$

Setze die Größen $V = 500\,cm^3$ und $r = 3{,}5\,cm$ in die Formel ein. Berechne und runde das Ergebnis.

$h = \frac{500\,cm^3}{\pi \cdot (3{,}5\,cm)^2} \approx 13\,cm$

Der Zylinder ist ungefähr 13 cm hoch.

b) Stelle die Gleichung nach r^2 um und setze die Größen $V = 500\,cm^3$ und $h = 20\,cm$ ein.

$V = \pi r^2 \cdot h \quad |:(\pi \cdot h)$

$\frac{V}{\pi \cdot h} = r^2$

$r^2 = \frac{500\,cm^3}{\pi \cdot 20\,cm} \quad |\text{ Kürzen}$

$r^2 = \frac{25\,cm^2}{\pi}$

$r = \sqrt{\frac{25\,cm^2}{\pi}} \approx 2{,}8\,cm$

Die Gleichung $r^2 = \frac{25\,cm^2}{\pi}$ hat zwei Lösungen, eine negative Lösung und eine positive Lösung. Es ist nur die positive Lösung sinnvoll, weil Längen immer positiv sind. Daher kommt nur $r = \sqrt{\frac{25\,cm^2}{\pi}}$ als Lösung in Frage.

Der Radius ist ungefähr 2,8 cm.

Aufgabe 2: Ein Zylinder hat ein Volumen von $V = 200\,cm^3$.
a) Die Grundfläche hat einen Radius von 2 cm. Bestimme die Höhe des Zylinders.
b) Der Zylinder ist 10 cm hoch. Bestimme den Radius der Grundfläche.

Aufgaben

3. Berechne das Volumen des Zylinders aus den gegebenen Größen.
a) $r = 15{,}7\,cm$; $h = 20{,}9\,cm$
b) $r = 2{,}5\,cm$; $h = 1{,}2\,m$
c) $d = 8\,dm$; $h = 150\,mm$
d) $d = 46{,}8\,cm$; $h = 1\,m$
e) $r = 6\,dm$; $h = 4 \cdot r$
f) $r = 0{,}5 \cdot h$; $h = 50\,mm$

4. Berechne die fehlenden Größen. Übertrage die Tabelle in dein Heft und fülle sie aus.

	a)	b)	c)	d)	e)	f)
Radius r	5 cm					3,2 cm
Durchmesser d		2,5 cm		1,1 m		
Höhe h	7,8 cm		8 cm	35 dm	10 cm	
Volumen V		6,25 cm³	1200 cm³		10 000 mm³	7,18 cm³

Hinweis zu 4:
Die gerundeten Lösungen zu a) bis c) findest du in der Blüte, zu d) bis f) in den Blättern (ohne Einheiten).

○ **5.** **Durchblick:** Du kannst dich an Beispiel 1 orientieren. Erkläre, wie sich das Volumen eines Zylinders ändert, wenn
a) die Höhe h verdoppelt wird und der Radius r gleich bleibt,
b) die Höhe h gleich bleibt und der Radius r verdoppelt wird,
c) die Höhe h verdoppelt und der Radius r halbiert wird,
d) die Höhe h halbiert und der Radius r verdoppelt wird,
e) die Höhe h vervierfacht und der Radius r halbiert wird.

6. Gib drei verschiedene Maße für einen Zylinder mit einem Volumen von 1 m³ an.

7. Eine zylinderförmige Regentonne hat einen Innendurchmesser von 82 cm und eine Höhe von 95 cm.
a) Berechne, wie viel Liter Wasser höchstens in die Tonne passen.
b) In der Tonne sind 300 ℓ Wasser. Bestimme, wie hoch das Wasser in der Tonne steht.
c) Nach einem Gewitter ist die Tonne zu 80 % gefüllt. Bestimme, wie hoch das Wasser in der Tonne steht.

Erinnere dich:
1 ℓ = 1 dm³
1 mℓ = 1 cm³

8. Getränkedosen werden in zwei verschieden Größen angeboten. Es gibt Dosen mit 330 mℓ und mit 500 mℓ Fassungsvermögen. Beide Varianten haben einen Durchmesser von 6,7 cm. Bestimme jeweils die Höhe der Dosen.

9. **Stolperstelle:** Finde die Fehler und korrigiere sie.
a) Paul berechnet das Volumen für den angegeben Zylinder folgendermaßen:

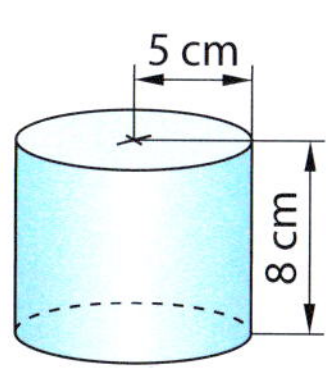

$V = \pi r^2 \cdot h$
$= \pi \cdot 5\,cm^2 \cdot 8\,cm$
$= \pi \cdot 40\,cm^3$
$\approx 125{,}66\,cm^3$

b) Verena berechnet für einen Zylinder mit dem Volumen V = 300 cm³ und dem Radius r = 6 cm die Höhe mit der Formel $h = \frac{V}{\pi r^2}$. Sie tippt in den Taschenrechner

und erhält als Ergebnis 3437,74677.

10. Stell dir vor: In einer Fachzeitung ist zu lesen: „30000 m³ Glas in einem Kabel." Es handelt sich um das Transatlantische Telefonkabel – kurz TAT-14, das das Telefonnetz Europas mit Nordamerika verbindet. Von Nordamerika ist es über eine andere Strecke wieder nach Europa verlegt. Dieses Kabel enthält acht Glasfasern und hat eine Dicke von 50 mm. Kann das stimmen?

11. Die Verbraucherzentrale Hamburg untersucht Produkte auf das Verhältnis von Fassungsvermögen und Verpackung. Falls die Größe der Verpackung um mehr als 30% von der Füllmenge abweicht, also eine größere Füllmenge durch die Verpackung vorgetäuscht wird, spricht man von einer Mogelpackung.

a) Finde heraus, bei welcher Verpackung es sich um eine Mogelpackung handelt und begründe deine Entscheidung durch eine Rechnung.

b) Wie hoch dürfte die Verpackung des Ketchups höchstens sein, damit es sich nicht um eine Mogelpackung handelt?

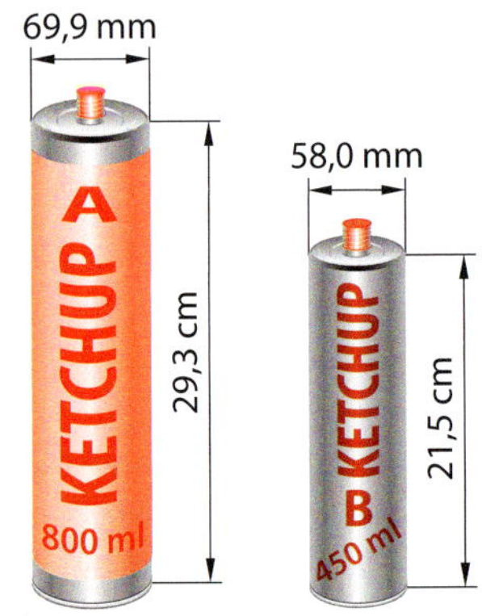

12. Die Bielefelder Sparrenburg hat einen 42 m tiefen und 1,5 m breiten zylinderförmigen Brunnen. In dem Brunnen steht das Wasser 5 m hoch. Ein Kubikmeter Wasser wiegt 1000 kg.

a) Berechne, wie viel Kubikmeter Wasser in dem Brunnen sind.

b) Bestimme das Gewicht des Wassers im Brunnen.

Hinweis zu 13:
Gewicht ist gleich Dichte mal Volumen.

13. Ein Hantelhersteller hat eine neue Kurzhantel aus Stahl entwickelt. Der Stahl hat eine Dichte von $7{,}85\,\frac{g}{cm^3}$. Die Maße der Hantel sind in der Abbildung dargestellt.

a) Berechne das Gewicht der Hantel.

b) Der Hersteller möchte eine weitere Hantel anbieten. Die Maße der beiden Scheiben bleiben gleich. Die Länge der Stange wird verändert. Bestimme wie lang die Stange sein muss, damit die Hantel genau 5 kg wiegt.

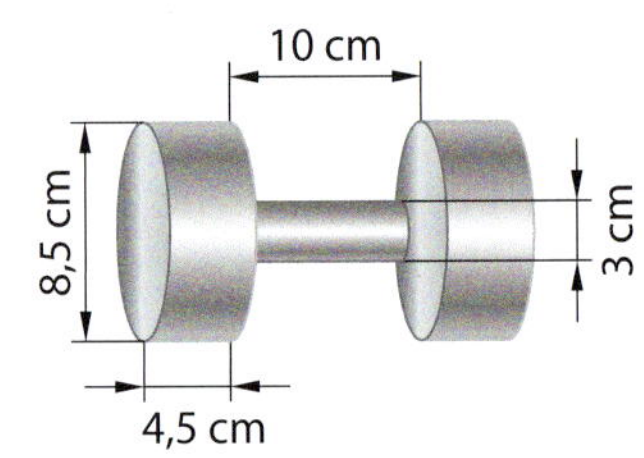

14. Die Regenwassertanks sind jeweils aus verschiedenen Körpern zusammengesetzt. Löse die Aufgaben für die beiden Figuren.

a) Erkläre, wie du den Tank in Teilkörper zerlegen kannst.

b) Berechne, wie viel Liter Wasser im Tank sind, wenn der Tank komplett gefüllt ist.

c) Der Tank ist nur zu $\frac{2}{3}$ mit Wasser gefüllt. Bestimme, wie hoch das Wasser im Tank steht.

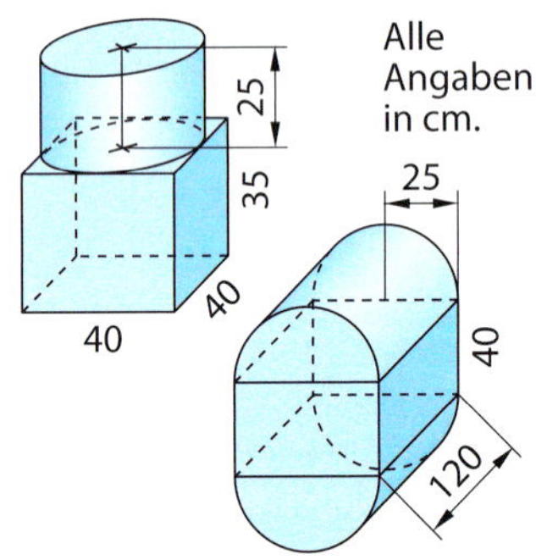

● **15. Ausblick:** Ein schräg abgeschnittener Zylinder hat zwei verschiedene Höhen. Die Höhe h_1 bezeichnet die Höhe an der höchsten Stelle und h_2 an der tiefsten Stelle. Das Volumen eines schräg abgeschnittenen Zylinders ist:

$V_{schräg} = \pi r^2 \cdot \frac{h_1 + h_2}{2}$

a) Berechne das Volumen eines schräg abgeschnittenen Zylinders mit $r = 2\,cm$, $h_1 = 8\,cm$ und $h_2 = 3\,cm$.

b) Berechne das Volumen eines herkömmlichen Zylinders mit $r = 2\,cm$ und $h = 11\,cm$. Vergleiche das Ergebnis mit dem Ergebnis aus a). Was fällt dir auf?

c) Erkläre, warum für das Volumen eines schräg abgeschnittenen Zylinders die obige Formel gilt.

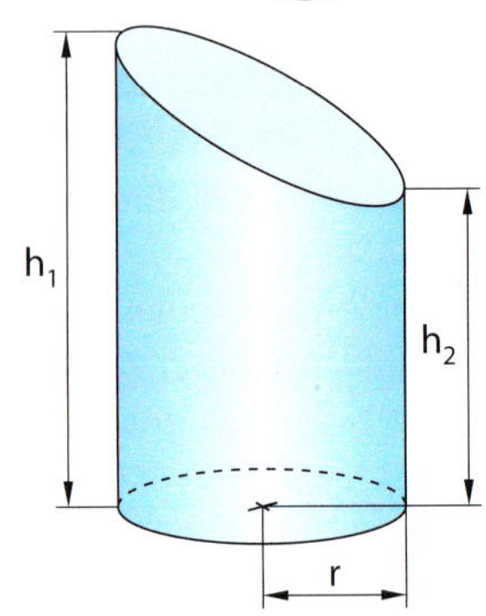

Vermischte Aufgaben

1. Familie Scholz hat sich als Ferienhaus ein Haus gekauft, das nur aus einem Dach besteht. Das Haus ist bis auf insgesamt sechs Glasfenster an der Front- und Rückseite komplett aus Holz.
Das Haus ist 8 m hoch und 9 m lang. Die Fenster haben die Maße 1,5 m × 2 m.

a) Berechne das Volumen des Hauses.
b) Berechne, wie viel Quadratmeter Holz an den Außenwänden mit Holzschutzlasur behandelt werden müssen.
c) Bestimme, welcher Anteil der Außenwände aus Glas ist.

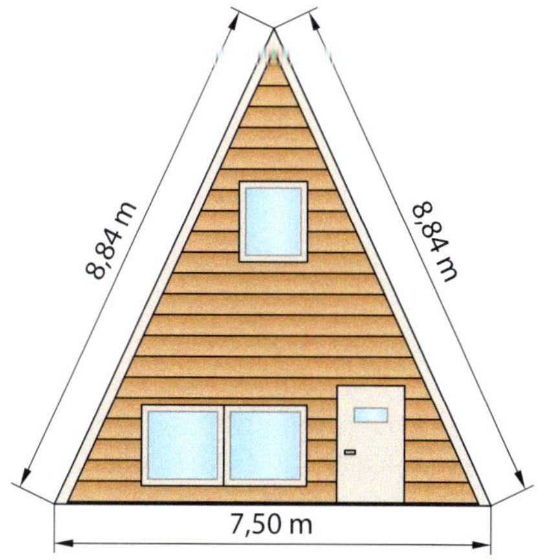

2. Die Grundfläche eines Schwimmbeckens hat die Form eines Rechtecks mit angesetztem Halbkreis. Die Maße des Rechtecks betragen 10 m × 5 m, der Halbkreis hat einen Durchmesser von 5 m. Das Becken ist 2 m tief.

- Zeichne die Grundfläche des Beckens in einem geeigneten Maßstab.
- Im Laufe eines Sommers verdunsten etwa 3000 Liter Wasser. Um wie viel cm würde der Wasserstand im Becken während des Sommers sinken, wenn kein Wasser nachläuft?

- Während der Renovierungen im Winter wird das Becken von innen neu gestrichen. Es sind zwei Streichvorgänge notwendig. Wie viel Liter Farbe werden hierfür benötigt, wenn 6 Liter für 15 m² reichen?
- Berechne das Volumen des Wassers im Becken, wenn das Becken bis 20 cm unterhalb des Beckenrands mit Wasser gefüllt ist.

3. Aus einem Quader wird ein Zylinder herausgeschnitten. Bestimme in Abhängigkeit von der Variablen x

a) den Oberflächeninhalt des Zylinders,
b) das Volumen des Zylinders,
c) das Volumen des Körpers, der als Rest übrig bleibt.

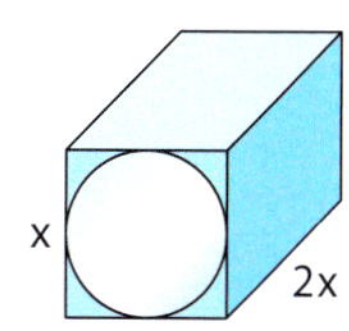

4. Ein Dreher produziert Maschinenteile aus Hartmetall nach den rechts abgebildeten Vorgaben.

a) Berechne das Volumen des Maschinenteils.
b) Bestimme das Gewicht, wenn 1 cm³ Hartmetall 14,9 g wiegen.
c) Die Machinenteile sollen lackiert werden. Für 1 m² werden 150 mℓ Lack benötigt. Wie viel mℓ Lack sind pro Werkstück notwendig?

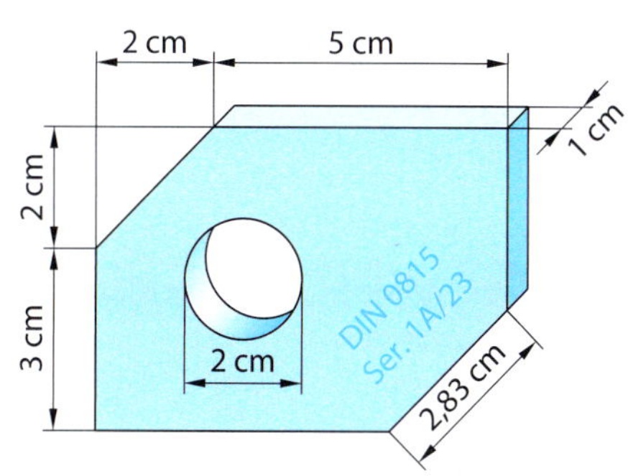

1. Welche der Körper sind Prismen? Begründe.

a)

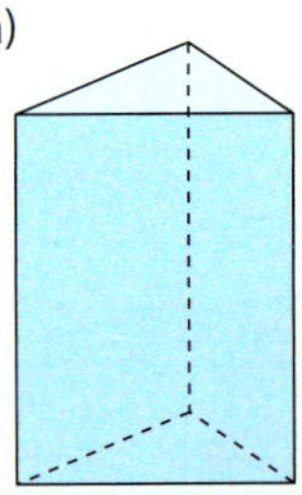

b)

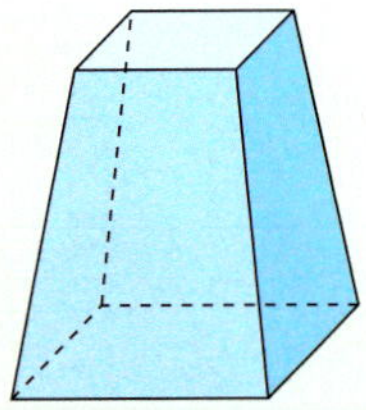

c)

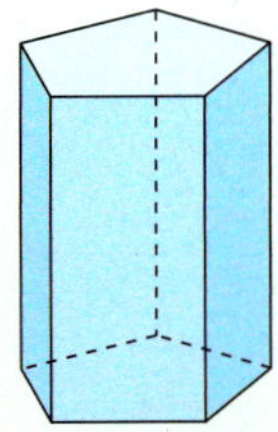

d)

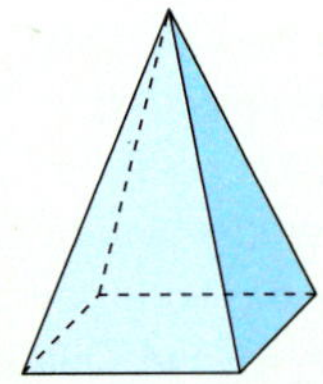

e)

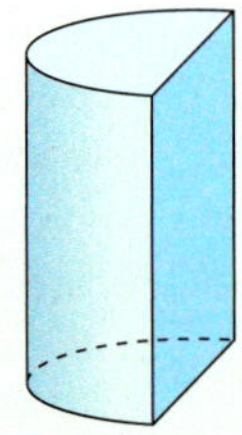

2. Zeichne ein Netz des Prismas mit der Höhe h. Die Grundfläche ist ein Dreieck mit den Seitenlängen a, b und c. Berechne dann den Oberflächeninhalt.
   a) a = 3 cm; b = 5 cm; c = 6 cm; h = 5 cm
   b) a = 2 cm; b = 7 cm; c = 8 cm; h = 4 cm

3. Zeichne ein Netz des Prismas und berechne den Oberflächeninhalt.

a)

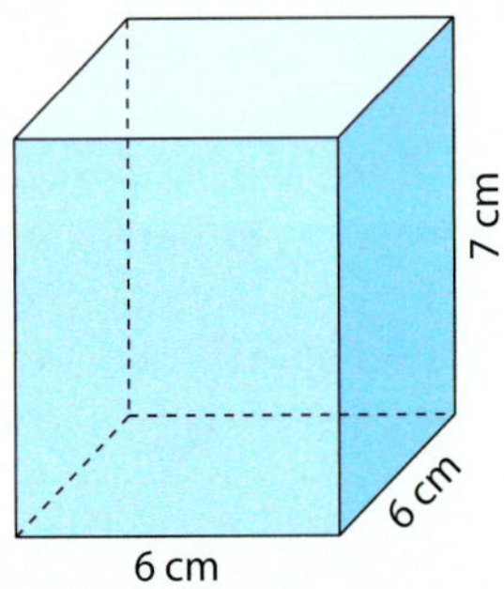

b)

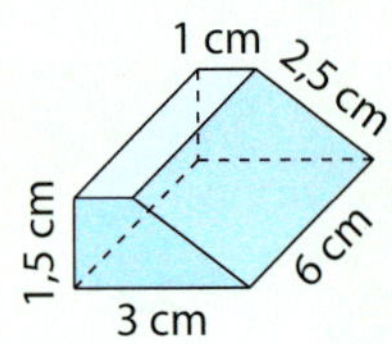

c)

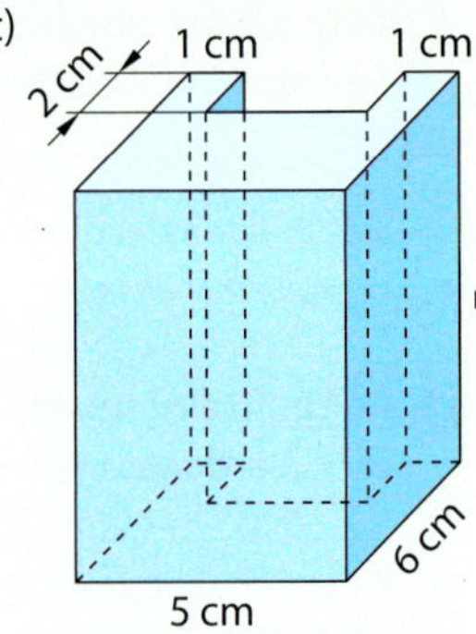

4. Berechne das Volumen des Prismas.

a)

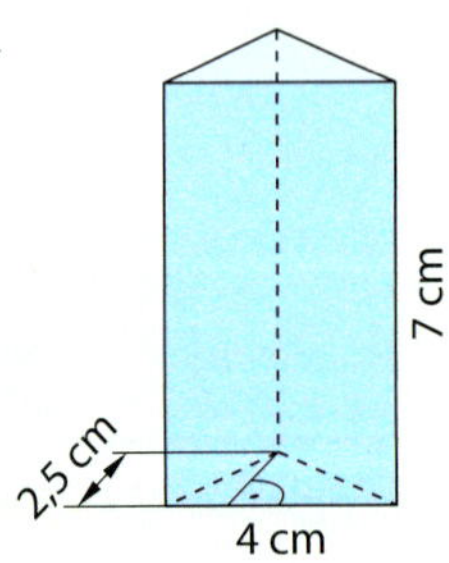

b)

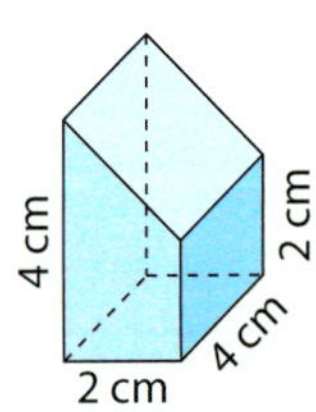

c)

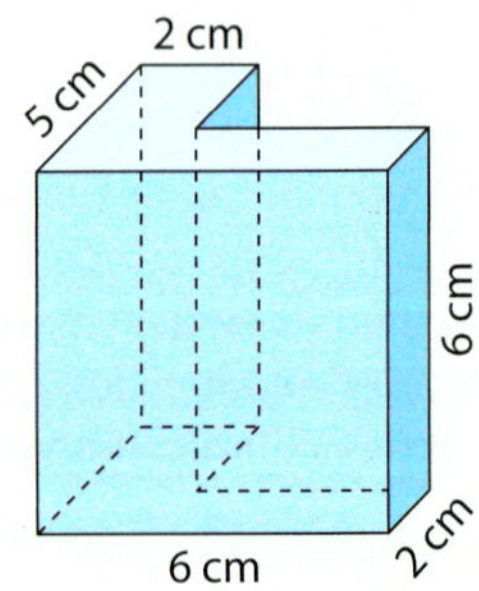

5. Zeichne ein Netz des Zylinders mit den gegebenen Maßen. Berechne dann den Oberflächeninhalt.
   a) r = 3 cm; h = 4 cm b) r = 2,5 cm; h = 3 cm c) r = 4 cm; h = 2 cm

6. Von einem Zylinder ist der Oberflächeninhalt O und der Radius r bekannt. Berechne die Höhe des Zylinders.
   a) $O = 2500\,cm^2$; r = 10 cm b) $O = 1345\,m^2$; r = 3,5 m c) $O = 392{,}7\,dm^2$; r = 5 dm

7. Berechne das Volumen des Zylinders mit den gegebenen Maßen.

a) $r = 3\,m$; $h = 7\,m$ b) $d = 12\,cm$; $h = 8\,cm$
c) $d = 7\,dm$; $h = 7\,dm$ d) $r = 45\,mm$; $h = 85\,mm$

8. Von einem Zylinder ist das Volumen V bekannt. Ermittle die unbekannte Größe (Radius r bzw. Höhe h).

a) $V = 6\,cm^3$; $r = 1\,cm$ b) $V = 13\,000\,mm^3$; $r = 45\,mm$
c) $V = 14\,m^3$; $h = 3\,m$ d) $V = 10\,m^3$; $h = 10\,m$

9. In einer Kunstwerkstatt werden Teelichtständer aus Metall gegossen. Sie haben die Form eines Zylinders. Die Teelichtständer haben unterschiedliche Höhen, aber alle den gleichen Radius von $r = 2{,}5\,cm$.

a) Ein Teelichtständer hat eine Höhe von 12 cm. Berechne die Menge an Metall, die für seine Herstellung benötigt wird.
b) Für die Herstellung eines Teelichtständers steht eine Restmenge von $200\,cm^3$ an Metall zur Verfügung. Sollte dafür eine Gussform mit einer Höhe von 9 cm, 10 cm oder 11 cm verwendet werden? Begründe deine Antwort.

Wiederholungsaufgaben

1. Konstruiere ein Dreieck mit den Maßen $a = 2{,}5\,cm$, $b = 4\,cm$ und $\gamma = 80°$. Miss anschließend die Größe der anderen Winkel sowie der Seite c.

2. Berechne ohne Taschenrechner.

a) $\sqrt{196}$ b) $\sqrt{19\,600}$ c) $\sqrt{1{,}96}$ d) $\sqrt{\frac{144}{196}}$

3. Runde die Zahlen auf die vorgegebene Rundungsstelle.

a) Zehner: 2324 b) Hundertstel: 3,999 c) Zehntel: 23,867

4. Die Schülerinnen und Schüler der Klasse 8b haben getestet, wie gut sie eine Minute schätzen können. Sie sind zu folgenden Ergebnissen gekommen.

geschätzte Zeit in s	51	53	54	56	57	58	59	60	61	63	64	65
Anzahl	1	3	1	2	4	3	3	2	1	4	1	2

Bestimme den Mittelwert und den Median der Schätzung.

5. Ergänze in der Tabelle jeweils die gesuchte Größe, wenn das Kapital ein Jahr angelegt wurde.

Grundkapital	Zinssatz	Zinsen
150 €	3 %	
	4 %	10 €
350 €		14 €

Zusammenfassung

Prisma

Ein geometrischer Körper heißt (gerades) **Prisma**, wenn er begrenzt wird von
1. zwei zueinander parallel liegenden, kongruenten Vielecken **(Grund- und Deckfläche)** und
2. Rechteckflächen **(Seitenflächen)**.

Alle Seitenflächen zusammen bilden den **Mantel** des Prismas.
Den Abstand zwischen Grund- und Deckfläche bezeichnet man als **Höhe** des Prismas.

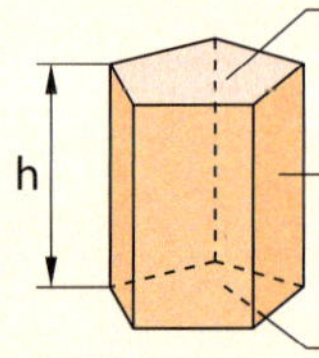

Wenn ein Prisma drei (vier, fünf, …, n) Seitenflächen hat, dann nennt man es dreiseitiges (vierseitiges, fünfseitiges, …, n-seitiges) Prisma.

Oberflächeninhalt eines Prismas

Der **Oberflächeninhalt eines Prismas** wird berechnet, indem man die Inhalte der Grundfläche G, der Deckfläche D und der Mantelfläche M ermittelt und diese addiert.

Wegen G = D gilt:

$$\mathbf{O = 2 \cdot G + M}$$

Berechne den Oberflächeninhalt des Prismas.

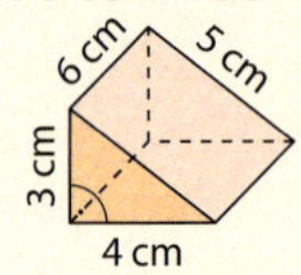

$M = (3\,\text{cm} + 4\,\text{cm} + 5\,\text{cm}) \cdot 6\,\text{cm} = 72\,\text{cm}^2$
$G = \frac{4\,\text{cm} \cdot 3\,\text{cm}}{2} = 6\,\text{cm}^2$
$O = 2 \cdot G + M = 12\,\text{cm}^2 + 72\,\text{cm}^2 = 84\,\text{cm}^2$

Volumen eines Prismas

Das **Volumen eines Prismas** wird berechnet, indem man den Inhalt der Grundfläche G mit der Höhe h des Prismas multipliziert.

$$\mathbf{V = G \cdot h}$$

Berechne das Volumen des oben dargestellten Prismas.
$G = \frac{3\,\text{cm} \cdot 4\,\text{cm}}{2} = 6\,\text{cm}^2$
$V = G \cdot h$
$= 6\,\text{cm}^2 \cdot 6\,\text{cm} = 36\,\text{cm}^3$

Zylinder

Ein geometrischer Körper heißt (gerader) **Zylinder**, wenn er begrenzt wird von
1. zwei zueinander parallel liegenden, kongruenten Kreisflächen **(Grund- und Deckfläche)** und
2. einer gekrümmten **Mantelfläche**, deren Abwicklung in die Ebene eine Rechteckfläche ergibt.

Den Abstand zwischen Grund- und Deckfläche nennt man **Höhe h** des Kreiszylinders.

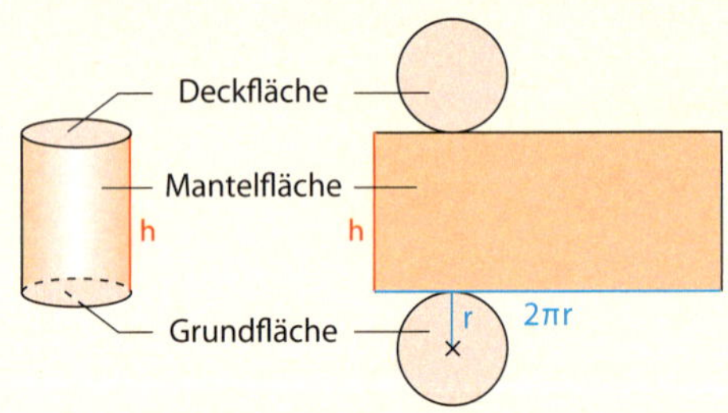

Oberflächeninhalt eines Zylinders

Der **Oberflächeninhalt eines Zylinders** wird berechnet, indem man die Inhalte der Grundfläche G, der Deckfläche D und der Mantelfläche M ermittelt und diese addiert.
Wegen G = D gilt:

$$\mathbf{O = 2 \cdot G + M}$$

Wegen $G = \pi r^2$ und $M = 2\pi r \cdot h$ gilt:

$$\mathbf{O = 2 \cdot \pi r^2 + 2\pi r \cdot h}$$

Berechne den Oberflächeninhalt eines Zylinders mit den Abmessungen $r = 3\,\text{cm}$ und $h = 2\,\text{cm}$.

$O = 2\pi r^2 + 2\pi r \cdot h$
$= 2\pi \cdot (3\,\text{cm})^2 + 2\pi \cdot 3\,\text{cm} \cdot 2\,\text{cm}$
$\approx 56{,}5\,\text{cm}^2 + 37{,}7\,\text{cm}^2 = 94{,}2\,\text{cm}^2$

Volumen eines Zylinders

Das **Volumen eines Zylinders** wird berechnet, indem man den Inhalt der Grundfläche G mit der Höhe h des Zylinders multipliziert.

$$\mathbf{V = G \cdot h}$$
$$\mathbf{V = \pi r^2 \cdot h}$$

Berechne das Volumen eines Zylinders mit den Abmessungen $r = 3\,\text{cm}$ und $h = 2\,\text{cm}$.

$V = \pi r^2 \cdot h$
$= \pi \cdot (3\,\text{cm})^2 \cdot 2\,\text{cm} \approx 56{,}5\,\text{cm}^3$

8. Komplexe Aufgaben

Die folgenden Aufgaben verbinden Kapitel dieses Buches und methodische Kompetenzen.

8. Endgeschwindigkeit im freien Fall

Galileo Galilei (1564–1642) erkannte 1590 die Gesetze des freien Falls: Alle Körper fallen im Vakuum unabhängig von ihrer Gestalt, Zusammensetzung und Gewicht gleich schnell. Das bedeutet, dass sie mit der gleichen Geschwindigkeit v am Boden auftreffen, wenn sie aus der gleichen Höhe h fallengelassen werden. Es gilt auf der Erde die Faustformel $v = \sqrt{20 \cdot h}$, wobei h in Metern und v in Meter pro Sekunde angegeben wird.
Andreas hat im Rahmen seiner Facharbeit Messreihen durchgeführt. Für eine kleine Stahlkugel, die er im Treppenhaus der Schule fallen ließ, erhielt er folgende Messwerte:

h (in m)	1	1,5	2	2,5	3	3,5	4	5
v (in m/s)	4,43	5,42	6,26	7,00	7,67	8,29	8,86	9,90

a) Begründe, dass das Wertepaar $(0|0)$ in die Messreihe passt.
b) Zeichne den Graphen, der die Geschwindigkeit als Funktion der Fallhöhe darstellt.
c) Trägt man v als Funktion von $\sqrt{h}$ auf, so erhält man eine proportionale Funktion. Begründe dies. Zeichne diesen Graphen und bestimme die Steigung. Gib die Gleichung an, die die Messwerte beschreibt.

9. Löschwasser im Kölner Dom

Auf dem Dachboden des Kölner Doms steht ein großes Fass mit der Aufschrift „Löschwasser 950 Liter". Neben dem Fass steht Gianni. Er ist 8 Jahre alt.
a) Schätze ab, welchen Durchmesser das Fass hat.
b) Wenn Gianni sich in dem leeren Fass verstecken wollte, wie groß könnte der Abstand zwischen seinem Körper und der Wand des Fasses sein, wenn er aufrecht steht?
c) Schätze das Volumen, das leer bleibt, wenn Gianni sich im Fass befindet.

10. Dosen im Karton

In dieser Aufgabe wird stets ein würfelförmiger Karton mit der Kantenlänge a betrachtet. In diesen Karton sollen identische, zylinderförmige Getränkedosen gepackt werden: eine Dose mit dem Durchmesser a und der Höhe a oder acht Dosen mit dem Durchmesser $\frac{a}{2}$ und der Höhe $\frac{a}{2}$ oder 27 Dosen mit dem Durchmesser $\frac{a}{3}$ und der Höhe $\frac{a}{3}$ und so weiter.
a) Fertige Skizzen an, die nur die Dosenböden und den Kartonboden zeigen.
b) Untersuche, wie sich das Gesamtvolumen aller Dosen ändert, wenn man in den Karton 1, 8, 27, … , n^3 Dosen packt. Die Dicke des Dosenmaterials soll nicht berücksichtigt werden.
c) Berechne, wie viel Prozent des Kartonvolumens jeweils leer sind.
d) Untersuche, wie sich die Gesamtmantelfläche und die Gesamtoberfläche aller Zylinder im Karton ändert, wenn man den Karton mit 1, 8, 27, … , n^3 Dosen füllt.
e) Nenne mögliche Gründe, warum kleine Dosen im Verhältnis zum Inhalt meist teurer sind als größere Dosen.

9. Methoden

Die Methodenkarten helfen dir in typischen Unterrichtssituationen. Du darfst sie kopieren und ausschneiden um sie länger zu verwenden und durch eigene Notizen zu ergänzen.

Methodenkarte 8 A: Funktionen plotten

Mit dem GTR

1. Wähle aus den Werkzeugen den Funktionenplotter (Graph) aus.
2. Gib den Funktionsterm in der Form f(x) = 3*x-1 oder y = 3*x-1 ein.
3. Bestätige die Eingabe und lasse den Graphen zeichnen (Draw).
4. Du kannst die Darstellung über die Fenstereinstellungen (Window) anpassen.
   a) Lege den Bereich fest, der angezeigt werden soll: Die Werte für „xmin" und „xmax" legen den Bereich auf der x-Achse fest, die Werte für „ymin" und „ymax" legen den Bereich auf der y-Achse fest.
   b) Lege die Skalierung (Scale) fest: Die Werte „xscl" und „yscl" legen die Unterteilung der Koordinatenachsen fest.

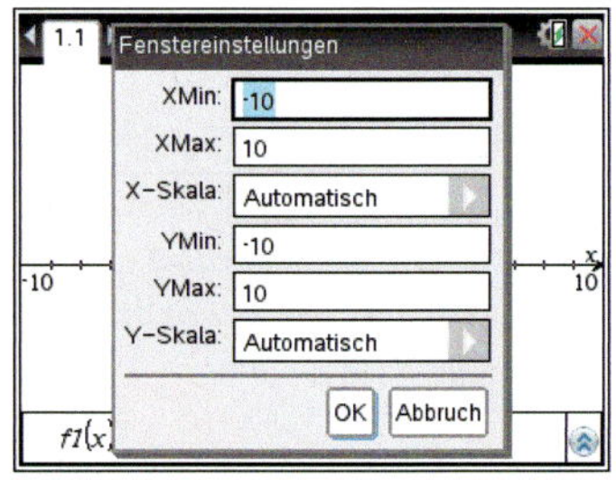

Mit dem Computer

1. Klicke in die Eingabezeile.
2. Gib den Funktionsterm in der Form f(x) = 3*x-1 oder y = 3*x-1 ein und bestätige die Eingabe.
3. Um einen bestimmten Ausschnitt zu betrachten, kannst du den dargestellten Bereich verschieben.
4. Mit dem Lupenwerkzeug kannst du hinein- und hinauszoomen.

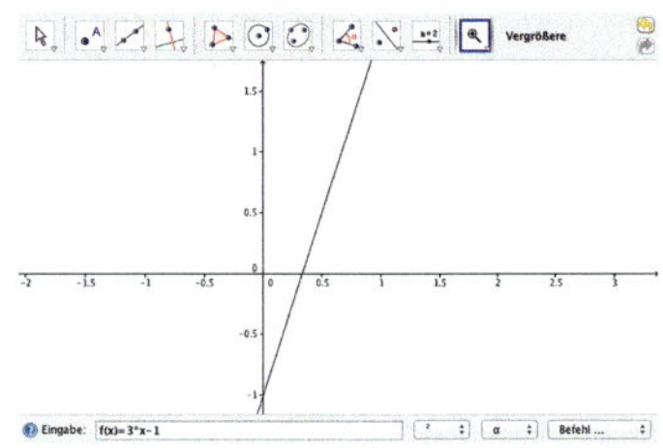

Methodenkarte 8 B: Schnittpunkte in einem Plot bestimmen

Mit einem Funktionenplotter kannst du Schnittpunkte näherungsweise ablesen. Je näher du an den Schnittpunkt heranzoomst, desto genauer kannst du die Koordinaten des Schnittpunkts ablesen.

Ablesen mit dem GTR

1. Lege den dargestellten Bereich so fest, dass der gesuchte Schnittpunkt erkennbar ist.
2. Wähle die Funktion Spur (Trace).
3. Bewege den Cursor mit den Pfeiltasten zu dem gesuchten Schnittpunkt.
4. Lies die ungefähren Koordinaten des Schnittpunkts ab.

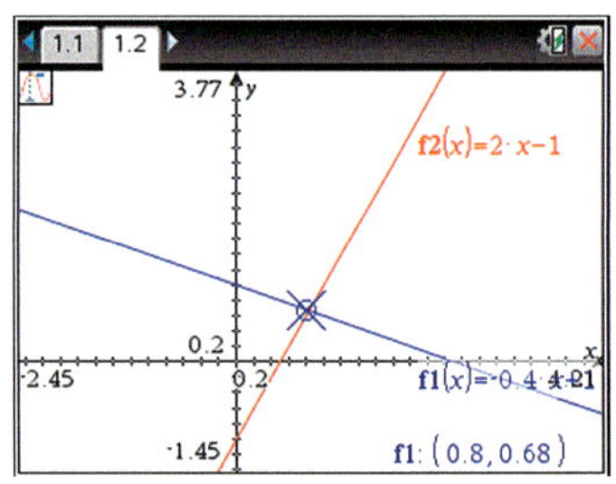

Konstruieren

Mit einer dynamischen Geometriesoftware oder einem GTR kannst du Schnittpunkte auch konstruieren.

1. Lege den dargestellten Bereich so fest, dass der gesuchte Schnittpunkt erkennbar ist.
2. Konstruiere den Schnittpunkt, indem du das Werkzeug „Schnittpunkt" wählst und die beiden Geraden anklickst. Klicke dann auf den Schnittpunkt und lies die Koordinaten ab.

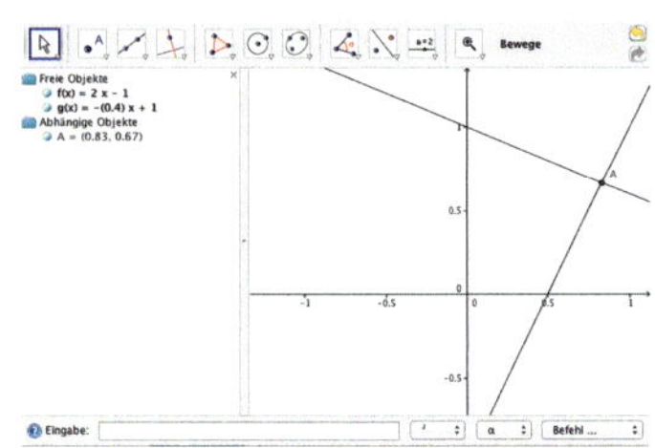

Methodenkarte 8 C: Zufallszahlen erzeugen

Mit dem GTR

1. Lege ein neues Tabellendokument (Spreadsheet) an.
2. Trage in eine freie Zelle die Formel „=randint(1,10)“ ein, um eine ganze Zufallszahl zwischen 1 und 10 zu erzeugen.
3. Bestätige die Eingabe.
4. Kopiere die Formel in andere Zellen, um weitere Zufallszahlen zu erhalten, oder erzeuge mit dem Befehl „=randint(1,10,100)“ direkt 100 ganze Zufallszahlen zwischen 1 und 10.

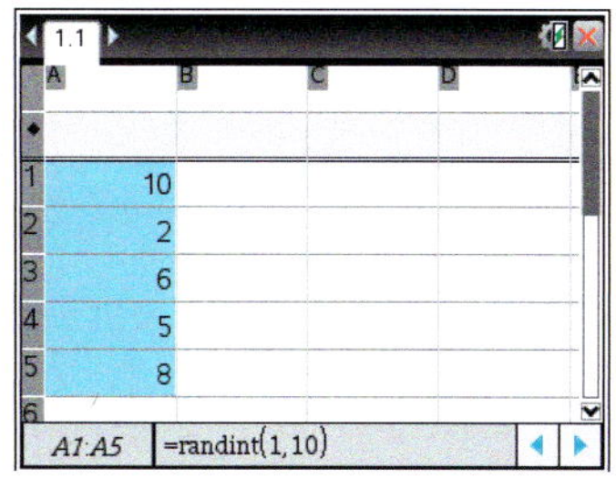

Mit dem Computer

1. Erstelle ein neues Dokument in einer Tabellenkalkulation.
2. Trage in eine freie Zelle die Formel „=ZUFALLSBEREICH(1,10)“ ein, um eine zufällige ganze Zahl zwischen 1 und 10 zu erzeugen.
3. Trage in eine freie Zelle die Formel „=ZUFALLSZAHL()“ ein, um eine zufällige Dezimalzahl zwischen 0 und 1 zu erzeugen.
4. Kopiere die Formel in andere Zellen, um weitere Zufallszahlen zu erhalten.

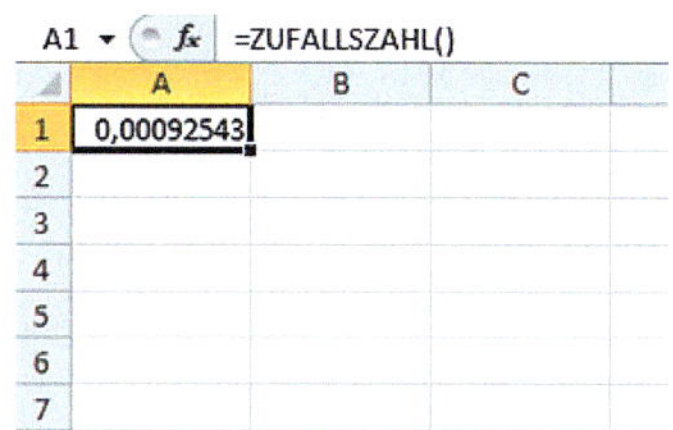

Methodenkarte 8 D: Daten auswerten und darstellen

Wenn du ein Zufallsexperiment durchgeführt oder simuliert hast, kannst du die gewonnenen Daten leicht mit einem GTR oder am Computer auswerten und darstellen.

Daten auswerten

1. Lege ein neues Dokument in der Tabellenkalkulation an.
2. Trage die erhobenen Daten in die Zellen „A1“ bis höchstens „A1000“ ein.
3. Trage für jedes mögliche Ergebnis den Wert in die Spalte „B“ ein.
4. In die Zelle „C1“ trägst du nun folgende Formel „=ZÄHLENWENN($A$1:$A$1000;B1)“ ein.
5. Kopiere diese Formel in die Zellen „C2“ bis „C6“.

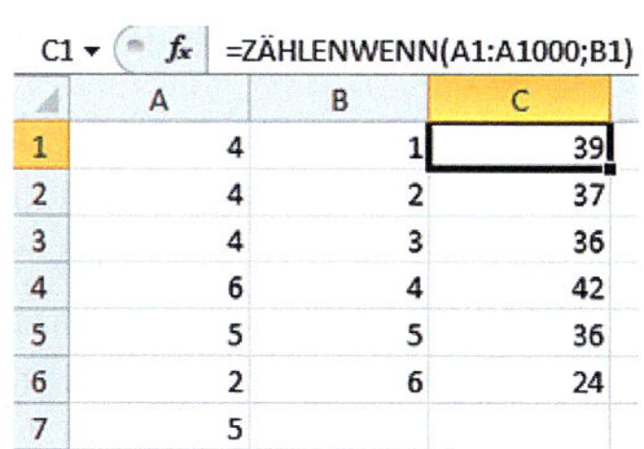
C1 =ZÄHLENWENN(A1:A1000;B1)

	A	B	C
1	4	1	39
2	4	2	37
3	4	3	36
4	6	4	42
5	5	5	36
6	2	6	24
7	5		

Daten darstellen

Die so gewonnenen Daten lassen sich auch als Diagramm darstellen.

1. Markiere die Zellen „B1“ bis „C6“.
2. Erstelle ein neues Diagramm, indem du das Werkzeug Diagramme wählst.
3. Wähle den Diagrammtyp aus.
4. Gib an, dass die erste Spalte zur Beschriftung verwendet werden soll.

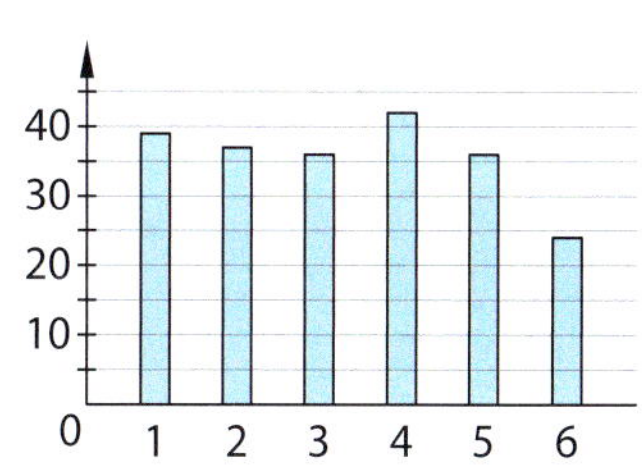

Methodenkarte 8E: Allgemeine Funktionen eines Taschenrechners und GTR

Funktionen eines Taschenrechners:

Grundrechenarten Addition, Subtraktion, Multiplikation, Division	+ − × ÷
Bruch eingeben	(Bruch-Taste)
Quadrieren	x^2
Wurzel ziehen	$\sqrt{\square}$
Kreiszahl Pi	SHIFT + π

Weitere Funktionen eines grafikfähigen Taschenrechners (GTR):

Funktion	Texas Instruments	Casio
Funktionen plotten	Graphs	Graph
Tabellenkalkulation erstellen	Lists & Spreadsheet	Tab.Kalk.
Diagramme erstellen	Data & Statistics	Statistik
Dynamische Geometriesoftware	Geometry	Geometrie
Gleichungen lösen	Calculator + Menü 3: Algebra + Menü 2: System linearer Gleichungen lösen – oder: solve(Gleichungen mit „and" verbunden, Variablen)	Gleichung + F1: Lin Gleichungssyst

Genaue Anleitungen zu deinem GTR findest du im Benutzerhandbuch.

Methodenkarte 8F: Checkliste – Ergebnisse mit einer Präsentationssoftware vorstellen

1. Schritt: Bereitet zunächst den Inhalt der Präsentation vor. Gestaltet erst dann die Folien so, dass sie euren Vortrag gut unterstützen.
- Geht die Ergebnisse eurer Gruppenarbeit oder der Projektarbeit zusammen durch.
- Haltet Ergebnisse stichwortartig auf einem DIN A4 Blatt fest.
- Erstellt aussagekräftige Bilder oder Fotos.

2. Schritt: Legt den Ablauf für die Präsentation fest.
- Beginnt mit der Darstellung der Problemstellung oder der Aufgabe.
- Stellt euren Lösungsweg dar.
- Fasst eure Ergebnisse zusammen.
- Beantwortet Fragen am Schluss der Präsentation.

3. Schritt: Erstellt übersichtliche Folien.
- Stellt nicht zu viel Information auf einer Folie zusammen. Verwendet Stichworte.
- Hebt wichtige Aussagen hervor durch Formatierung (Schriftgröße, Fett) oder auch durch Animationen. Setzt nur wenige Animationen gezielt ein. Verwendet einen einheitlichen, dezenten Hintergrund und gut lesbare Schrift und nach Möglichkeit Bild statt Text.

4. Schritt: Probt die Präsentation. Notiert die Zeit.
- Lernt euren Text auswendig. Ihr könnt auch Karteikarten mit Stichpunkten verwenden.
- Überlegt euch, welche Fragen die Zuhörer stellen könnten und was ihr darauf antworten könnt. Wesentliche Fragen solltet ihr bereits in der Präsentation beantworten.
- Notiert Fragen, mit denen ihr prüfen könnt, ob eure Präsentation verstanden wurde.

Methodenkarte 8 G: Einsatz einer Formelsammlung

Mit einer Formel kannst du Ergebnisse schneller berechnen, als wenn du jedes Mal erneut einen Lösungsweg überlegst. Formeln stehen in den Wissenskästen dieses Buchs, in einer gedruckten Formelsammlung oder in einer Formelsammlung im Internet.

Wissenskästen im Buch nutzen. Die wichtigsten Ergebnisse und Formeln werden in diesem Buch in Wissenskästen zusammengefasst. Suche im Inhaltsverzeichnis nach dem Themengebiet, zu dem du eine Formel benötigst, und halte nach Wissenskästen Ausschau.

Formelheft führen. Zusätzlich zu deinem Heft kannst du ein kleines Formelheft führen. Trage neue Formeln aus dem Unterricht in dieses Heft ein und verwende es, um bereits besprochene Formeln nachzuschlagen.

Formelsammlungen nutzen. Falls dir eine Formelsammlung zur Verfügung steht, mache dich mit dem Aufbau der Formelsammlung vertraut. Oft sind Formelsammlungen sehr umfangreich. Nutze das Inhaltsverzeichnis, um gezielt nach bestimmten Formeln zu suchen.

$f(x)$

Methodenkarte 8 H: Lösungswege begründen

Bei der Vorstellung deines eigenen Lösungsweges solltest du darauf achten, dass deine Zuhörer deine Vorgehensweise nachvollziehen können. Diese Fragen können dir bei der Vorbereitung der Präsentation helfen:

1. Wie bist du auf die Lösung gekommen? (Zwischenschritte, Orientierung an anderen Aufgaben, Vorstellen einer Alltagssituation, …)
2. Welche mathematischen Hilfsmittel hast du genutzt? (Wissenskasten im Buch, Lerntagebuch, Taschenrechner, …)
3. Warum bist du sicher, dass deine Lösung korrekt ist? (Abschätzen, Probe, …)

Methodenkarte 7 C: Die Placemat-Methode

Eine schwierige Sach- oder Textaufgabe ist zu lösen. Jede Gruppe erhält einen großen Bogen Papier (DIN-A3). Jeweils zu Beginn einer Phase wird festgelegt, wie lange sie dauert, und die Zeit gemessen.

Phase 1: Jedes Gruppenmitglied schreibt in sein Feld gut lesbar erste Lösungsvorschläge mit Fragen und Ideen.

Phase 2: Die Lösungsvorschläge werden ausgetauscht, indem das Blatt nach und nach gedreht wird. Jeder liest jeweils das Feld eines anderen Gruppenmitglieds sorgfältig durch und versucht, alles zu verstehen.

Phase 3: Alle Lösungsvorschläge, Fragen und Ideen werden diskutiert und man einigt sich auf ein gemeinsames Ergebnis. (Siehe auch Tipps für die Gruppenarbeit auf Methodenkarte 5 D).

Abschließend präsentiert ein zufällig ausgewähltes Gruppenmitglied der Klasse das gemeinsame Ergebnis.

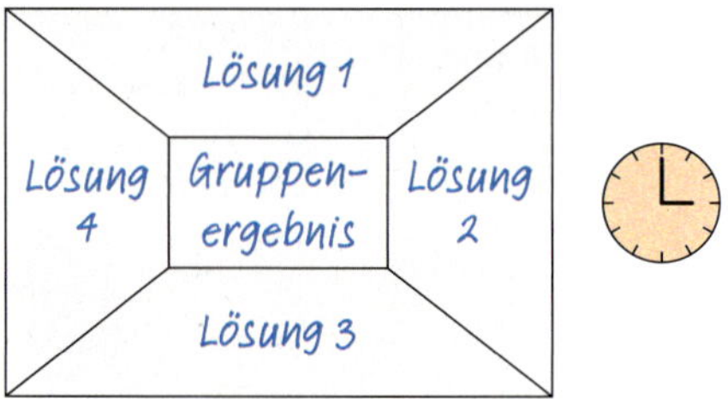

Methodenkarte 7 D: Die Gruppenpuzzle-Methode

Bei dieser Methode erarbeitet ihr arbeitsteilig Wissen und teilt es anschließend mit euren Mitschülern, sodass danach alle das gesamte Wissen anwenden können.

Phase 1: Bildung der Stammgruppen
Wie viele Teilgebiete des Themas sollen behandelt werden? So viele Mitglieder muss jede Stammgruppe mindestens haben. Jeder Stammgruppe wird eine Farbe zugeordnet. Als Experte für jedes der Teilgebiete wird (mindestens) ein Gruppenmitglied bestimmt.

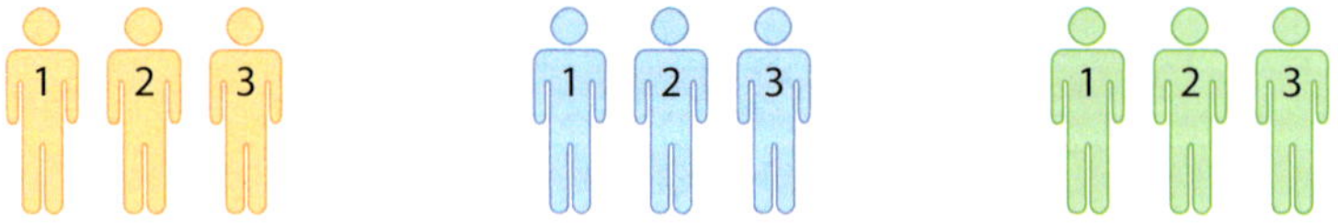

Phase 2: Ausbildung der Experten
Alle Experten eines Teilgebietes kommen aus den verschiedenen Stammgruppen zu einer Expertengruppe zusammen. Das Teilgebiet wird erarbeitet und die Präsentation vorbereitet.

Phase 3: Weitergabe des Expertenwissens
Jeder Experte geht zurück in seine Stammgruppe und trägt das Spezialwissen über sein Teilgebiet vor.

10. Anhang

Lösungen zu
- Dein Fundament
- Einführung
- Stolperstelle
- Prüfe dein neues Fundament

Operatorenliste
Tabellen mit Zufallszahlen
Stichwortverzeichnis
Bildnachweis

Stichwortverzeichnis

Bildquellenverzeichnis

Cover: Getty images/Maremagnum | **5** Shutterstock/2xSamara.com | **17** akg-images/John Hios | **18** Shutterstock/Lisa F. Young | **29/links** Fotolia/edlits | **29/mitte** Fotolia/Santi Rodríguez | **29/rechts** Fotolia/Uwe Graf | **35** Shutterstock/Cristal Tran | **36** Shutterstock/Robert Kneschke | **38** Shutterstock/Pavel L | **39** Shutterstock/YanLev | **40** Shutterstock/Alehp Studio | **43/oben** Shutterstock/Vlasov Pavel | **43/mitte** Keller, Gerlinde | **44** Shutterstock/RyFlip | **50** Fotolia/cynoclub | **51/oben** Shutterstock/Anna Kucherova | **51/unten** Shutterstock/William Perugini | **54/oben** Shutterstock/Masson | **57/oben** Shutterstock/Agnes Kantaruk | **60** Shutterstock/dinozzaver | **61** Shutterstock/ostill | **65** Corbis | **68** Laif/Max Galli | **76** Shutterstock/Hasloo Group Production Studio | **79** Shutterstock/Poznyakov | **84/oben links** Keller, Gerlinde | **85** SCIENCE PHOTO LIBRARY/Agentur Focus | **91** Fotolia/AKI's Palette | **93/mitte** Shutterstock/CYCLONEPROJECT | **94** Stephanie Charlotte Benner, Berlin | **94/Randspalte** Deutsche Bundesbank | **95** Shutterstock/TakeStockPhotography | **96/oben** Shutterstock/MilanB | **96/mitte** Corbis/Image Source | **96/unten** Stephanie Charlotte Benner, Berlin | **97/oben** Shutterstock/oriori | **97/unten** Stephanie Charlotte Benner, Berlin | **98** Shutterstock/inxti | **101/oben** Stephanie Charlotte Benner, Berlin | **101/unten** GlowImages/Aflo Score | **102/oben** Shutterstock/STILLFX | **102/unten links** picture alliance/dpa | **103** Stephanie Charlotte Benner, Berlin | **104** Shutterstock/phoelix | **105** Stephanie Charlotte Benner, Berlin | **112** Reinhard Schmid, Hennef | **113** Reinhard Schmid, Hennef | **114/unten** Corbis/Image Source | **114/unten** Mauritius images/Alamy | **115/oben** picture alliance/dpa | **115/mitte** Shutterstock/MilanB | **115/unten** GlowImages/Aflo Sport | **116** Shutterstock/Zyphyrus | **116/Randspalte** Deutsche Bundesbank | **119** Shutterstock/Zyphyrus | **120** Shutterstock/3Dsculptor | **125** Shutterstock/Zurijeta | **134/oben** Shutterstock/hadkhanong | **141** Shutterstock/Monkey Business Images | **145** Shutterstock/Vitalliy | **148** Mauritius images/imageBROKER/Oskar Eyb | **149/mitten** Deutsche Bundesbank | **149/unten** Shutterstock/racorn | 150 Shutterstock/Kanea | **151/oben** Shutterstock/Jacek Chabraszewski | **151/mitte** Shutterstock/aragami12345s | **154** Shutterstock/Monkey Business Images | **155** Shutterstock/MikiR | **160** Shutterstock/Kletr | **161/oben** Look/look-foto | **161/unten** Shutterstock/seeyou | **162/oben links** Deutsche Bundesbank | **162/oben 2.v.l.** Fotolia/mirpic | **162/oben 2.v.r.** Fotolia/kosanperm | **162/oben rechts** Shutterstock/Vinko93 | **163/oben** Mauritius images/Rene Truffy | **165** Shutterstock/Rigamondis | **166** Fotolia/Andrey Armyagov | **174** Shutterstock/HomeStudio | **177/mitte** Shutterstock/sakhorn | **177/unten**, links Stephanie Charlotte Benner, Berlin | **177/unten, mitte** Stephanie Charlotte Benner, Berlin | **177/unten, rechts** Stephanie Charlotte Benner, Berlin | **178** Barbara Franke, Bielefeld | **182** Shutterstock/Krivosheev Vitaly | **182** Mauritius images/Manfred Bail | **183** Fotolia/lorhelm | **187** F1 online/Imagebroker RM | **191** Fotolia/savalan | **193/oben** Shutterstock/llaszlo | **193/mitte** Shutterstock/Goodluz | **195/unten** Shutterstock/ConstantinosZ | **196** Dr. Ulrich Rasbach, Ansbach | **197** Shutterstock/Germanskydiver | **203** Shutterstock/Jon Milnes | **U4** Reinhard Schmidt, Hennef